《低碳发展论丛》编委会

本书的出版得到浙江省哲学社会科学重点研究基地——浙江理工
大学省生态文明研究中心的资助

低碳发展论丛

沈满洪 / 主编

低碳建筑论

鲍健强　叶瑞克　等 / 著

THE STUDIES OF
LOW CARBON BUILDING

中国环境出版社·北京

图书在版编目（CIP）数据

低碳建筑论/鲍健强等著. —北京：中国环境出版社，2015.9
（低碳发展论丛）
ISBN 978-7-5111-2447-0

Ⅰ．①低…　Ⅱ．①鲍…　Ⅲ．①建筑设计—节能设计—研究　Ⅳ．①TU201.5

中国版本图书馆 CIP 数据核字（2015）第 143726 号

出 版 人	王新程	
责任编辑	陈金华	
助理编辑	宾银平	
责任校对	尹 芳	
封面设计	陈 莹	

出版发行　**中国环境出版社**
（100062　北京市东城区广渠门内大街 16 号）
网　　址：http://www.cesp.com.cn
电子邮箱：bjgl@cesp.com.cn
联系电话：010-67112765（编辑管理部）
　　　　　010-67113412（教材图书出版中心）
发行热线：010-67125803，010-67113405（传真）
印　　刷　北京中科印刷有限公司
经　　销　各地新华书店
版　　次　2015 年 9 月第 1 版
印　　次　2015 年 9 月第 1 次印刷
开　　本　787×960　1/16
印　　张　14
字　　数　254 千字
定　　价　45.00 元

前　言

2014 年 11 月 12 日，中国国家主席习近平和美国总统巴拉克·奥巴马共同发表了《中美气候变化联合声明》，强调共同应对日益严峻的气候变化对人类的挑战。联合国政府间气候变化专门委员会（IPCC）第五次评估报告（2013 年）也警示世人气候变化的严重性和气候治理的紧迫性。IPCC 调查显示，在工业化国家碳排放中，建筑物所产生的碳排放约占 30%；中国以"三高（高层、高密度、高容积率）建筑"为主，建筑碳排放更是几乎占到了 50%。因此，城市发展的绿色低碳转型是世界可持续发展研究领域的焦点，对低碳建筑的研究及推广已经成为全人类共同关注的主题之一。低碳建筑是在满足建筑需求者有一个舒适、健康的居住环境的前提下，在建筑的规划、设计、施工、使用及废除的整个生命周期中采用相应的低碳技术、低碳材料从而最大限度地节能减排，并利用太阳能、风能、地热能等可再生能源代替化石能源等不可再生能源，从而最大限度地减少 CO_2 的排放，与自然和谐共生的建筑。另外，互联网时代为低碳建筑带来了全新的发展理念。因此，发展智慧建筑或将成为推动建筑节能减碳的重要途径，低碳建筑与智慧建筑的交互融合发展将成为现代建筑发展的主题。

浙江工业大学资源环境管理研究团队，依托浙江工业大学绿色低碳发展研究中心和 STS 研究中心，长期从事可持续发展和低碳发展研究，在低碳建筑领域也开展了扎实有效的研究工作。研究团队一直承担"浙江省工业生产过程温室气体清单（2005—2013 年度报告）"的编制工作。研究团队以项目研究为契机，对相关地市、县、城区、建筑群等区域的碳排放进行了科学细致的核算，并在此基础上，对建筑群的碳排放核算方法进行了深入研究，成功申请软件著作权 1 项——

"城市建筑群碳排放核算软件V1.0"。研究团队还致力于将研究成果提炼成政策建议提交相关公共部门。2013年7月，由研究团队撰写的政策建议《楼宇已成城市碳排放大户，节能减碳障碍亟待清除》发表于中国科协《调研动态》第608期，获得时任中国科协党组书记批示。因此，《低碳建筑论》的出版，是本研究团队对以往研究成果的系统梳理和提炼，也是对相关研究的进一步推进和提升。

《低碳建筑论》不仅研究低碳建筑发展演变的历史，而且探讨低碳建筑规划与设计、低碳建筑标准和评价；不仅重视传统建筑的低碳化改造、低碳建筑的装修装饰，而且关注低碳建筑新能源新材料、建筑可再生能源利用等；不仅介绍低碳建筑技术及材料、低碳建筑评价体系和方法，而且对低碳建筑与智能建筑的互动发展进行了全面阐释，提出了一些切实可行的低碳建筑解决方案。因此，《低碳建筑论》一书具有独特的研究视角和方法，为传统的建筑理论注入了绿色低碳的理念和生态环境的元素，期望读者能感受到新时代对建筑发展的要求和未来发展的脉搏。我们希望《低碳建筑论》的正式出版可为国内外同行的研究提供参考，并能促进传统建筑领域的绿色低碳转型和发展。

本书参考和引用了一些专家学者的文献资料与研究成果，在此对他们深表感谢，并对没有标注引用文献等的专家学者表示感谢和歉意。

由于作者研究能力和水平的限制，有些观点与论述可能还值得商榷，恳请广大读者与同行批评指正。

鲍健强

2015年2月于杭州江南水乡小区

目 录

第 1 章

低碳建筑概论

　　建筑业是国民经济的支柱，其发展与国家兴旺、城市改革、人民生活息息相关。但在低碳、节能、低能耗建筑已成为未来建筑行业发展趋势的背景下，传统建筑业所暴露出的建设周期长、浪费多、排放量大等缺陷已成为建筑业与生态环境和谐发展的瓶颈。据统计，全球50%的土地、矿石、木材资源和70%的木制品被用于建筑[①]；45%的能源被用于建筑的供暖、照明、通风，5%的能源用于其设备的制造；40%的水资源被用于建筑的维护，16%的水资源用于建筑的建造；60%的良田被用于建筑开发。就总量来说，工业发达国家的建筑能耗占总能耗的30%～40%，2002年欧盟25国的建筑能耗已经占其总能耗的40.4%。我国的建筑能耗达到全社会总能耗的28%。如果计入建造能耗，建筑能耗将达到全社会总能耗的46%以上[②]。传统建材是以牺牲自然资源、消耗大量能源为代价来追求使用价值和经济效益最大化，这样的发展模式将带来能源和资源枯竭、环境污染等问题，传统建筑因其碳排放量高、能源利用率低的特性被视为一种不可持续的建筑，而且，这些建筑在设计理念和技术手段方面都未能考虑到节能减排因素，对不可再生资源的依存度非常高，给后续的节能改造带来很大的难度。世界各国都已将建筑行业视为节能减排的主要领域之一，绿色低碳建筑也正在悄然兴起。

1.1　传统建筑与绿色低碳建筑的界定

　　绿色低碳建筑是低碳经济、可持续发展、绿色发展等理念在建筑领域中的一种具体表现形态，在不同语境下与生态建筑、绿色建筑、可持续建筑等概念互通，都属于从环境观出发的现代建筑学范畴，学界对此概念尚处于探讨阶段，未形成统一的概念。一般来说，现阶段在建筑领域与绿色低碳建筑相关的概念见 1.1.1

① 刘东，潘志信，贾玉贵. 常见能耗分析方法简介[J]. 河北建筑工程学院学报，2005，23（4）：29-32.
② 中国城市科学研究会. 绿色建筑[M]. 北京：中国建筑工业出版社，2011：3-4.

节，其间存在联系，但也不尽相同。

1.1.1 绿色低碳建筑的相关概念

生态建筑的概念形成于 20 世纪 60 年代，是由美籍意大利建筑师保罗·索莱里将生态学和建筑学合并提出的，主要思想是运用生态学和建筑学的原理，合理地设计和建造房屋，最大限度地节约资源、保护环境和减少污染，构造适合人类健康、舒适生活的居住环境，并达到与周围生态环境和谐共生的建筑。其基本范畴涉及以下几个方面：可以为人类发展提供良好的生存环境；节约能源，减少对自然资源的需求，实现资源利用的高效率；开展利用清洁能源技术，保护生态环境，最大限度地减少对环境的破坏；降低二氧化碳的排放，有效处理建筑废弃物，阻隔建筑造成的光及声污染。

绿色建筑概念最早起源于 20 世纪 70 年代的两次石油危机的节能思潮。它是指在建筑的全生命周期内减少环境污染，最高效率地利用资源，节约能源及资源，并且在不破坏环境基本生态平衡的条件下建造的一种为人们提供安全、健康、舒适性良好的生活、工作及居住使用空间的建筑[①]。其内涵主要包含三点，即节能、环保与满足居民需求。

可持续发展概念于 1987 年世界环境与发展委员会在《我们共同的未来》报告中被首次提出，可持续建筑概念则是在 7 年后的 1994 年提出的。其主要内涵就是利用可持续发展的建筑技术，使建筑与当地环境形成有机整体，降低环境负荷，在使用功能上既能满足当代人需要，又有益于子孙后代发展需求。可持续建筑的设计理念为通过与环境相结合降低建筑物对周围环境的不利影响，并使建筑环境满足居住者的身心健康需求。

"低碳建筑"这一概念的出现与 2003 年首次出现在英国白皮书中的"低碳经济"的兴起密切相关，联合国政府间气候变化专门委员会（Intergovernmental Panel on Climate Change，IPCC）提出的低碳经济是以低能耗、低污染为基础的绿色经济，可见其核心理念是在经济发展的各个方面实现较低的 CO_2 排放。由此，狭义的低碳建筑概念可以简单定义为"实现少量 CO_2 排放的建筑"。

从不同概念的对比可以发现，以上几个类似概念间仍存在一定的区别：① 历史任务的区别。"生态建筑"的概念产生时期最早，标志着建筑业内生态观的觉醒，是对当时全社会治理环境污染所作出的反应；"绿色建筑"是建筑业对资源节约、

① 中国建筑科学研究院，上海市建筑科学研究院. GB/T 50378—2014　绿色建筑评价标准[S]. 北京：中国建筑工业出版社，2014.

环境友好概念的充分体现；"可持续建筑"概念的重点体现在建筑制造业的代际公平；"低碳建筑"是在全社会共同应对气候变化问题过程中产生的概念。② 研究的侧重点不同。"生态建筑"是借助生态学原理将建筑作为一个有机整体加以研究，强调建筑自身的"生命性"；"绿色建筑"是尽可能减少对环境的影响和危害，节约资源、与自然和谐共生；"可持续建筑"主要研究建筑对于社会、经济、环境的统一影响，在一个时期的跨度内对建筑进行研究；"低碳建筑"研究的重点目标是减少二氧化碳的排放及降低能耗。③ 针对传统建筑的不足方面存在区别。"生态建筑"主要针对传统建筑在建造时未考虑生态因素这一问题；"绿色建筑"主要针对一直以来的"黑色建筑"，即耗费大量能源与资源的建筑方式；"可持续建筑"主要针对的是以往建筑过程中的短视性，即不可持续的建筑方式；"低碳建筑"针对的则是传统的高排放、高污染的"高碳建筑"。

虽然生态建筑、绿色建筑、可持续建筑及低碳建筑的概念、历史任务、研究方向及针对传统建筑的思路不尽相同，但它们相互间的联系非常紧密，互相融合，它们都是在全球处于危机（如能源、环境及经济危机）的大背景下产生的，有着减少能源消耗、保护环境及人类生存发展的共同目标，其实质是人类拯救自身和寻求发展的努力措施，我们把这类建筑统称为绿色低碳建筑。

总的来说，绿色低碳建筑是一个综合性的概念，主要是在建筑的全生命周期内，以可持续发展观为本，以改革创新低碳技术、努力提高利用率为手段，以减少化石能源、充分利用资源、节约空间材料、减少二氧化碳排放为目标，最大限度地减少对环境的影响和对资源的剥削，为人类创造一个健康、舒适的生活空间，实现人与自然和谐共生，满足人类的长久发展。

1.1.2　建筑行业低碳发展的主要内涵与特征

低碳建筑的主要内涵就是从全生命周期的碳排放量多少来评价建筑，因此，节能减排、减少碳源、增加碳汇、减少总的碳排量、减轻建筑对环境的负荷、与自然环境的融合和共生等成了评价建筑是否低碳的指标。建筑的低碳化特征一般来说应包括设计、材料、能源形式、资源利用、建造形式、建筑设备等多方面的内容，我们将其归纳为三方面的主要特征。

（1）设计与制造低碳化。低碳建筑的宗旨是通过设计实现建筑物在运行当中的二氧化碳排放量最小化，它包括对建筑空间、建筑材料、建筑设备等整体的设计。低碳设计理念是实现低碳建筑的首要条件，也是建筑物能耗削减的核心力量。

对于建筑来说，低碳设计意味着整个设计、建造、使用与废弃环节都要考虑到低能耗、低污染与低排放。在考虑建筑的耐久性设计的同时兼顾建筑的易拆除设计、节约资源设计和可再生能源利用设计等。低碳设计要实现 3 个目标：① 整体设计。低碳设计不是建筑设计的附加物，不应把它割裂看待。目前普遍的一个误区是建筑设计完成后把低碳设计作为一个组件安装上去。事实上，从建筑设计之初就应该考虑低碳的因素使之与设计整合，并使得一种手段能够达到多种功效。② 被动式设计。即与环境相融，根据自然赋予的能源进行设计。例如，根据太阳、风向和基地环境来调整建筑的朝向；最大限度地利用自然采光以减少使用人工照明；提高建筑的保温隔热性能来减少冬季热损失和夏季多余的热；利用蓄热性能好的墙体或楼板以获得建筑内部空间的热稳定性；利用遮阳设施来控制太阳辐射；合理利用自然通风来净化室内空气并降低建筑温度；利用具有热回收性能的机械通风装置。③ 经济设计。在执行低碳设计的过程中同样考虑成本，其成本不应当仅仅是通过建筑建造阶段所使用的费用，而应该将其纳入建筑全生命周期中来计算，重视其长期因素。绿色低碳建筑的一个显著优势便是在建筑的使用过程中能够大幅度地减少其运营与维护费用，为业主节省大量资金。我们不能只将目光集中到某一个独立的建筑系统上的成本消费，而是要整体考虑，综合权衡建筑的成本分配。

在具体实施制造过程中，低碳建筑要求遵循就近、低碳的原则选择建筑材料。就近选择材料，可减少运输距离，从而减少运输过程中消耗燃料而形成的碳排放量。材料的低碳应从两方面考虑：① 选择低碳建筑材料；② 采用钢结构、竹木材料、金属墙板、石膏砌块等可回收建筑材料，可提高建筑生命期结束后资源回收利用率。

（2）传统建筑改造低碳化。对任何一个国家来说，控制传统建筑能耗是节能减碳的重点领域，直接关系到建筑节能目标完成与否，更关系到一个国家能否完成总减排目标。传统建筑不同于一般工业产品，一旦建成投入使用，就会持续产生能耗长达几十年甚至更久。因此，对传统建筑的节能改造应及早地开展，否则，传统建筑的数量将越积越多，国家将难以承受节能改造的经济支出。传统建筑节能减排的重点是民用建筑，在保证既有居住建筑、国家机关办公建筑和其他公共建筑等正常使用功能和室内热环境质量的前提下，采用科学技术与先进的管理手段最大限度地对正常使用功能运行过程中供热采暖、空调制冷、照明及其他设备能源消耗进行削减。传统建筑节能改造是实现传统建筑节能的有效途径之一，属于技术节能的范畴，是指对不符合节能、低碳标准要求的建筑物实施传统建筑节能[1]。改造传统建筑可以节约大量煤炭、天然气等不可再生资源，而且有助于温室

---

① 梁俊强，等. 中国建筑节能发展报告（2010 年）[M]. 北京：中国建筑工业出版社，2010：123.

气体排放的削减，同时也能在一定程度上改善用户的室内环境。

　　传统建筑低碳化改造主要包括两个方面：① 对建筑本身的改造，改善建筑物围护结构的热工性能。建筑物的屋顶、门窗和墙体是建筑室内外的热交换通道，减少围护结构的室内外传热，稳定室内温度，可以减少能量损失，进而减少采暖、空调等设备的能量消耗。② 对建筑内的装备进行低碳化更新与改造，如采用高效的建筑设备等。随着人们生活条件的改善和经济的发展，暖通空调的应用越来越广泛。当前在暖通空调专业领域，也展开了节能减排的大量研究：通过提高设备运行效率减少能耗；采用智能中央控制系统，根据环境条件启动设备，避免过度负荷形成浪费；使用可再生能源空调系统；研究夏季利用冷凝热的热水供应等，显著提高空调系统的能源利用率。

　　（3）能源利用形式低碳化。开发利用新能源，不仅是因为以化石燃料为基础的常规能源日趋枯竭，更重要的是来自全球暖化的威胁，新能源技术的采用也是低碳建筑的重要特征。新能源作为一种二氧化碳排放量低、环境负荷小、能够降低石油的依赖度、资源限制少的能源形式，对确保能源长期稳定供给、解决地球环境问题、构筑可持续发展的经济社会、导入新行业解决劳动力就业等领域都具有重大意义。具体操作过程中：① 要提高可再生能源的利用比率。建筑在使用过程中，可充分利用太阳能、风能、地热能、生物质能等可再生能源，应根据环境条件和建筑的使用特点，选择合理的可再生能源类型。例如，太阳能的利用要考虑日照时间和强度；城市高层建筑和郊区风力资源较丰富时，可有效利用风力发电。② 要回收利用水资源。淡水资源的结构性紧缺已成为常态，建筑业需考虑水资源的回收利用，设计中水回用系统，将灌溉、冲厕等用水与饮用水系统分离，在节约水资源的同时，减少污水过度处理过程中的能源消耗，达到间接减排的目的。③ 要减少能源消耗量。合理利用建筑通风，增强建筑物门窗气密性。建筑设计对自然风的影响要从两个方面考虑：① 合理设置建筑门窗，引入自然通风，以满足室内换气和夏季通风散热的要求；② 又需要保证建筑物密闭性，避免空气渗透造成热损失。

　　除此之外，还应在建筑区域增加碳汇，低碳建筑应当考虑对二氧化碳的吸收问题，即增加碳汇。自然界通过植物的呼吸作用、生物的分解产生二氧化碳，同时通过光合作用消耗二氧化碳，达到自然界的碳平衡。目前最实用的增加碳汇的方法是建筑结合绿化，加强建筑绿化的功能性设计，利用植物的光合作用减少建筑碳排放总量。

1.1.3 传统建筑与绿色低碳建筑的界定原则

绿色低碳建筑与传统建筑在理论上与实践中均存在差别，评价一个建筑是否属于绿色低碳建筑需把握以下 4 个原则：

（1）全生命周期原则。传统的建筑并没有引入全生命周期原则，只是割裂地在建筑建成后对其进行评价，而绿色低碳建筑则需要把握全生命周期原则，从设计一直到拆除都应归入其考量范畴。全生命周期原则主要是指一个事物从产生到消亡的整个过程所需要的时间。但对建筑来说，一个完整的生命周期是一个从无到有再到无的整个生命历程，包括期间涉及的方方面面。建筑的生命是从原材料开始的，即所有材料的选择、开采、生产、加工、运输、组建，到方案设计、规划、选址，再到正式施工建设、建筑垃圾的处理、装修，交付后的使用、维护、拆除，再回收利用的大循环过程。在一次全生命周期里，建筑物的生产和使用占了最大份额的资源，并排放了相应较多的污染物。绿色低碳建筑不再是生产过程和使用过程脱离的过程，而是一个传承性、连续性的过程，不仅要考虑当下，更要确保以后。建筑物从产生开始的每个环节都是绿色低碳建筑的重要组成部分，都要求从全生命周期的角度出发，关注对外界环境的影响和人类的居住体验，合理分配资源，实现可持续发展。

（2）"3R" 原则。绿色低碳建筑同样包含了循环经济的思想，应遵循循环经济的 "3R" 原则，即减量化、再利用、再生利用（Reduce、Reuse、Recycle），对于资源的合理配置与循环再利用提出了高要求，而且，物理环境的品质与质量直接影响着建筑的舒适性、适应性等功能。所以必须以循环经济的理论基础和观点来指导绿色低碳建筑的发展。

（3）可持续发展原则。绿色低碳建筑是一种具有可持续性质的建筑。可持续发展原则源自可持续发展观，既要满足当代人的需要，又不损害后代人利益，具有传承性。传统建筑由于其建设中排放了大量污染、浪费了大量能源而对社会、环境、经济等各方面造成了巨大的影响，绿色低碳建筑注重与生态自然系统的和谐，把人类发展、社会进步和环境保护放到同等重要的位置，不仅不损害环境，而且致力于改善环境，以良好的生态观营造美好的生存环境，使经济效益、社会效益和环境效益相统一，目标是实现人类社会长久发展。

（4）因地制宜原则。绿色低碳建筑的建设还需把握因地制宜的原则，传统的建筑只考虑建筑本身，而鲜有考虑其与环境的融合性，绿色低碳建筑在建设前需对所要开发的土地有全面深入的了解与合理有效利用的规划，根据当地气候、地势、人文特征来选择建设地点、设计外观结构、采用何种材料，并能充分利用当地的原材料，使建筑风格与当地的环境融合而不显突兀。

1.2　绿色低碳建筑发展演变的历史

当环境容量概念引入人类发展与社会进步当中，环境被认为是稀缺的资源，作为能源消耗量大、环境污染高的建筑业受到了来自各方的压力，于是，现代建筑业的发展脉络开始发生了更迭。通过对国内外建筑行业的分析和研究，发现虽然中外对于各个阶段介入的时间上有差异，但大体上来说，绿色低碳建筑行业的整体发展经历了以下 4 个主要时期。

1.2.1　传统建筑的粗放建设时期

工业革命之后，钢铁、水泥成了建筑物的主要构成材料，工业化的粗放型经济发展模式显现了其高产出、高消耗、高污染的特征。由于建筑业在技术的革新和推广上的成本较高，且各大工业强国还一直沉浸在工业革命带来的快速发展中，地产开发商选择以最小投入、最大产出的原始方式来建造建筑物，降低了成本，提高了建设效率，这种模式在很长一段时间内被社会认可。但是，随着城市化进程加速，传统建筑物的存量达到了一定的规模，粗放型经济发展模式下的高能耗、高污染建筑对环境带来的负面影响凸显。人们也开始意识到了传统建筑的不可持续性，它消耗了大量的资源与能源，占用了大量土地，建筑物原材料中的水泥、玻璃、钢筋、塑料等在开采、生产、加工、包装、运输等各个环节都产生了大量能源损耗。传统建筑的碳排放总量，在碳排放的"三高"行业（建筑业、工业、交通运输业）中占据首位，超过总排放量的 50%。据欧洲建筑师协会测算，整个建筑过程要消耗全球 50%的土地、木材、矿石资源，45%的能源和 50%的水资源，并对 80%的农地减少量负责，同时，建筑污染占到各种污染总和的 34%，并产生相当大比例的建筑垃圾、50%的空气污染、42%的温室气体效应、48%的固体废物等[①]。

就国内而言，煤炭是我国的主要燃料，相对世界人均占有量而言，我国人均耕地只有世界平均水平的 1/3，煤炭只有 58.6%，水资源只有 30%，石油、天然气更是只有世界平均水平的 7.7%和 7.1%[②]。在资源如此稀缺的情况下，中国的新增建筑面积仍然在以每年 20 亿 m^2 的速度增长，其中新建建筑 99%以上是高能耗建

---

① 杨茜，章易. 我国发展绿色建筑任重道远[J]. 中国住宅设施，2006（2）：27-29.

② 周艳炎，张星. 绿色建筑在我国发展的障碍及对策研究[J]. 基建优化，2007（5）：132-134.

筑；在既有的建筑中，只有 4% 采取了提高能源效率的措施[①]。城市化的推进不断加速，环境问题和能源问题却日益严峻。由此可见，无论是能源、物质消耗，还是污染的产生，传统建筑业都是主要因素，一直以来，传统的建筑活动都是高能耗、高排放、高污染、低效率的代名词，严重制约了建筑业和国民经济的整体发展。

1.2.2　节能建筑的初步探索时期

国际上对节能建筑的探索可追溯到 20 世纪 60 年代，美籍意大利建筑师保罗·索莱里提出了"生态建筑学"这个新理念，他创造性地将"生态"和"建筑"两大概念融合在一起，用生态理念来设计建筑，从建筑构造来反观生态，以期达到建筑和自然的和谐共生。1969 年，美国建筑师伊安·麦克哈格公开发行了《设计结合自然》一书。书中更加明确地提出了人、建筑、自然和社会应该协调发展的理念，并且详细罗列了构建生态建筑的有效途径。《设计结合自然》的诞生标志着生态建筑学的正式确立，人们开始从传统的粗放型建筑的危害中觉醒，尝试从理论到实践各方面对建筑业进行革新。早期的研究者们主要关注建筑材料的改良和建筑构造的改善，从 70 年代中期开始，使用太阳能、风能、地热能等新型能源和开发节能技术被看做是人类走出能源困境的救命稻草，激发了全球性的"节能热"。建筑师们不断突破限制，拓宽研究和实验领域，在新能源的开发利用、建筑节能和污染物处理技术、节能建筑的效益等方面都进行了全面的探索。各发达国家的政府部门也先后把节能建筑的研究投入到实践中来，针对不同国家的特征，纷纷推出适合自身发展的法律法规，加大在能源技术方面的投入，构建了节能建筑标准。80 年代，美国、英国、日本、法国等发达国家的节能建筑已初具规模，节能建筑从个别团体实践转化为政府行为，正式揭开了节能建筑运动的序幕。

20 世纪 70 年代，我国刚刚推行改革开放，经济开始复苏，城市化进程加速，公共设施和居民住宅进入全面建设时期。虽然数量与日俱增，但国内建筑技术和水平仍十分落后，质量差、结构单一、施工粗糙、安全隐患大等问题屡见不鲜。80 年代开始，节能建筑理念被引进中国，成为我国建筑业尝试转型的重要标准。1986 年我国颁布了《民用建筑节能设计标准》，这一标准是我国首次把节约能源的规范融入建筑设计上来，成为当时节能建筑起步的设计准则。从居民住宅逐步推广到公共设施，从城市建设逐步推广到农村改革，节能建筑在设计、施工、装修等各个建设部分都有所涉及，特别是在节能材料的研究上有了巨大的突破。同

[①] 隋红红. 推动我国绿色建筑发展的政策法规研究[D]. 北京：北京交通大学，2012.

时，我国政府又制定了《民用建筑隔声设计规范》《民用建筑热工设计规范》《夏热冬冷地区居住建筑设计节能标准》等规范性文件，为我国节能建筑的初步发展提供技术支持。但此时我国的节能建筑并未真正成为绿色低碳建筑，且理论研究相对薄弱，在全国范围内的普及程度较低。

1.2.3 绿色建筑的全面发展时期

1972 年联合国发布的《人类环境宣言》提出了保护环境要与和平、发展两个基本目标共同和协调实现的观点，随后，《我们共同的未来》《关于环境与发展宣言》《联合国生物多样性公约》《21 世纪议程》等会议报告的问世，为可持续发展理念奠定了基础。可持续理论的兴起很快影响到建筑行业，"可持续建筑""生态建筑""绿色建筑""诱导式太阳能住宅"等新型的建筑形态陆续出现在建筑市场。特别是"绿色建筑"，由于其健康、安全、舒适的住宅理念和节约能源、改善空气质量和实质性效果，受到了全世界的共同关注。1992 年，在巴西里约热内卢的联合国环境与发展大会上，与会者首次明确提出了"绿色建筑"的概念，由此，绿色建筑被越来越多的国家接受。1993 年的国际建筑师协会第 18 次大会发表了《芝加哥宣言》，号召全世界建筑师把环境和社会的可持续性列入建筑师职业及其责任的核心，是绿色建筑史上的里程碑。1998 年 10 月，"绿色建筑挑战 98"会议召集了 14 个西方国家，分享各国的绿色建筑研究成果，并讨论通过了一个全世界通用的绿色建筑评价体系。

在全世界的关注与共同影响下，绿色建筑进入了全面发展时期。美国政府制定了《1992 年能源政策法》和《2005 年能源政策法》，把节能标准从规范性要求转变成强制性手段，成为美国建筑产业改革能源利用上的法律依据。日本 2000年的《促进住宅品质保证法》和 2008 年的《节能法》，针对住宅和建筑物的质量、节能措施提出了详细的规范要求。欧盟 2002 年通过的《欧盟建筑能源性能指令》，其中涵盖了建筑最低能耗标准、将建筑能效标识制度、建筑运行管理制度、建筑节能监管制度、建筑节能信息服务制度等重要内容，成了英国建筑改革的准则。

在经济政策方面，各国对于绿色建筑的支持力度加大，在英国，使用绿色技术的建筑项目可以在审批时获得优先权，并在后期的建设中得到减免土地增值税和发放低息贷款的优惠；日本对太阳能的使用实行补助金制度，并对节能和新能源的支出设立节能基金，鼓励新能源的使用；德国对住宅中的能源生产和能效技术研究提供财政补贴，对相关节能灯免征消费税等，这些措施促进了政府、开发商、民众三大主体间的良性互动，使绿色建筑发展有了实质性的突破。

为实现绿色低碳建筑的施工标准化和评估客观化，各国都推出了相应的绿色低碳建筑的评估体系。最早的绿色建筑评估体系是英国的 BREEAM，其核心理念是最大限度地减少建筑物对环境的影响。美国的 LEED 被看做是国际上商业化运作最成熟的绿色建筑指标，其对环境、能源、材料、场地等各个因素都进行了综合考量。加拿大的 GBTOOL、日本的 CASBEE、荷兰的 GREENCLAC、澳大利亚的 NABERS 等指标体系都通过建立一系列特定的标准来衡量和改进建筑对环境的负面影响，为大部分国家的绿色建筑改革提供了评判标准。

近 30 年来，发达国家在践行低碳节能建筑理念上的成果显著，尤其是英国、日本、美国和有着较强综合实力的欧盟共同体，在绿色低碳建筑领域中不断地发展和创新，形成了较为成熟的法律法规、激励政策、节能技术、评估方式、设计理念和管理程序，为其他国家的绿色建筑发展提供了很好的借鉴。

从 2001 年开始，我国学界与政府部门也开始关注绿色建筑的建造与推广问题，我国的绿色建筑发展进入一个加速期。部分绿色建筑的评价标准和法律法规也相继出台，如《中国生态住宅技术评估手册》《绿色建筑生态住宅小区建设要点与技术导则》《关于推进住宅产业现代化提高住宅质量若干意见》《中华人民共和国环境影响评价法》《住宅性能评定技术标准》等，使我国绿色低碳建筑的发展走向标准化。2004 年，建设部颁布实行了《全国绿色建筑创新管理办法》《关于组织申报首届全国绿色建筑创新奖的通知》《全国绿色建筑创新实施细则（试行）》，并作为科技奥运的十大项目之一被应用于奥运场馆的建设。2005 年 10 月，建设部和科技部共同颁布了编制 5 年之久的《中国绿色建筑导则》，明确了绿色建筑的概念，并提出了"节能、节水、节材、节地与环境保护"建设框架。同时，首届国际智能与绿色建筑研讨会上，我国专家吸收了"绿色建筑整体设计观念""智能、绿色建筑整体技术细节""节能建筑配套产品""生态化建筑新技术以及绿色建材和设备"等先进理念与内容，将在建设过程中全面使用。2006 年《绿色建筑评价标准》正式实施，该标准总结了国内外在绿色建筑方面的优秀经验和成果，为绿色建筑提供了明确的技术指导，标志着中国官方绿色建筑评价体系的建立，各大城市随即建立了区域的建筑评价细则，逐步进行实施与推广。相关资料显示，2005 年，建筑节能和绿色建筑在设计阶段的执行率为 53%，施工阶段仅 21%，也就是说当时大部分的新建建筑都不是节能建筑和绿色建筑；2006 年，设计阶段和施工阶段执行率均大幅上升，但在施工环节还有近一半建筑没有执行；2007 年起，施工单位开始逐渐重视建筑的节能与环保问题，到 2008 年施工阶段建筑节能和绿色建筑执行率已达 82%，表明我国绿色建筑和建筑节能事业实现了一个巨大的飞跃[1]。

① 仇保兴. 从绿色建筑到低碳生态城[J]. 城市发展研究，2009（7）：1-11.

这一时期也是中国绿色建筑理论全面指导实践的阶段。2004 年，上海建筑科学研究院以欧美的绿色建筑为基础，引进 4 种外墙外保温体系、3 种遮阳系统、再生骨料混凝土技术、太阳能光伏发电技术、环保型装饰装修材料等许多高科技产品和创新技术建造了一座生态办公楼，此楼具备了资源回用、天然采光、再生能源、智能控制、超低耗能等众多优势，其再生能源和再生资源分别达到总能耗的 20%和 60%，综合能耗仅为同类建筑的 25%，各项指标均达到世界领先水平，成为中国生态建筑领域的高水平示范楼。2005 年，清华大学超低能耗实验楼竣工，这座超过 1 000 m² 的实验楼采用了多种节能环保技术，集采光、通风、遮阳、保温、蓄热等多项功能于一身，是当时国内建筑领域节能技术运用最创新、最丰富的标杆。

1.2.4　低碳建筑的共同研究时期

2003 年，英国能源白皮书提出了"低碳经济"的概念，建筑作为其中的主要能源消费和碳排放的来源，越来越引起人们的关注。政府间气候变化专门委员会调查显示，在工业化国家能源相关的碳排放中，建筑物所产生的碳排放占 36%[1]，而根据美国能源信息署（EIA）的评估，建筑能源消耗占全球能源消耗的 30.8%[2]。在欧洲和美国，建筑所消费的能源甚至超过了工业生产和运输所消耗的能源。显然，对低碳建筑的追求将是减缓全球气候变化的战略基础，也为各国孕育低碳建筑播下了思想的种子。

随着城市化的推进，建筑能耗占总能耗的比重逐渐增大，其温室气体排放量也在增加。毫无疑问，建筑行业必须加快实现低碳化，直接或者间接地降低能源消耗，实现节能减排。因此，各个国家都对低碳建筑进行了深入的研究与探索，并采取了相应的措施与政策。丹麦颁布了一系列诸如隔热建筑围护结构、限制窗户面积等低碳建筑条例，以期在建筑运转阶段减少终端能源消费和碳排放。英国为了能够更好地完成"气候变化计划书"中所制定的 CO_2 减排阶段性目标，计划于 2016 年实现所有新建住宅零碳排放，经济奖励（减免印花税等）和在住宅市场上倡导低碳消费观念等辅助措施也已先后出台[3]。

在中国，低碳发展的思想已受到了公众的认可，早在 2007 年，《能源发展"十一五"规划》中就已明确提出"到 2010 年，使单位 GDP 能耗比 2006 年降低 20%"的目标。中国政府在 2009 年哥本哈根会议上提出，到 2020 年单位国内生产总值

---

① IPCC Climate Change 2001: mitigation, contribution of working group Ⅲ to the third assessment report of the intergovernmental panel on climate change. United States of America: Cambridge University Press, 2001.

② IEA. International energy outlook. Energy Information Administration, 2008.

③ 陈冰，康健. 英国低碳建筑：综合视角的研究与发展[J]. 世界建筑，2010（2）：54-59.

二氧化碳排放比 2005 年下降 40%～45%，这是中国政府首次正式对外宣布控制温室气体排放的行动目标。在 2009 年召开的国务院常务会议上，国务院进一步提出要大力发展低碳经济，要把应对气候变化作为国家经济社会发展的重大战略，具体包括加强对节能、提高能效、洁净煤、可再生能源、先进核能、碳捕集利用与封存等低碳和零碳技术的研发和产业化投入，加快建设以低碳为特征的工业、建筑和交通体系，国内的低碳建筑概念被第一次正式提出并很快形成了风潮。

1.3　国外绿色低碳建筑发展的特点和趋势

世界各国对绿色低碳建筑的认知和理解由于地域文化、观念和生产力水平等方面的差异而不尽相同。近 30 年来，绿色低碳建筑在世界各地蓬勃发展，从理论到实践逐步走向成熟。发达国家在发展绿色低碳建筑领域的成果尤为显著，特别是英国、日本、美国与欧盟等，在绿色低碳建筑领域中不断地发展和创新，形成了较为成熟的法律法规、激励政策、节能技术、评估方式、设计理念和管理程序，为其他国家的绿色低碳建筑发展提供了很好的借鉴。

1.3.1　英国：绿色低碳建筑的先驱者

由于受古希腊、古罗马建筑中绿色崇拜的影响，从 18 世纪开始便有英国建筑师在建筑设计中融入相关元素，如关注气候、节约土地等，一些建筑师更是仿照中国园林的理念，把生态园林景观融入英国风格中。自第一次工业革命以来，英国的工业持续发展，由于石油、煤炭等高碳能源的广泛使用，给环境带来了沉重的负担。随着环境污染的日益严重，人们开始反思发展模式，建筑业成为重点领域。20 世纪 60 年代，英国建筑电讯派率先开始对绿色建筑进行大胆思考，而剑桥大学则以佛雷策和派克等人组成团队全面开展了对自维持住宅的研究。自维持住宅就是"除了接受邻近自然环境的输入以外的完全独立维持住宅。它不需要城市的煤气、供排水和电力等市政管道的支持，只是靠自然能源以及自身消化来维持。"[①]弗雷策等人在建筑的材料、设备上做了不少改善，并为可再生能源在建筑中的利用进行了技术上的尝试。英国的建筑学家们不但关注到建筑与生态的关系，更是把节能、提高能源利用率、开发可再生能源技术放在相当重要的位置，绿色低碳建筑初见雏形。1990 年英国政府发布的《环境白皮书》首次把"可持续发展"作为国家战略，为世界上其他国家在绿色低碳建筑发展方面树立了榜样。此外，

---

① 王润霞. 低能耗的绿色建筑[J]. 天津大学学报：社会科学版，2010（3）：144-148.

一批绿色节能型住宅在英国相继落户，如彭妮兰小区、朱比丽校园、豪其顿生态住房、威斯塞斯水资源总部、BRE 新办公楼，伦敦市政大楼（city hall of London）、BedZED 零能耗住宅和布莱顿 Jubilee 图书馆等。自 2004 年起，英国政府每年都会举办一届伦敦国际绿色建筑和节能环保展览会，绿色低碳成为英国建筑界的新风尚。2006 年，英国把"洁净天空和太阳能"计划正式更名为"低碳建筑"计划，每年给予太阳能、风能、地热能等新能源设备一定的财政支持。2012 年伦敦奥运会建立了六大绿色环保建筑，被誉为夏季奥运会有记录以来最为绿色环保的一届。由英国首创的绿色低碳建筑评估体系也为其他国家的绿色低碳建筑提供了标准化模板，特别是 1990 年制定的"建筑研究院环境评估法"和 2006 年的"可持续住宅标准"，其内容全面细致，指标严谨科学，是英国绿色低碳建筑建设需参照的重要依据。

此外，英国政府也制定了一系列相关的法律法规来支持当地绿色低碳建筑的发展。1995 年的《家庭节能法》提出政府应该为家庭节能减排提供帮助。2001 年的《建筑法规》明确了碳排放、建筑节能、可再生能源利用等的最低标准。2004 年的《可持续和安全建筑法》增加了能源、水资源和生物多样性等标准。2008 年的《气候变化法》，英国建立了"气候变化委员会"，规定政府必须着力减少温室气体排放，到 2050 年实现减排 80%。此外，2003 年的《能源白皮书》、2004 年的《住宅法》《环境保护法》《能源法》、2006 年的《可持续住宅规范》《零碳建筑标准》、2010 年的《建筑效能法规》《建筑材料法规》等法案也被陆续推出，构成了英国绿色低碳建筑较为完善的法律体系。

1.3.2　日本：以新能源为核心的低碳建筑

日本是一个资源紧缺的岛国，也是一个能源消费仅次于美国的经济大国，所以低碳节能工作很早就受到了日本政府的重视。日本的低碳节能建筑主要是指"循环、环保、节约"型建筑。其中"循环"指对各种能源的循环回收和再利用；"环保"指极大限度地利用自然资源，如对太阳能、风能等的利用和建筑的自然采光、通风等；"节约"指建筑在日常使用过程中，采用各种节能型的设备，如节能灯、节约型坐便器等[①]。

作为《京都议定书》的发起国和倡导国之一，日本建筑节能的转型主要是以

---

① 日本建筑节能和绿色建筑学习考察报告 [DB/OL]. [2014-09]. http：//wenku. baidu. com/link？url=qmrPPs RjENp5vUNG-wfwdYYG20lCqr3oC5-jLgfVLksVCopMgIcnONl XmI56p8aHf3MnLioDEmMy_FA4l1wIysvj02 Myo8sH25LgKMoRwoq.

政府为主导，把能源问题作为日本绿色低碳建筑发展的核心问题。早在 1979 年，日本政府就颁布了《关于能源使用合理化法律》，成为世界上最先确立节能法的国家之一。1980 年日本制定了《建筑物的节能标准》，并在 1992 年和 1999 年都对标准内容进行了修改，日本于 1980 年制定了节能标准，其后于 1992 年、1999 年两次对其内容进行了修改强化，对节能要求越来越严。1992 年，日本就把太阳能产业作为其社会改革的主要新能源。2000 年的《建筑材料再生法》，除了考虑建材的使用环保问题外，还把住宅拆除时的建筑垃圾也进行分类回收。2003 年，为了在居民住宅中普及太阳能，日本政府贯彻实施了《有关电力企业利用新能源发电的特别措施法》，为各电力公司每年分配新能源的定额，强制促进企业、住宅、政府机关使用新能源。2004 年，日本发起了"面向 2050 年的日本低碳社会情景"研究计划，并于 2008 年 5 月提出了众多领域的减排目标，其中低碳住宅成为建设低碳社会的一个重要部分，并进一步制定了低碳发展路线图。2008 年 7 月，一些有着不同程度环境问题的城市（如横滨、九州、富山等）成为"环境模范城市"，针对各个城市的特点，在生态住宅建设、鼓励住宅使用新能源、减少住宅垃圾排放、利用住宅净化热污染等方面都有详细的规定，为这些城市的绿色低碳建筑推广提供了明确规定。除了新能源的引进，日本也比较重视建筑用能的管理。2009 年 4 月，日本政府又加大了对太阳能的财政支持，对太阳能安装给予 50%的补贴和低息贷款。

除了法律法规的制定实施外，日本也相当重视对绿色低碳建筑的管理。《日本建筑节能和绿色建筑学习考察报告》指出，日本建立了包括能耗统计、能耗监测和用能定额等制度的建筑用能管理体制。日本政府要求能源（包括电、水、气、热力等）供应部门及建筑业主定期上报能源消耗情况的统计报告；安装一定数量的能耗计量、监测装置，对有代表性建筑楼宇的用能情况进行分类、分季全工况的采样和数据分析；严格执行各种不同类型建筑单位面积能耗的标准值[①]。这些举措对政府精确地掌控建筑用能情况、制定方针政策、控制二氧化碳排放都发挥了较大作用。

1.3.3 美国："节能之星"为建筑贴上碳标识

美国是工业发展大国，建筑业是美国经济的支柱产业之一。虽然在每一次的

---

① 日本建筑节能和绿色建筑学习考察报告 [DB/OL]. [2014-09]. http: //wenku. baidu. com/link? url=qmrPPsRjENp5vUNG-wfwdYYG20lCqr3oC5-jLgfVLksVCopMgIcnONl XmI56p8aHf3MnLioDEmMy_FA 4l1wIysvj02Myo8sH25LgKMoRwoq.

气候变化峰会上美国都拒绝扮演领导者的角色，与其世界地位不符，但美国政府并未对气候问题视而不见，在低碳建筑的发展上，美国也开展了许多卓有成效的工作。

从 1973 年的阿以战争开始，美国政府就开始注意到能源在社会生产和经济发展中的重要地位。在低碳环保建筑还属少数、节能技术也并不太发达的条件下，部分办公大楼已为了节约能源开始利用太阳能设备、双层反射玻璃、节能灯等节能装置来改善建筑能源大量消耗的现象。到了 20 世纪 80 年代，美国建筑业开始关注和普及一些新型的节能技术和节能材料。随着环境逐渐恶化和能源需求的增加，1993 年，美国绿色建筑协会（USGBC）成立，绿色建筑评价指标和法律法规相继出台，自此，美国绿色建筑逐步形成体系并开始大面积的转型。

在美国，最具代表性的低碳节能计划就是"能源之星"。"能源之星"是 1992 年由美国能源部和国家环保局共同推出的，主要是对能源使用合格的电器、建筑贴上标签，加以推广，从而降低建筑和家用电器的能源消耗，减少温室气体排放。1998 年，美国政府制定了"能源之星"建筑节能标识体系，大力推广环保类型的低碳节能住宅。这套体系包括建筑节能认证和建筑物运行管理节能认证两大部分，主要对建筑物材料、采暖空调系统等保温隔热性能进行监控。在施工初期，建筑材料是否达到节能标准是建设低碳住宅的重要环节。美国采购法明确规定，政府部门在进行建筑采购时，必须选择有"能源之星"认证标志的材料。而通常没有经过认证的产品是不能够在市场上流通销售的。除了建材必须符合绿色标准外，后期的节能管理也是不可或缺的，如在绿色建筑落成以后控制其使用过程中的建材消耗和排污情况。

在民用住宅方面，政府在节能调控中并非扮演着重要角色，对普通居民住宅没有强制性要求，"能源之星"住宅计划属于一个全国性的志愿项目。1994 年，美国绿色建筑协会制定了"能源与环境设计导则"（LEED），这是一个以自愿为前提的绿色建筑评价体系，并在之后的几年里陆续修正。"能源与环境设计导则"主要由可持续建筑场址、室内空气质量、建筑节能与大气、水资源利用、资源与材料等几个方面的指标组成，将评估等级分为白金、金、银和认证级别，为规范美国的绿色建筑行业、推动绿色建筑技术创新、宣传绿色建筑观念提供一个强有力的支持。

1.3.4　欧盟：各具特色的绿色低碳建筑探索

欧盟是世界上最大的经济实体，欧盟国家的统合在推行低碳建筑策略上有经济力量雄厚、内部市场统一、技术交流通畅、对外关系和谐等优势。自 20 世纪

70 年代以来,欧盟各国已经开始关注环境保护和低碳经济的发展,在建筑行业里,不断在节能减排上摸索前进。2001 年欧盟 25 个成员国的建筑能耗占了欧盟总能耗的 41%[①]。2002 年 12 月,欧盟开始实施《欧盟建筑能源性能指令》,根据"确保经济的可持续发展、确保能源产业的竞争力、确保能源的供应安全"的能源核心目标,制定了建筑最低能耗标准制度、建筑能效标识制度、建筑运行管理制度、建筑节能监管制度和建筑节能信息服务制度五大制度,使在建筑上单纯地应对能源危机问题转为积极主动地节能减排,并给予法律保障。在绿色建筑领域,欧盟的生态环保技术和先进理念都走在世界的尖端。如智能呼吸式双层玻璃幕墙、顶棚辐射制冷采暖系统、置换式新风系统与分散式外墙新风装置、高效太阳能光伏发电等,都是当今世界绿色建筑转型的重要成果。

1976 年,德国制定了《建筑节能法》,用法律形式规范了新建住房在取暖、供水、通风等方面的设置。第二年德国又推出了《建筑物热保护条例》,再次对建筑的节能措施提出了详细的要求。2002 年德国颁布了《能源节约法》,对消费者租购住房提出了明确的能耗规定,消费者购买或租赁房屋时,建筑商需要出示一份"能耗证明",明确告知消费者建筑供暖设备的能耗指标。而德国的"三升房"也成为其他国家节能建筑的典范。

20 世纪 70 年代的石油危机使丹麦建筑理念发生了较大的变化,建筑设计师将碳中和、环保、亲和力等低碳元素融入建筑设计中。近年来,丹麦更是在降低建筑能耗上取得了不凡的成绩。20 世纪七八十年代,丹麦政府就颁布了《供电法》《可再生能源利用法》和《住房节能法》,对建筑的能源消耗有明确的规定。之后,在建筑设计上,丹麦运用了被动式节能方法和主动式节能方法,节能效果显著。丹麦设计师运用先进技术设计了双"U"建筑、海上风车园和"日与风"住宅区,都是低碳建筑的成功典范。

此外,法国、荷兰、瑞士、芬兰等欧盟国家都陆续响应欧盟节能减排的号召,纷纷投入低碳建筑的行业中。

1.4 我国绿色低碳建筑发展的成就与瓶颈

从 2008 年开始,我国建筑业的绿色低碳发展进入黄金期,国家从各方面支持绿色低碳建筑的发展。2008 年 4 月颁布了《中华人民共和国节约能源法》,对节

---

① 呼静,武涌. 欧盟建筑能源性能指令及对制定我国建筑节能法律法规的启示[J]. 建筑经济,2006(10):74-77.

约能源，提高能源利用率、保护和改善环境提出了具体要求，是具有高权威、高影响的国家法律。2008 年 10 月又制定了《民用建筑节能条例》，规定了民用建筑节约管理、节约能源的具体实施手段，进一步支持"四节一环保"（节能、节地、节水、节材和环境保护）的国家战略。一些新的评价准则如《绿色工业建筑评价导则》《建筑工程绿色施工评价标准》《民用建筑绿色设计规范》《绿色办公建筑评价标准》等也相继出台。2010 年，住宅产业发展、中国房地产研究会和技术委员会共同发表了"低碳住宅技术体系"，体系中将低碳建筑分成了低碳设计、低碳用能、低碳构造、低碳运营、低碳排放、低碳营造、低碳用材、增加碳汇 8 个部分，这是我国低碳建筑业中一个完整的体系规范。"十二五"把加快经济发展方式的转变提到了十分重要的位置，资源节约和环境保护成效显著，从传统建筑转型为绿色低碳建筑也是国家"十二五"规划的重要目标。为了吸引房地产开发商对低碳建筑进行投资，提高技术开发资本，国家还进一步提供了经济激励政策的支持，在税收优惠、财政补贴、贷款优惠和其他专项基金申请上都放宽了政策，特别是 2006 年编制的《可再生能源建筑应用专项资金管理暂行办法》和 2012 年的《关于加快推动我国绿色建筑发展的实施意见》，以明确的激励政策来鼓励推广绿色建筑，苏州成为国内最早享受政府资金支持的城市。在具体的实施上，住建部从新建筑节能监管、北方采暖地区改造、国家机关建筑和大中型建筑改造、可再生能源应用、推动新型材料应用 5 个方面开展工作，许多城市、企业都成了绿色建筑推广的典型，尽力为节能减排履行社会职责。根据住建部的相关统计，截至 2012 年年底，共有 742 个项目获得绿色建筑评价标识（表 1-1）[1]，2008—2012 年，绿色建筑增幅巨大。

表 1-1　2008—2012 年度绿色建筑评价标识项目的数量　　单位：个

年度	2008	2009	2010	2011	2012
绿色建筑数量	10	20	82	241	389

数据来源：住建部网站，http://www.mohurd.gov.cn/。

我国的绿色低碳建筑产业虽然业已日新月异，但面临着发展的瓶颈。

1.4.1　从政府的角度来看，缺乏完备的法律体系

虽然自 2008 年以来，我国政府已陆续制定实施了一些推动绿色低碳建筑发展

① 中华人民共和国住房和城乡建设部建筑节能与科技司. 关于公布 2008—2012 年度绿色建筑评价标识项目的通知[DB/OL]. http://www.mohurd.gov.cn/gsgg/gg/jsbgg/201409/t20140926_219165.html, 2013.

的法律和政策，但仍无法改变我国绿色建筑发展缓慢的事实。相较于英美等发达国家，我国没有建立起完善的法律体系来支持绿色低碳建筑的发展，在相关政策的制定和落实上仍然存在很多问题。

（1）法律依据少。为促进全国范围内的建筑改革，我国从 1998 年的《中华人民共和国建筑法》到 2008 年的《中华人民共和国节约能源法》，都对建筑工程的可持续发展作了针对性的规定，《公共建筑节能设计标准》《绿色建筑评价标准》《"十二五"节能减排综合性工作方案》《关于加快推动我国绿色建筑发展的实施意见》《"十二五"绿色建筑和绿色生态城区发展规划》等行政法规也是建设和评测建筑的节能环保程度的有效依据。不难发现，近几年才有一些为绿色低碳建筑量身定做的法规推出。大部分的法律规范中并未明确提及绿色低碳建筑，"节能""环保"或者"可持续"成为建筑转型的最终目标，这说明了这些有关建筑改革的政策都并非针对绿色低碳建筑本身，我国政府对绿色低碳建筑的接受与推广时间很短，其背后的理论依据也并非完整而成熟。《建筑法》从 1998 年开始实施，所包含的建筑领域范围小，没有明确规定各主体的权责分类，最近的一次修订是 2011年，也基本没有增加针对绿色建筑的条文。地方政府在制定政策时主要根据国家政策，很少结合当地情况和参与主体的意见。没有完善的理论背景，没有专业的立法机构，缺少明确的法律责任和强制约束条款，大多数规定陈旧过时，绿色低碳建筑发展急需明确的法律支持。

（2）激励政策不足。对于较大的开发商来说，抛弃固有的建造模式，引进和研发低碳技术、采用先进材料、聘用专业建设者等措施无疑提高了建筑物的造价成本而利润减少，且在目前国内绿色低碳建筑推行时间短、公众认可度低、市场竞争激烈的情况下，这种高成本、高风险、低收益的投资有巨大的风险。而另一方面，刚起步或规模较小的开发商没有足够资金来采用低碳建筑技术，低碳建筑市场的原动力不足。对于消费者来说，绿色低碳住宅往往定价较高，本应由地产商承担的技术更新成本转嫁到消费者身上，消费者与地产商都不愿意来承担绿色低碳建筑的较普通建筑高的成本，于是绿色低碳住宅的推广困难重重。普及与推广绿色低碳建筑必须通过政策的激励才有可能实现目标，想提高企业开发的积极性、增加居民的购买量。外国政府在推广绿色低碳建筑过程中就采用了现金补贴、低息贷款、公益基金、税收减免、政府采购等多种经济政策。现阶段，我国也推出了一系列措施以鼓励绿色低碳建筑的普及率，其中《"十二五"绿色建筑和绿色生态城区发展规划》中就提出了绿色建筑一旦满足要求可以快速立项、对二星级及以上的绿色建筑发放补助奖励、对消费者购买绿色住宅给予贷款优惠等优惠政策，起到了一定的促进作用。即便如此，我国对绿色低碳建筑的全面长效的激励体制并未建立，在财政、税收上的补偿数量非常有限，大多数优惠政策尚处于摸索阶段，其效果还是个未知数。从现有的激励政策中可以看出，国家更加注重对建筑完成后的奖励补贴，而在前期设计和项目运营初期，却鲜有涉及，致使部分希望致力于绿色低碳建筑发展的企业最终放弃对低碳建筑的投入。另外，我国绿色低碳建筑的发展缺少稳定的资金来源，现阶段这部分资金来源主要是地方财政，缺少具有弹性的市场手段，如融资补偿机制和信用服务等。

（3）执行力不足。我国有关绿色低碳建筑的权威法律法规较少且较为笼统，部分具体操作性规章制度主要是由住建部及地方政府负责制定。相关法规倡导建筑业从业者在实际建设过程中使用绿色低碳的理念与技术，但缺少强制性的条款，约束力较弱直接影响到地区对绿色低碳建筑工作的落实效果，致使政府职能难以发挥其应有的作用。就目前来说，大力推行低碳建筑的城市主要集中在东部沿海发达地区，其他大部分城市的建筑行业的绿色转型才刚刚开始，缺少相应的制度与激励措施，还有一些落后地区根本无法开展低碳建筑的建设工作，国家发展绿色建筑的政策推行也存在一定的困难。除此之外，相关政策的执行者大部分是非专业人员，其素质和对低碳建筑的认识也各不相同，有些人员尚未能正确看待建筑改革与国家能源、环境、可持续发展的关系，对审查过程不严格执行，敷衍了事，难以保证政策的落实。

1.4.2　从民众的角度来看，缺乏积极的参与意识

绿色低碳建筑能否全面普及，政府和开发商的努力必不可少，但更重要的是消费者的取向。民众的需求主导市场走向，影响开发商的投资意愿和政府支持力度，但是，就现阶段而言，消费者在购买住房时较多考虑的是地段、价格等常规要素，而对于房屋是否属于绿色低碳建筑并不关心。主要存在两方面原因。

（1）对于绿色低碳建筑的认知度低。绿色低碳建筑在中国起步晚，理论研究与应用研究都大大落后于发达国家，大部分民众对低碳发展这个概念也只是具有较为肤浅的认识，对于绿色低碳建筑的内涵与概念，人们的认识也就较为模糊。一直以来政府对于节能型建筑、环保材料等内容的宣传虽然对人们接受低碳绿色建筑概念起到了一定的推进作用，但还有提升空间。地区间政府发展水平不同，对低碳建筑的支持力度与宣传力度也存在差异。部分地区政府部门并不重视对绿色低碳建筑的宣传，对媒体、舆论缺乏良好的引导，宣传渠道不通畅，宣传力度不够，无论是宣传形式、内容、角度都有所欠缺，科学普及工作不到位，这导致了民众并不理解发展绿色低碳建筑的重要性和紧迫性，很难形成社会共识。

（2）购房者可支配资金有限。相对于普通建筑，绿色低碳建筑采用了一些新

材料与新技术，成本自然比普通建筑要高，而开发商往往不愿承担其超过部分的成本，或多或少都会转嫁部分成本由消费者承担，所以在销售过程中，绿色低碳建筑的标价总是高于一般的普通建筑。一个家庭在考虑购置房产的过程中，可支配的资金往往是有限的，最先考虑的因素就是与自身利益直接相关的要素，如地段、配套、房屋购买的性价比等，而总是忽略是否是绿色低碳建筑这一要素，直接造成了绿色低碳建筑"叫好不叫座"的现象。

1.4.3 从建筑业的角度来看，缺乏完整的发展体系

（1）技术使用不合理。绿色低碳建筑的发展最关键要素是技术改革和创新，低碳原材料的生产、新能源的使用、建筑构造的设计、成品检测评估都需要相应的技术。现阶段，国内的绿色低碳技术创新能力弱，新研发的相关产品与技术仍处于小范围的研究与试验，还不能商业化大规模生产。研发仪器多是国外进口，成本高、操作复杂，严重打击了商家自主研发的动力。很多开发商一味地依赖国外技术和产品，使本土市场受到抑制，建造成本居高不下，这也是国内大部分绿色低碳建筑售价高于一般建筑的原因之一。新能源的运用是低碳建筑的关键，由于技术制约，我国对太阳能、风能、地热能等新型清洁能源的开发力度不够，利用率很低，建筑领域仍旧以煤炭为主要燃料。在整个低碳建筑建设过程中，从最初的设计、原材料的挑选到建筑物的使用直至废弃，每一个环节都是不容忽视的，绿色低碳技术是贯穿始终的，一些开发者只看重前期的建造过程，忽视后续的使用和维护中的技术问题，导致部分已购入绿色低碳住宅的居民没有享受到应有的环保节能优势，销售口碑颇受影响。在低碳技术的选择上，一些项目会存在"技术滥用"的情况。开发商一味追求高科技，把很多不是绿色环保的技术也加入到建筑中，不但使建筑成本上升，也不符合国家的绿色标准。

（2）人才稀缺。在我国低碳建筑领域，设计、咨询、建设、评测的专业人员和机构很少，主要是因为缺乏培养低碳建筑高精尖人才、交流高新技术理念的平台，只有少数的研究所和高校在做这方面的探索与研究。政府对低碳技术研发经费的投入较少，降低了科研人员的研究热情。一些企业只能根据国内外的成功经验，自主研发新技术、新产品，无法形成合力，再加上技术研发能力有限，造成了研发进程缓慢，在较长一段时间内无法凸显成效，使研究人员成就感缺失。在建筑设计过程中，对建筑方案的要求很高。没有充分了解绿色低碳建筑，设计者的工作难度和工作量会大量增加，在技术、材料等的制约下，好的设计方案也未必能够付诸实践，成功概率大打折扣，从而降低了设计人员的积极性，人才也会相继流失。

（3）评估体系不完善。《"十二五"绿色建筑和绿色生态城区发展规划》中，国家对二星级及以上的绿色建筑给予一定的奖励，保障性住房发展一星级绿色建筑也有定额补助，这虽然促进了开发商争创星级项目、投资绿色建筑，但也在一定程度上使人们对我国还未完善的绿色建筑评估体系产生担忧。我国关于绿色建筑的评价不管是在理论上还是实践上都未成熟，有代表性的主要是 2001 年的《中国生态住宅技术评估手册》、2003 年的《绿色奥运建筑评估体系》及 2006 年的《绿色建筑评价标准》，这些评价体系虽然涵盖的内容很多，但在后期操作过程中也出现了很多问题：分类不够细致，在建筑物节能、节水、节材方面所需哪些配套措施仍然不明晰；制定方式不合理，有些不能满足开发商、民众的真实需求；可行性差，难以实施，有些标准还未经过实践的充分验证；没有统一的标准，质量参差不齐，在评估时难以取舍等。有些开发商为了拿到星级，不惜投入巨大金额适用高科技产品，但很多技术只能是摆设，成本升高不利于销售。

第**2**章

低碳建筑规划与设计

随着经济快速发展，高能耗、高污染、高排放的经济发展模式已经严重制约了经济的持续发展。日常生活中，建设领域涵盖范围广泛，建筑的建设和使用是刚性碳排放的主要来源。所谓刚性碳排放，是指我们在社会经济发展中无法绕过的、必须涉及的领域。当前，在政府的大力倡导和社会各界的不断支持下，越来越多的城市建设决策者们认识到，转变发展模式、抑制刚性碳排放成为我国城市发展建设中的重要课题。2009 年 12 月在丹麦首都哥本哈根召开的世界气候大会让中国产业界意识到了节能减排、低碳调整是必经之路。房地产行业内也一度兴起了减排活动，甚至在房地产市场低迷时期，一些以高档住宅小区为代表的"低碳建筑"投放市场后，同样也受到了消费者热捧。"低碳建筑"的目标是在建筑材料与设备制造、施工建造和建筑物使用的整个生命周期内，减少化石能源的使用，提高能效，降低二氧化碳排放量。高能耗、高排放一直是传统建筑行业的特点，民居建筑、商业建筑等各种类型的建筑从建设到使用再到拆除始终都离不开能源的消费，同时也都回避不了温室气体排放的问题。当前，低碳建筑已逐渐成为国际建筑界的主流趋势，在这种趋势下低碳建筑势必将成为中国建筑的主流之一。发展低碳建筑，其根基就在于规划与设计。

2.1 城市建筑低碳发展是应对气候变化的客观要求

有关数据研究表明，在我国大约有 85%的二氧化碳排放来自城市。[①]而且随着我国城市化和工业化进程的加快，这一比例可能还会进一步提高。时至今日，气候变化涉及的科学问题已越来越关注人类活动的影响，碳排放成为影响全球气候增温的主要因素。国内外研究发现，碳排放与城市化过程相交织，低碳城市遂

---

① 汪云林，刘怡君. 城市低碳发展：解决气候变化问题的关键[EB/OL]. 2014-10-02. http://tech.sina.com.cn/d/2009-12-21/16393696549.shtml.

成为遏制全球增温的首要选择。要实现城市的低碳发展，主要应从低碳产业、低碳能源、低碳交通、低碳建筑和低碳生活着手。

2.1.1　城市低碳发展是解决气候变化问题的关键

人类住区的出现是社会生产力发展到一定历史阶段的产物。人类住区发展史可以说就是一部人类住区的建设史。人类住区发展建设受自然、社会、经济、文化和科技等诸多因素的影响，在人类住区建设史上，主要有自发建设和规划建设两种发展、建设方式。这两种形式体现在人类住区形成和发展的全过程。从古至今，它对某一城乡聚居点而言，在空间和时间上都有可能是并存的，不同的时期经历不同的方式或兼而有之，绝对属于某一类型的城市和乡村几乎没有。这两种建设方式除受自然地理条件、社会经济技术条件等制约外，还受到当时当地人们的思想观念的深刻影响，即人类住区建设实践活动一定程度上体现了其深层次的价值取向，反映人们对理想住区和美好生活环境的追求和认识。由于城市是人类建设活动最集中、最频繁的聚居形式，对于人类的生产活动、生活方式与思想观念的影响也最为深刻。

从城市的内涵来看，它具有一定规模的聚居人口，其居民大多数都从事非农活动。城市通常是一定地域范围的政治、经济、文化中心。人类社会的生产生活造就了城市的诞生，城市的劳动力水平高低由这座城市的文明发展程度决定，同时还决定了这座城市居民生活水平的高低。城市让生活更美好，但同时城市也给人们带来了一些苦恼。有关统计指出，目前中国地级以上 287 座城市排放出的二氧化碳约占全国排放总量的 72%。全国经济 100 强城市排放出的二氧化碳约占全国排放总量的 51%。不容否认的事实是，随着我国城市化和工业化进程的加快，城市二氧化碳排放的总量和比例可能还会进一步提高。而据联合国统计，2008 年城市占世界 2% 的面积，却容纳了 50% 以上的人口，并带来了 75% 的碳排放量。2011 年 5 月 12 日，联合国人类住区规划署发布了一份报告，指出城市化和气候变化正以一种危险的方式交织在一起。一方面，随着城市化的快速发展，城市消费和生产所排出的温室气体已占到温室气体总量的 70%，城市成为当今世界最大的温室气体来源；另一方面，气候变化也给城市发展及其不断增长的人口带来了新的挑战，其影响波及城市供水、基础设施建设、交通服务、生态系统、能源供应、工业生产以及城市居民的生计等方面。另外，还有许多研究都表明，工业、建筑、交通成了城市三大高能耗、高排放领域。

如今，气候变化已经成为国际社会普遍关心的重大全球性问题。随着哥本哈根气候变化峰会的召开，人们越来越认识到气候变化不仅仅是气候问题，还是经济和政治问题。要达到温室气体减排目标，实现低碳发展，城市在其中起到至关重要的作用。因此，城市低碳发展是解决气候变化问题的核心与关键。

2.1.2 建筑行业是城市耗能和碳排放的大户

基础设施、楼宇建筑是城市物质结构最显著的代表，也是城市的主体结构。建筑行业则是城市消耗资源、能源，并排放有毒、有害气体的大户。一个经常被忽略的事实是：建筑在二氧化碳排放总量中，几乎占到了 50%，这一比例远远高于运输和工业领域。有关统计数据显示，当前我国每建 1 m^2 房屋要消耗 0.8 m^2 土地、55 kg 钢、0.15 t 标煤、0.25 m^3 混凝土，并排放出 0.75 t 二氧化碳。自 2000 年以来，中国每年平均房屋竣工面积为 20 亿 m^2，可见在建筑领域中的能耗和碳排放是十分显著的。据住房和城乡建设部统计，我国现有建筑有 430 多亿 m^2，建筑相关能耗占全社会能耗的 46.7%（包括建筑的能耗 30% 以及建材生产过程中的能耗 16.7%）。在这些建筑中，有 95% 都属于高能耗建筑，单位建筑能耗是同纬度西欧和北美国家的 2～3 倍。而每年新增近 10 亿 m^2 新建建筑也只有 15%～20% 执行了建筑节能设计标准。目前，我国城市人均建筑面积达到 53 m^2，超过日本、韩国和我国香港地区的水平。

建筑行业温室气体的排放问题对周围环境的影响是很大的。全球建筑行业对环境的影响可以通过以下数据得以充分说明：建筑行业碳排放占全球碳排放总量的 33%，建筑行业的能源消耗占全球能源消耗总量的 50%，建筑行业的水资源消耗占全球水资源消耗总量的 50%，建筑行业的原材料消耗占全球原材料消耗总量的 40%，建筑行业造成的农地损失占全球农地损失总量的 80%；同时，建筑行业在空气污染、温室气体排放、固体废物、氟氯化合物和人类垃圾总量等方面占据近一半的比例。

万幸的是，建筑行业具有非常大的减排潜力。根据麦肯锡的减排措施全球成本曲线图，减少温室气体排放前五位最为有效的方法依次是：建筑物绝缘（隔热的地方）、商用车燃料效率、照明、空气调节和水加热（水暖），其中四项与建筑业相关。根据美国劳伦斯伯克利国家实验室（Lawrence Berkeley National Laboratory，LBNL）公布的应对气候变化解决方案，降低建筑物的碳排放被列为中国气候变化解决方案的最为关键的路径之一。IPCC 第四次评估报告则提出，到 2020 年，预估人均 30% 的温室气体排放可以通过全球住宅和商业建筑采取的减排措施而减少。

全生命周期的建筑设计对于建筑行业的减排是具有积极意义的。建筑的全生命周期包括建筑材料准备、建造、使用、拆除、处置、回收 6 个阶段（图 2-1），在各个阶段都会相应地产生较大的碳排放。有研究表明，2000—2007 年，我国城市建筑全生命周期碳排放量以年均 8.22%的速度增长，总量由 12.55 亿 t 增加到 22.78 亿 t。[①]

材料准备阶段	建造阶段	使用阶段	拆除阶段	处置阶段	回收阶段
碳 排 放					
建筑物的各种资源和设备在生产、制造、加工、搬运过程中的碳排放	建筑物建造过程中由于消耗水泥等资源所产生的碳排放	建筑运行与建筑物维修管理中的碳排放	建筑物陈旧破损在拆除过程中的碳排放	废弃建筑垃圾在焚烧、掩埋等处置时的碳排放	建筑物拆除后的资源再利用时产生的碳排放

图 2-1　建筑全生命周期碳排放

因此，尽快地建设绿色低碳城市住宅项目，实现节能技术创新，建立城市建筑低碳排放体系，注重建设过程的每一个环节，以有效控制和降低建筑的碳排放，并形成可循环持续发展的模式，最终使建筑物实现有效的节能减排，并且达到相应的标准，是我国房地产行业走上健康发展的必由之路，也是开发商们义不容辞的责任。

2.1.3　城市建筑低碳发展是未来一大趋势

我国是一个发展中国家，又是一个建筑建设大国。面对全国房屋总面积已超过 400 亿 m² 的事实，今后我国每年还将新增建筑面积 16 亿～20 亿 m²，到 2020 年新增建筑面积将达 200 多亿 m²。同时，随着经济的快速发展和人民生活水平的日益提高，我国城乡居民的消费结构从"衣、食"逐步向"住、行"方向升级，生活从生存型向舒适型转变，对建筑面积、建筑室内环境舒适度等居住条件的要求逐渐提高，导致建筑能耗持续上升，并将成为未来 20 年能耗和排放的主要增长点。在这样的背景下，如果新建建筑遵循节能建筑和绿色建筑标准，对既有建筑进行节能改造，不仅有助于解决我国自身发展的碳排放瓶颈问题，更能为缓解世界环境压力作出巨大贡献。

另外，还有一个事实同样不容否认，即中国当前正处于高速城市化的发展阶段。每年不仅要新建大面积的房屋，同时也要对近 400 亿 m² 的建筑进行改造。在

---

① 张陶新，等. 中国城市低碳建筑的内涵与碳排放量的估算模型[J]. 湖南工业大学学报，2011（1）：78-80.

新建和改造房屋的过程中必将有大量的基础材料投入。从钢梁、水泥到铝制品，还有其他的城市基建和楼房建造中所用到的建设材料，几乎所有的东西都会产生较高的碳排放。尽管这些问题可以得到一定程度的解决，但是我国在城市化的进程中必将伴随较高的碳排放。这是一个值得高度重视的问题。

所谓低碳建筑，是指在建筑材料与设备制造、施工建造和建筑物使用的整个生命周期内，减少化石能源的使用，提高能效，降低二氧化碳排放量。目前低碳建筑已逐渐成为国际建筑界的主流趋势。城市低碳建筑强调的是城市二氧化碳排放量的降低，但并不能以牺牲建筑本身的功能为代价，否则就要回归原始社会，这就失去了低碳建筑存在的意义了。因此，低碳建筑的核心应当是在满足功能需求的情况下，在整个建筑生命周期内减少化石能源的使用，充分利用可再生能源，最大限度地减少温室气体排放。倡导低碳建筑，不仅是对建筑行业的发展模式提出新的要求，也是一次革命性的产业结构挑战。目前，在低碳城市建设过程中，国内许多城市也纷纷在低碳建筑领域做了一些实践探索。其中，以低碳建筑为特色的低碳城市主要有北京、厦门、重庆、成都、杭州、无锡、武汉、唐山、扬州、威海、南京、上海、天津、洛阳、贵阳15座。

实践表明，发展绿色低碳建筑可以节省相关能源的投资、提高系统可靠性、保障能源安全、减少贫困、改善当地和房屋的环境质量、提高居住者的工作效率、创造新的商业机会带动就业等。因此，建设低碳城市，推动绿色低碳建筑发展，不仅对于减缓温室气体排放、应对气候变化意义重大，而且对于促进经济又好又快发展也具有重要意义。

2.2　以绿色低碳理念编制城市总体规划和控制性详细规划

城市为人们提供了创新的动力，改善了生活条件，并且是人们消费的主要场所。在这些因素促使之下，人们期望改善交通、住房水平，提高与健康、环境相关的效率，提升生活质量，这些需求与建设低碳城市的精神相契合，这就要求我们对城市进行合理的规划和设计。在如今经济快速增长、城市化不断加速、碳排放日益增加和积极向社会主义市场经济转型的时期，低碳城市规划与设计已经成为我国低碳城市发展的关键技术之一。

2.2.1　城市规划的概念与特点

规划是融合多要素、多人士看法的某一特定领域的发展愿景，意即进行比较全面的长远的发展计划，是对未来整体性、长期性、基本性问题的思考、考量和设计未来整套行动的方案。提及规划，部分政府部门工作同志及学者都会视其为城乡建设规划，把规划与建设紧密联系在一起。因此，提及规划就要考虑土地征用、规划设计图纸等一系列问题。其实，这是对规划概念以偏概全的理解。

规划需要准确而实际的数据以及运用科学的方法进行从整体到细节的设计。依照相关技术规范及标准制定有目的、有意义、有价值的行动方案。其目标具有针对性，数据具有相对精确性，理论依据具有翔实及充分性。规划的制定从时间上需要分阶段，由此可以使行动目标更加清晰，使行动方案更具可行性，使数据更具精确性，使经济运作更具可控性以及收支合理性。一般而言，8 年以上为远期规划。规划讲究空间布局的合理性：① 特定领域规划应与土地开发规划、城市发展规划和区域发展规划协调统一；② 局部区域规划、整个区域规划、国家规划势必重叠，但应相互包容。

合理的规划要根据所要规划的内容，整理出当前有效、准确及翔实的信息和数据。并以其为基础进行定性与定量的预测，而后依据结果制定目标及行动方案。所制订的方案应符合相关技术及标准，更应充分考虑实际情况及预期能动力。现实生活中，规划是实际行动的指导，因此目标必须具备确定性、专一性、合理性、有效性及可行性。其作为实际行动的基础，更应充分考虑实际行动中的可能情况，以及对未知的可能情况做具体的预防措施，以降低规划存在的漏洞或实际行动中的可能情况的发生所产生的不可挽回的后果或影响。

与规划意思较为相近的是计划，但是两者存在明显差异：规划具有长远性、全局性、战略性、方向性、概括性和鼓动性。规划的基本意义由"规（法则、章程、标准、谋划，即战略层面）"和"划（合算、刻画，即战术层面）"两部分组成，"规"是起，"划"是落；从时间尺度来说侧重于长远，从内容角度来说侧重战略层面（规），重指导性或原则性；在人力资源管理领域，一般用作名词，英文为 program 或 planning，如国家的"十一五"规划。而计划的基本意义为合算、刻画，一般指办事前所拟定的具体内容、步骤和方法；从时间尺度来说侧重于短期，从内容角度来说侧重战术层面（划），重执行性和操作性；在人力资源管理领域，一般用作名词，有时用作动词，英文为 plan，如国家的"第二个五年计划"。总的来说，计划是规划的延伸与展开，规划与计划是一个子集的关系，即"规划"里面包含着若干个"计划"，它们的关系既不是交集的关系，也不是并集的关系，更不是补集的关系。

总之，规划是一种有意识的系统分析与决策过程，规划者通过增进对各问题的理解以提高决策的质量，并通过一系列决策保证既定目标在未来能够实现。从技术角度看，规划是对城市规划空间资源的现状和未来多种发展可能性的预测和预先干预方案，规划编制和实施的科学性所致的"节约"是最大的节约。从经济角度看，规划是确定和充分利用当地资源，以及谋求以最小的资源索取和环境影响来创造更多更好的生存空间和最健全的城市第二、第三产业发展的载体——可持续决策机制。因此，在建设资源节约型、环境友好型社会过程中，规划是一项极其重要的工作。

城市规划则是指人类为了在城市的发展过程中维持公共生活的空间秩序而作出的未来空间安排。具体而言，城市规划要依据城市经济社会发展目标和环境保护要求，根据区域规划等上位空间规划要求，充分研究城市的自然生态、经济、社会和技术发展条件，确定城市发展战略，预测发展规模，选择城市用地的布局和发展方向，按照工程技术和环境要求，综合安排城市用地和工程设施，并提出近期控制引导措施。城市规划必须从实际出发，既要满足城市发展普遍规律的要求，又要针对各种城市不同性质、特点等问题，确定规划的主要内容和处理方法，它是一项长期而经常的地方综合性工作，其实践性、法制性、政策性较强。一般而言，城市规划具有综合性和复杂性、刚性和弹性、前瞻性和延滞性、可参与性和公开性等特点。

（1）综合性和复杂性。城市规划几乎涉及各个行业和各个领域，内容庞杂，综合性很强。城市中的任何建设行为都与规划密切相关，都是规划管理的对象。从地域看，它包括了城市、郊区，天上、地下，民用、军用，院内、院外；从行业看，它涵盖了工业、农业、科技、教育、医疗卫生、体育文化、房产园林、市政公用、电力通信等各行各业；从规模看，大到长江大桥、地铁、开发区，小到公厕、传达室、广告牌等。因此，城市规划必须全面、综合地安排城市空间，合理利用土地，同时还需要得到各个专业部门的密切配合，需要广泛沟通，反复征求意见，不仅要维护城市利益和公众利益，也要综合考虑和平衡各方的利益。

（2）刚性和弹性。城市规划的刚性主要是指经过法定程序批准的城市规划成果中确定的强制性控制内容，包括城市的布局结构、城市特色地段的保护控制、"六线"（指道路红线、河道蓝线、绿地绿线、文物古迹紫线、高压走廊黑线、轨道交通橙线）的控制范围等，以及有关法律、法规规定的规划控制要求。这些刚性要求是城市规划实施管理的主要依据，每一个建设项目都必须按照这些要求进行设计和建设，不得违反。但是，城市规划的社会科学属性又决定了规划不可能都是刚性内容，它必须具有一定的弹性。这是由于城市规划涉及各个行业和领域，内容综合，情况复杂，变数很多；而城市规划的目标主要是对城市空间作出合理安排，进行控制管理，并非事无巨细都要作出强制规定；此外，由于认识原因和规划学科的特点，城市规划在很多时候、很多方面所作的结论往往也不是唯一的。

（3）前瞻性和延滞性。城市规划是对城市未来发展的预见和安排。要科学地预见城市的未来，就要求城市规划尊重客观规律，减少盲目性，增加弹性，以适应未来的形势变化。另外，城市规划的正确、合理与否，需要在建设实践中得到检验。但建设有一个过程，有的过程还相当漫长，必然滞后于规划方案的编制和确定。因此，我们同样应该用前瞻的眼光来认识城市规划。

（4）可参与性和公开性。城市规划涉及的土地利用、建筑形态、交通、社区以及其他很多内容都是公众所熟悉的，从现象上看，并非深奥的专业领域。而城市规划决策带来的城市建设状况和城市面貌的改变也是公众都看得见、摸得着的。同样，规划所犯的错误也是难以遮掩的。因此，城市规划具有广泛的社会性，也可以说，每个城市居民都有权对规划发表自己的见解。

结合我国现有城乡规划编制体系，低碳城市规划可以有以下 3 种编制类型：① 现行城乡规划编制体系以外的低碳城市规划，作为一种新类型的规划；② 作为现行城市规划的组成部分进行编制，以专项规划或独立篇章的形式纳入现有城乡规划体系；③ 低碳理念融入现有法定城乡规划编制体系中，在城市各项规划内容中实现低碳目标，落实到用地布局、交通模式、产业发展和设施建设中。从今后的发展看，低碳理念融入现有法定城乡规划编制体系应是主要方向，是城市规划自身发展创新的一个重要方面。

2.2.2　以绿色低碳理念编制城市总体规划

城市总体规划（Urban Comprehensive Plan）是指城市人民政府依据国民经济和社会发展规划以及当地的自然环境、资源条件、历史情况、现状特点，统筹兼顾、综合部署，为确定城市的规模和发展方向，实现城市的经济和社会发展目标，合理利用城市土地，协调城市空间布局等所做的一定期限内的综合部署和具体安排。因此，城市总体规划所表达的是城市政府对城市空间发展战略方向的意志。城市总体规划是城市规划编制工作的第一阶段，也是城市建设和管理的依据。

根据国家对城市发展和建设方针、经济技术政策、国民经济和社会发展的长远规划，在区域规划和合理组织区域城镇体系的基础上，按城市自身建设条件和现状特点，合理制定城市经济和社会发展目标，确定城市的发展性质、规模和建设标准，安排城市用地的功能分区和各项建设的总体布局，布置城市道路和交通运输系统，选定规划定额指标，制定规划实施步骤和措施。最终使城市工作、居住、交通和游憩四大功能活动相互协调发展。总体规划期限一般为 20 年。建设规划一般为 5 年，建设规划是总体规划的组成部分，是实施总体规划的阶段性规划。

城市总体规划也是我国城乡规划立法和审批的重要内容，具有明确的法律地位，是城市规划的重要组成部分。它是编制城市近期建设规划、详细规划、专项规划和实施城市规划行政管理的法定依据。各类涉及城市发展和建设的行业发展规划，都应符合城市总体规划的要求。由于具有全局性和综合性，我国的城市总体规划不仅仅是专业技术，同时更重要的是引导和调控城市建设，保护和管理城市空间资源的重要依据和手段，因此也是城市规划参与城市综合性战略部署的工作平台。

城市总体规划要因地制宜地、合理地安排和组织城市各建设项目，采取适当的城市布局结构，并落实在土地的划分上；要妥善处理中心城市与周围地区及城镇、生产与生活、局部与整体、新建与改建、当前与长远、平时与战时、需要与可能等关系，使城市建设与社会经济的发展方向、步骤、内容相协调，取得经济效益、社会效益和环境效益的统一；要注意城市景观的布局，体现城市特色。

城市总体规划发展原则包括以下几点：① 科学规划。加强高新区规划与国民经济和社会发展、城市建设、土地利用、环境保护、主体功能区以及产业布局规划的充分衔接，既要高起点、高标准制订发展规划，又要严格按照规划建设发展。② 聚集发展。推动高新产业、优势企业和优势资源向高新区集中，充分发挥区位、资源、产业等优势，把握市场需求，推动同业集聚和产业协作，实现区内产业错位发展，积极发展关联性强、集约水平高的产业集群和特色鲜明的区域产业品牌。③ 创新发展。探索建立政府主导、业主开发、政企共建、项目先行的有效运行模式。支持高新区建立区域技术创新和高新技术孵化器，搭建产学研联合创新平台，形成技术创新强势聚集区。④ 可持续发展。充分发挥高新区产业集聚、集约发展功能，切实推进经济增长方式转变。有效整合产业链，加强资源综合利用，发展循环经济，扎实推进节能降耗。

20 世纪以来，城市人口与经济活动的空间范围迅速扩大，规划越来越认识到需要从更长远的角度和更大的范围对城市发展进行控制和引导。第二次世界大战之后，更加注重区域整体的空间规划和经济发展规划的结合，战略性规划扩大到了更大的范围和不同的空间层次。目前，我国也开始对战略性规划进行积极实践和广泛讨论，许多城市将战略研究的成果直接用于指导城市总体规划，这对于体现城市总体规划的战略性具有重要意义。从本质上讲，城市的总体规划就是对城市发展的战略性安排，是战略性的发展规划。总体规划工作是以空间部署为核心制定城市发展战略的过程，是推动整个城市发展战略目标实现的重要组成部分。此外，城市总体规划还是一项综合性很强的科学工作。既要立足于现实，又要有预见性。随着社会经济和科学技术的发展，城市总体规划也须进行不断修改和补充，故又是一项长期性和经常性的工作。

　　以绿色低碳理念编制城市总体规划就是要在规划层面严格控制城市能耗和碳排放，这要求城市积极走低碳发展道路，即要对低碳城市的发展作出总体规划，它涉及城市各个方面的资源整合和总体部署。香港学者叶祖达提出，城市总体规划的编制必须将碳审计贯穿建设依据、框架、技术论证和方案等各个环节（图 2-2），要从城市规划在总体规划层面确保基本的碳排放量管理框架，建议在城市总体规划中明确一系列的碳排放指标体系。同时，要在总体规划编制工作中制定城市碳排放专题规划报告，并针对总体规划不同比较方案，从控制碳排放政策的角度提出合理建议。毋庸置疑，低碳城市规划本身并非是一项简单的工作，而是一个庞大的、复杂的系统工程。以绿色低碳理念编制城市总体规划，事实上是指将绿色低碳理念在城市规划中得以应用，这意味着对现有的城市规划理论和体系的遵从，即外围的大框架、大环境不发生变化，只是在城市规划编制中对于具体的角度、具体的方法进行更新与变化，这种做法具备极大的可操作性。

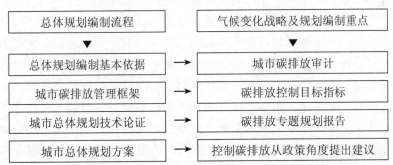

资料来源：叶祖达. 碳审计在总体规划中的角色[J]. 城市发展研究，2009，16（11）：58-62.

图 2-2　城市碳排放审计概念应用总体规划编制的实施框架

　　在城市的规划和布局中，很少有规划部门遵循应对气候变化的要求进行城市规划，且常与能源规划等同起来。应对气候变化的重点不仅仅是减缓，还包括适应、土地利用、绿色植被、消除热岛效应、建筑物色调涂层、开发低碳应用技术、城乡协调规划等。因此，在低碳城市规划实践过程中，将绿色低碳理念融入城市规划法定编制体系，促进城市规划的不断完善和发展创新，是低碳城市规划得到有效实施的关键。在总体规划层面，以《昆山市城市总体规划》为例，将"低碳城市"作为昆山未来的发展目标之一，相关低碳构思主要体现在：城市布局的理念主要是公共交通走廊引导居住用地开发，交通枢纽引导城市服务业发展，同时促进周边用地的混合发展，减少小汽车的使用，促进交通减量和城市运行减碳；在能源利用方面提出能源结构调整，促进清洁能源和可再生能源的发展，并提出到 2030 年万元 GDP 能耗为 0.25 t 标煤的节能目标；在生态建设方面，进行碳氧平衡分析，提出生态固碳措施等。

2.2.3 以绿色低碳理念编制城市控制性详细规划

控制性详细规划（Regulatory Plan）以城市总体规划或分区规划为依据，确定建设地区的土地使用性质、使用强度等控制指标、道路和工程管线控制性位置以及空间环境控制的规划。控制性详细规划主要确定的内容包括：地块的用地使用控制和环境容量控制、建筑建造控制和城市设计引导、市政工程设施和公共服务设施配套、交通活动控制和环境保护规定。从本质上来说，控制性详细规划是在微观层次上对城市土地资源合理配置和对城市建设开发行为的控制和调节。具体内容可以归纳为 3 个方面：① 城市土地资源配置的定性控制——最终确定土地使用用途和兼容的用途，即确定用地使用性质；② 城市土地开发强度控制——制定定量控制要求；③ 城市土地开发空间位置控制——制定定位控制要求。

从功能上来说，控制性详细规划具有以下几点作用：① 承上启下，强调规划的延续性。控制性详细规划以量化指标为总体规划的原则、意图、宏观的控制转化为对城市用地及空间的定性、定量控制，确保规划的完善和连续。② 它与管理结合、与开发衔接，是城市规划管理的依据。控制性详细规划将抽象的规划原理和复杂的规划要素简化、图解化，并明确规划控制要点，增强了可操作性，为土地批租、开发建设提供了正确的引导，是规划管理的必要手段和主要依据，也是建设项目许可的重要前提条件，直接为管理人员服务。③ 它充分体现了城市设计的构想。控制性详细规划往往按照美学和空间艺术的处理原则，从建筑单体和建筑群体提出综合性的设计要求和建议，并直接指导修建性详细规划的编制，为管理提出准则和设计框架。④ 它是城市政策的载体。控制性详细规划作为管理城市空间、土地资源和房地产市场的一种公共政策，包含了广泛的社会、经济、环境等方面的要素。它对引导诸如城市产业结构、城市用地结构、城市人口分布、城市环境保护等方面的政策内容具有综合作用。

《城市规划编制办法》第四十一条规定，控制性详细规划应当包括下列内容：① 确定规划范围内不同性质用地的界线，确定各类用地内适建、不适建或者有条件地允许建设的建筑类型。② 确定各地块建筑高度、建筑密度、容积率、绿地率等控制指标；确定公共设施配套要求、交通出入口方位、停车泊位、建筑后退红线距离等要求。③ 提出各地块的建筑体量、体型、色彩等城市设计指导原则。④ 根据交通需求分析，确定地块出入口位置、停车泊位、公共交通场站用地范围和站点位置、步行交通以及其他交通设施。规定各级道路的红线、断面、交叉口形式及渠化措施、控制点坐标和标高。⑤ 根据规划建设容量，确定市政工程管线位置、管径和工程设施的用地界线，进行管线综合。确定地下空间开发利用具体要求。⑥ 制定相应的土地使用与建筑管理规定。

从实现绿色低碳发展目标的途径来看，主要有增加碳汇和减少碳排放两大类模式。增加碳汇的手段相对比较单一，主要为增加绿化面积、优化绿化种类等。因此实现绿色低碳目标的着力点应放在减少碳排放上。从碳排放的源头来看，城市是人口、建筑、交通、工业、物流的集中地，也是高能耗、高碳排放的集中地。这是城市发展的客观现实。控制性详细规划的规划对象为城镇局部地区，通常以社区或各类功能区作为规划编制范围。由于控制性详细规划是介于土地管理和建筑管理之间的技术手段和控制要求，它的内容与生活、生产方式密切关联，其偏重实践操作的特征也更有利于绿色低碳目标的实现。因此，在控制性详细规划编制过程中强化绿色低碳理念的应用显得尤为重要。通过分析控制性详细规划的内容与作用之间的相关性，可以从土地使用、空间形态、道路交通、能源利用、环境保护、建筑设计 6 个维度来分析和提炼控制性详细规划中的绿色低碳要素，构成以绿色低碳理念编制的城市控制性详细规划体系（表 2-1）。

表 2-1　城市控制性详细规划中的绿色低碳要素

大类	小类	关注重点
土地使用	生态结构	连续性、完整性、自然地貌保持度
	公共设施	类别、服务半径、可达性
	土地混合使用	复合度、相容性、居职平衡
	开发强度	容积率、建筑密度、人口密度
空间形态	公共开放空间	连续度、多样性、可达性
	绿化	人均公共绿地面积、绿化覆盖率、立体绿化率、物种多样性、本土性
道路交通	道路系统	路网密度、路网负荷
	公共交通	公交出行比例、公交站点覆盖率、公交站点可达性
	慢行交通	步行通道可达性、慢行交通出行比例、慢行网络密度
能源利用	可再生能源	生产及利用
	节能技术	工业工艺改造节能、建筑隔热保温、交通节能
环境保护	生态环境	城市热岛效应程度、人均生态用地
	资源再利用	雨水回收、建筑中水利用、工业废水处理、垃圾回收利用
建筑设计	平面布局	与周边环境的协调、采光通风
	绿色建筑	能耗、材料、水资源利用

资料来源：许珂. 低碳视角下的控制性详细规划编制策略研究[C]//2012 城市发展与规划大会论文集. 2012：1-6.

在控制性详细规划层面，以《苏州工业园区科教创新区控制性详细规划》为例，相关低碳构思主要体现在提出以产业结构调整为导向的产业减碳策略、以紧凑集中为导向的混合布局模式、以公共交通为导向的绿色交通系统、以扩大碳汇为导向的多样化生态系统、以新能源利用和节能为导向的清洁能源发展等。此外，它还通过低碳的目标体系和控制指标体系，来具体指导城市用地的开发建设。

2.3 大尺度城市建筑的绿色生态低碳架构

城市规划和设计在低碳建筑中发挥着重要作用，规划者在土地利用、建筑形式、密度及配套公共交通等方面采取的方法和措施，均能对城市的可持续发展和碳排放产生深远影响。面对全球气候变化的问题，未来城市建筑应体现绿色、生态、低碳 3 个关键性特点。但需要明确的是，绿色、生态、节能的低碳建筑并不等同于造价昂贵的建筑，更不是难看丑陋的建筑，不一定要利用很多的高科技，也不仅仅是环境绿化这么简单。一些建筑师在设计时盲目推崇集中式空调等"能耗杀手式"建筑模式，这将导致建筑能耗的成倍增长。随着节能建筑逐步推广普及，今后建筑工程师必须成为能源专家、环保专家和生态专家的综合体。

2.3.1 绿色建筑

2005 年以来，国家有关部门出台的《夏热冬暖地区居住建筑节能设计标准》（JGJ 75—2012）、《公共建筑节能设计标准》（GB 50189—2005）、《绿色建筑评价标准》（GB/T 50378—2014）等一系列规范性文件明确提出了中国划分绿色建筑的等级和标准，同时也规定了可再生能源在建筑中的利用要求，为中国低碳建筑发展打下了坚实的基础。其中，《绿色建筑评价标准》对绿色建筑作出了明确定义，即在全生命周期内最大限度地节能、节地、节水、节材，保护环境和减少污染，为人们提供健康、适用和高效的使用空间，与自然和谐共生的建筑。当前，面对全球气候变暖，世界各国对减少温室气体排放空前重视，中国也将节能减排作为政府的重要工作。现今的中国正处于工业化、城镇化和新农村建设快速发展的历史时期，深入推进建筑节能，加快发展绿色建筑面临难得的历史机遇。

所谓"绿色"，并不是指一般意义上的立体绿化、屋顶花园，而是指建筑对环境无害，充分利用环境资源，在不破坏环境基本生态平衡条件下建造。在中国，绿色建筑发展工作起步于 21 世纪初，2006 年 3 月建设部发布了第一部有关绿色建筑的国家标准，即《绿色建筑评价标准》，当时引起了世界有关国家的关注。2008 年 3 月在住房和城乡建设部指导下，组织成立了中国城市科学研究会绿色建筑与节能专业委员会，使中国绿色建筑走上了有序发展的道路。2009 年 8 月，国务院提出大力发展绿色经济，培育以低碳排放为特征的新的经济增长点，并明确了绿色经济就是低碳排放的绿色工业、绿色建筑和绿色交通体系。

绿色建筑应体现 4 个关键词。其中，第一个关键词是"室内环境必须是健康环保的"。在国外，从 20 世纪 70 年代的建筑节能逐渐发展过渡为 90 年代的绿色建筑，发达国家进行了两次改造，造成了巨大的浪费。而我国则是一步就跨越到绿色建筑——将居住者的健康、人与人的和谐与建筑的节能、节材、节水、节地并列。第二个关键词是"全生命周期"。据估计，在建筑的整个生命周期过程中，大约消耗了 50% 的能源、48% 的水资源，排放了 50% 的温室气体以及 40% 以上的固体废料。从建材的生产到建筑物的建造和使用，这一过程动用了最大份额的地球能源并产生了相应的废气、废料。第三个关键词是"绿色建筑必须是适用技术的"。也就是说，绿色建筑应尽可能地采用适用技术和降低能源消耗的构造。我国传统的建筑都有意识地利用风能、太阳能，像皖南的徽派建筑就设有通风口、天井，夏天打开建筑里的地窖封口就有冷空气出来，非常凉快。这些建筑是非常生态化的，不消耗任何能源。此外，陕西的窑洞也是其中一种传统的绿色建筑，它是冬暖夏凉、非常节能的传统建筑。第四个关键词是"绿色建筑还必须充分利用可再生能源"。建筑是能源使用的载体，我们现在可以通过现代技术，将太阳能、风能、地热能、电梯下降的势能以及人类活动产生的热能等都收集起来，使建筑成为一个能源的发生器，从而达到节能减排的目的。

从实践层面来看，要降低建筑能耗，还需要从建筑整体面来实现。新型墙体材料和高保温材料不断涌现，混凝土空心砌块、聚苯乙烯泡沫板等材料，逐渐替代了传统墙体材料，在建筑节能中发挥了重要作用。此外，还有建筑门窗、暖通技术和设备等。门窗传热系数的高低决定了能耗的高低，若要降低能耗，就必须提高门窗的热工性能，增加门窗的隔热保温性能。近 20 年来，为满足节能需求，外窗玻璃产品及工艺水平迅速发展，为实现采暖系统节能提供了物质条件。另外，供暖技术、散热技术等都得到了飞速发展。

城市绿色建筑是时代发展与社会进步之需。发展城市绿色建筑，最大限度地节能、节地、节水、节材，减少城市污染，保护城市环境，改善城市居民居住舒适性、健康性和安全性，不仅是转变建筑业发展方式和城市建设模式的重大问题，也直接关系到群众的切身利益和国家的长远利益。具体而言，绿色建筑所倡导的节能、节地、节水、节材和环境保护理念，既是对建筑节能的有力带动，也是引领建筑技术发展的重要载体，同时还是调整建筑业产业结构、提高人民群众居住质量水平、促进"两型"社会建设的重要举措。

然而，城市绿色建筑首先要有绿色可持续的城市规划为根基。因为人类追求绿色建筑的目的是绿色居住，几栋、几百栋互无关联、没有依托、没有统一规划布局的绿色建筑，没有与之呼应的绿色交通，无法从根本上实现人居环境的绿化。一个好的绿色建筑规划，除了与我们熟知的绿色交通呼应外，还至少应考虑以下几方面的规划与应用：① 在水生态系统，要规划节地型的污水处理设施、分散式污水处理厂；雨水收集系统、灰色水与黑色水分离、水系生态化改造、膜技术、低冲击开发模式；非工程式洪水管理系统、节地型生态化污水处理。② 在垃圾处理方面，要规划专业收集、卫生焚烧、卫生填埋；严格分类收集并循环利用、厨余垃圾就地降解、分散循环利用；分区真空管道收集，就地降解利用。③ 在城市绿化方面，要规划平面绿化、点线面相结合的绿地建设；立体绿化、道路封闭式绿化；景观绿化、生态绿化、新型都市农庄等。④ 与整体城市规划的土地混合使用、地下空间综合开发等，都属于绿色建筑规划应考虑的范畴。

另外，在绿色建筑规划中，应着力引导被动式住宅。所谓被动式住宅，通俗地说，就是利用住宅本身的构造达到节能、节地、节水、节材与环境保护。例如，用管道将风直接引进建筑内，又如利用太阳能和家电设备的散热为居室提供热源。从 20 世纪 90 年代兴起被动式建筑至今，全世界新建了大约 15 000 座，其中德国建了 4 000～6 000 座。根据德国的建筑节能要求，新建住宅能耗应该控制在 90 kW·h/m²，而被动式住宅能耗仅为规定的 15%～20%。其技术大部分已成熟并简单易行，如加厚外墙屋面围护结构保温隔热层厚度，在外窗增设遮阳设施，采用高效采暖末端设备并分户计量控制，增加新风置换系统，采用太阳能分户供热水或集中供热水系统，用光伏电池解决高层公共区照明，采用中水回用、雨水收集技术，对垃圾做生化处理等。

随着能源危机与环境危机时代的到来，节约能源和保护环境的观念日益深入普通大众的内心，生态建筑思潮也应运而生。国际上通常把能体现三大主题的建筑称为绿色生态建筑：① 以人为本，呵护健康舒适；② 资源的节约与再利用；③ 与周围环境的协调与融合。现代意义上的绿色生态建筑，是指根据当地自然生态环境，运用生态学、建筑技术科学的原理，采用现代科学手段，合理地安排并组织建筑与其他领域相关因素之间的关系，使其与环境之间成为一个有机组合体的构筑物。绿色生态的建筑设计应该具有以下几个方面的特点：① 尊重设计地段内的土地、环境以及植被的特点，因地制宜；② 整体、全面地考虑设计区域内部与外部环境的关系；③ 强调人与环境的和谐共存，不可分割；④ 设计过程讲究多学科的综合应用。

2.3.2　生态建筑

生态建筑简称 ECO，是 Eco-build 的缩写，就是将建筑看成一个生态系统，本质就是能将数量巨大的人口整合居住在一座超级建筑中，通过组织（设计）建筑内外空间中的各种物态因素，使物质、能源在建筑生态系统内部有秩序地循环转换，获得一种高效、低耗、无废、无污、生态平衡的建筑环境。

一般来讲，生态是指人与自然的关系，那么生态建筑就应该处理好人、建筑和自然三者之间的关系，它既要为人创造一个舒适的空间小环境（即健康宜人的温度、湿度、清洁的空气、好的光环境、声环境及具有长效多适的灵活开阔的空间等）；同时又要保护好周围的大环境——自然环境（即对自然界的索取要少且对自然环境的负面影响要小）。这其中，前者主要指对自然资源的少费多用，包括节约土地，在能源和材料的选择上贯彻减少使用、重复使用、循环使用以及用可再生资源替代不可生资源等原则。后者主要是减少排放和妥善处理有害废弃物（包括固体垃圾、污水、有害气体）以及减少光污染、声污染等。对小环境的保护则体现在建筑物的建造、使用直至寿命终结后的全过程。

在城市发展和建设过程中，必须优先考虑生态问题，并将其置于与经济和社会发展同等重要的地位上；同时，还要进一步高瞻远瞩，通盘考虑有限资源的合理利用问题，即我们今天的发展应该是"满足当前的需要又不削弱子孙后代满足其需要能力的发展"。这就是 1992 年联合国环境和发展大会《里约热内卢宣言》提出的可持续发展思想的基本内涵，它是人类社会的共同选择，也是我们一切行为的准则。建筑及其建成环境在人类对自然环境的影响方面扮演着重要角色，因此，符合可持续发展原理的设计需要对资源和能源的使用效率、对健康的影响、对材料的选择等方面进行综合思考，从而使其满足可持续发展原则的要求。近几年提出的生态建筑及生态城市的建设理论，就是以自然生态原则为依据，探索人、建筑、自然三者之间的关系，为人类塑造一个最为舒适合理且可持续发展的环境理论。生态建筑是 21 世纪建筑设计发展的方向。

生态建筑所包含的生态观、有机结合观、地域与本土观、回归自然观等，都是可持续发展建筑理论的组成部分，也是环境价值观的重要组成部分，因此生态建筑其实也是绿色建筑，生态技术手段也属于绿色技术的范畴。以建筑设计为着眼点，生态建筑主要表现为：利用太阳能等可再生能源，注重自然通风，自然采光与遮阴，为改善小气候采用多种绿化方式，为增强空间适应性采用大跨度轻型结构，水的循环利用，垃圾分类、处理以及充分利用建筑废弃物等。仅从以上几个方面就可以看出，不论哪方面都需要多工种的配合，需要结构、设备、园林等工种，建筑物理、建筑材料等学科的通力协作才能得以实现。这其中建筑师起着统领作用，建筑师必须以生态的观念、整合的观念从整体上进行构思。

2.3.3 低碳建筑

低碳建筑是指在建筑材料与设备制造、施工建造和建筑物使用的整个生命周期内，减少化石能源的使用，提高能效，降低二氧化碳排放量的建筑。低碳建筑的关键技术包括：① 外墙节能技术：墙体的复合技术有内附保温层、外附保温层和夹心保温层 3 种。我国采用夹心保温的做法较多；在欧洲各国，大多采用外附发泡聚苯板的做法，在德国，外保温建筑占建筑总量的 80%，而其中 70% 均采用泡沫聚苯板。② 门窗节能技术：中空玻璃、镀膜玻璃（包括反射玻璃、吸热玻璃）、高强度 LOW2E 防火玻璃（高强度低辐射镀膜防火玻璃）、采用磁控真空溅射方法镀制含金属银层的玻璃以及最特别的智能玻璃。③ 屋顶节能技术：利用智能技术、生态技术来实现建筑节能的愿望，如太阳能集热屋顶和可控制的通风屋顶等。④ 采暖、制冷和照明系统：这是建筑能耗的主要部分，如使用地（水）源热泵系统、置换式新风系统、地面辐射采暖。⑤ 新能源的开发利用：太阳能热水器、光电屋面板、光电外墙板、光电遮阳板、光电窗间墙、光电天窗以及光电玻璃幕墙等。

目前，我国城乡建设增长方式仍然粗放，发展质量和效益不高，建筑建造和使用过程能源资源消耗高、利用效率低的问题比较突出。大力发展绿色建筑，以绿色、生态、低碳理念指导城乡建设，能够最大效率地利用资源和最低限度地影响环境，有效转变城乡建设发展模式，缓解城镇化进程中的资源环境约束；能够充分体现以人为本的理念，为人们提供健康、舒适、安全的居住、工作和活动空间，显著改善群众生产生活条件，提高人民满意度，并在广大群众中树立节约资源与保护环境的观念；能够全面集成建筑节能、节地、节水、节材及环境保护等多种技术，极大带动建筑技术革新，直接推动建筑生产方式的重大变革，促进建筑产业优化升级，拉动节能环保建材、新能源应用、节能服务、咨询等相关产业发展。

显然，绿色、生态、低碳建筑的缘起是能源与环境危机的倒逼，日益枯竭的能源和临近崩溃的环境承载力如幕后推手始终促使着绿色、生态、低碳建筑理论实践的发展。绿色、生态、低碳建筑的完善也离不开政府和相关行业对目前存在问题的重视以及运用新思路、新技术解决问题的不懈努力与智慧。绿色、生态、低碳建筑的迅速发展更离不开科学技术的进步，在现代科学理论体系的技术支持下，绿色、生态、低碳建筑的实践异彩纷呈，出现了一些典型案例。例如，素有"生态之塔""空中花园能量搅拌器"美称的德国法兰克福商业银行总部大厦、运用菱形框架而节省 20%钢材的纽约赫斯特塔楼、每年 1 m² 使用面积消耗的采暖耗油量不超过 3 L 的德国巴斯夫"三升房"、被誉为引领城市可持续生活方式典范的英国贝丁顿零碳社区、清华大学中意环境能源楼（SIEEB）等。毫无疑问，绿色、生态、低碳建筑理念的提出把人们对建筑的认识从对纯粹抽象美学意义的层面上升到关注人与自然的关系，再上升到人类面临的生存问题上来，可以说是一个非常巨大的飞跃。这也是城市发展的必然。

2.4　小尺度低碳建筑肌理的结构与设计

"肌理"这个概念最早来自于纺织学，指物体表面的质感纹理。通过字面意思简单地理解，"肌"，是物质的表皮；"理"，是物质表皮的纹理。在《黑白平面构成》一书中有这样的注释："肌理是客观存在的物质的表面形式，它代表材料表面的质感，体现物质属性的形态。换句话说，任何物质表面都有它自身的肌理形式存在，而这种肌理形式的存在，又是我们认识这种物质的最直接的媒介。由此可见，物质的肌理形式是认识物质的首要因素，也是视知觉中研究肌理形态的实质。"

肌理在设计中的起源由来已久，早在新石器时代人类掌握烧制陶器技术之时，就已经将肌理纹样应用在陶器设计中。随着人类文明的发展，肌理在设计中的应用越来越被人们重视。在现实生活中，肌理在建筑领域的应用更是普遍。建筑的肌理不仅是建筑视觉表现的关键因素，也是其构造组织形态的直接体现。

2.4.1　建筑肌理

建筑的表皮肌理为何物？20 世纪初，柯布西耶在《走向新建筑》中提出的"自由平面""横向长窗"将建筑外墙解放出来，使建筑的围护体作为"表皮"，强调了其表现的可能。真正把建筑的围护体作为"表皮"（而非体积）进行表现的是密斯·凡德罗，他把建筑抽象为"皮"与"骨"的关系，并通过精致的节点和精细的加工来加以强调，为建筑"表皮"的自我表现奠定了基础。后现代主义建筑师进一步认为，建筑可以有两层"表皮"，里面的一层解决功能性问题，外面的一层解决外观形式问题。

为了追求肌理的表现，一些设计师和业主刻意剥去了建筑表面的粉刷面层，以显现砖墙的斑驳和柱身的锈渍，甚至投入极大的精力和乐趣在二手市场上发掘废弃的龙头、载重地板和破烂不堪的椅子，试图营造出独特的肌理。还有的设计师把原有的材料经过处理，使其形成一种新的肌理。自称为"感官性极少主义"

的芬兰建筑师尤哈尼·帕拉斯马指出，"如今建筑已经变成一种瞬间视觉印象的艺术形式，导致了严重的感官贫乏"。他认为任何有意义的建筑体验都是可多重感知的，并且强调这种体验的同时性和感官的交互作用。肌理可以唤起人们摩挲的欲望。真正的艺术刺激我们触摸的设想知觉，而这种刺激正是生命的扩展，真正的建筑作品也会唤起类似的强化我们自身体验的设想触摸知觉。

通过各种独特的肌理，建筑师使工业制造的工艺、形式与风格同时蕴含于建筑表皮中，使建筑既体现了擅长于简单几何形体的高精度加工以及工业制造工艺的平直、光洁和准确复制，又体现了高度的艺术性、时代性和民族特色。

在某些情况下，作为形式系列的肌理比形式自身更"形式"。这就要求我们把形式转化为肌理，从肌理的角度而非从形式本身来塑造建筑形象。以 Loft 风格为例，它尊重建筑壳体的存在性质，使建筑原有的特征和材料裸露地保留下来，在装饰"极少"之中包含着丰富的肌理。于是我们看到了裸露的砖墙，斑驳的混凝土梁和楼板，生锈的管道、龙头和设备，当然我们还能看到一些新的"插入物体"，如镀铬钢管和玻璃的家具等。"形式"作为肌理的载体，设计师们最为关注的不是其"造型"，而是这众多物件的材质之间和新旧之间的肌理的对比。

在解构主义或当前一些前卫作品甚至商业建筑中，墙体"飞出"建筑已经成为一种重要的主体表现手法，甚至是一种潮流。在追求纯净、抽象、极简风格的观念的驱使下，建筑师对于体量、造型等传统形式要素的关注正逐渐转向对建筑围护体自身的关注，而建筑的围护体则从对建筑雕塑感的表达的传统使命中逐渐回归其自身——建筑的表皮中。

从逻辑上可以说，肌理作为表皮的基本属性将必然成为建筑形式表现的一个主题。随着智能和生态建筑的兴起，建筑围护体作为表皮的属性和作用更为突出。建筑的围护体已经不再是单纯的表皮，而是更进一步地作为建筑的"皮肤"，成为建筑与外界环境进行能量和物质交换的界面。由此可见，倘若将肌理在建筑设计中运用得当，不仅可以满足设计需求的审美功能，同时也能够在材料层面体现出符合当下时代发展所需的绿色生态设计理念中的低碳原则。显然，低碳建筑设计是一种创造性活动，肌理可存在于建筑及建筑室内设计行为中的生态材料对绿色生态设计问题上的支持。

2.4.2　低碳建筑肌理的价值体现

在建筑肌理设计方面进行应用性研究，是探索绿色、生态、低碳建筑发展方向的有效方法之一。实践证明，建筑材料、建筑肌理和建筑设计三者之间存在着千丝万缕的、无法分割的联系。肌理在建筑设计中如果运用得当，不仅可以满足设计需求的审美功能，同时也能够在材料层面体现出符合当前时代发展所需的绿色、生态、低碳建筑的设计理念。在建筑肌理充分发挥审美功能和低碳价值的过程中，肌理被视为是一种特殊的设计元素得以应用。

在低碳建筑材料选取的问题上，如果要融入肌理元素，那么就应当具体把握材料的 3 个层面价值体现：第一个层面是所选材料本身是否具备环保价值，即材料自身的物理属性对环境是否会构成危害；第二个层面是所选材料的可循环性，即材料是否具有可再生性；第三个层面是所选材料是否具有生态可持续性。因为通过选用节能环保材料、废弃材料的二次利用、生态可持续自然材料等建筑所需材料进行肌理设计，既能够具备低碳价值，其视觉形态对于肌理效果的塑造往往也能够有一定的视觉切合点。因此，在建筑设计中运用环保材料来塑造肌理形态，是一种完全可行的绿色低碳设计方式。在选用建材及室内装饰材料时，如果使用生态低碳的可持续自然肌理材料，或是将废弃材料在加工修复后运用肌理的视觉形态进行设计，就可以做到视觉形态与低碳环保的兼顾。当然，肌理只是诸多视觉形态中的一种，材料的低碳价值可以通过肌理的表现手法来实现，有时可以通过其他的表现形式来体现，但根本目的只有一个，那就是在对问题作出可行性优化的过程中，采用一种符合当前以及未来人类生存环境所需要的绿色低碳性的设计理念。

肌理可以分为自然肌理和创造肌理两大类。自然肌理就是自然形成的现实纹理，如木、石等没有加工所形成的肌理。也就是说，自然肌理是在自然形态下形成、无需后期主观能动改造就独立存在的肌理状态。因此，自然肌理运用到建筑设计中所体现的低碳价值是最为突出的。而创造肌理是由人工造就的现实纹理，即原有材料的表面经过加工改造，与原来触觉不一样的一种肌理形式。与自然肌理相比，创造肌理必须要经过人工后期的改造，在改造过程中必然会产生改造成本以及资源、能源的消耗。因此，在建筑设计中应用创造肌理时还需要考虑二次处理的低碳价值。从应用实践层面来看，创造肌理大多用在废旧材料的改造处理及二次利用，或是有效利用光学、能源学等原理对所造物进行资源的整合及有计划地控制等方面，从而发挥出创造肌理的低碳价值。

面向未来，低碳转型是经济社会发展的必然选择，推行低碳建筑则是实现低碳转型的关键举措。如今，社会各界对低碳建筑的认识越来越充分，政府在不断助推低碳建筑的发展，房地产行业在不断尝试低碳建筑的开发，消费者们在不断关注低碳建筑的价值。需要明确指出的是，低碳建筑发展过程中的许多重大决定都是在规划与设计阶段最早期作出的，如建筑定位、窗墙比（玻璃面积与墙面积的比例）、建筑的整体形式等。这些环节不仅需要城市管理者的参与，更需要建筑工程师的参与。如果城市管理者和建筑工程师中的任何一方不参与初始规划与设计，则很难实现低碳建筑的目的。因此，要实现高性能的低碳建筑，就必须在低碳建筑方案设计的最初概念阶段便提出一体化的系统思路。这无疑是对城市管理者和建筑工程师的一种考验和挑战。

低碳建筑一体化设计的关键在于整合建筑的各个系统。建筑定位、幕墙系统、采暖和制冷方法、窗墙比等方面的决策在最终建筑能源性能中发挥着决定性的作用。城市管理者和建筑工程师必须因地制宜，考虑城市气候因素，根据地域气候特点量身打造。另外，材料的选择和肌理的设计在任何建筑的碳含量中都起着核心作用，同时还通过热质，在建筑的运行过程中对碳排放量产生影响。而当前大多数传统建筑设计并没有分析能量或环境性能的问题，这正是今后低碳建筑规划与设计过程中必须要避免的。

第3章

低碳建筑标准和评价

"低碳建筑"是一种近年来兴起的环境产品，作为一种体现环境关注的新兴建筑形式，由于其评价方式和低碳标准的不确定性、不规范性，标准意义上的低碳建筑还没有在建筑市场大范围推广普及。以结果为导向的"低碳评价"概念的出现，为建筑领域评价体系的科学化、合理化提供了崭新的思路。

近年来，统计、测算与评估建筑生命周期内碳排放方面的环境表现，挖掘和探索建筑减碳技术及低碳设计，形成建筑领域低碳评价的基本体系框架和方法，为低碳建筑标准的制定和正式推广提供了理论基础与科学评价方法。由此看出，低碳建筑是建筑进行低碳评价后达到某一低碳度标准的一类建筑的总称，它的迅速发展和普及是规范和完善低碳评价的最终目的和宗旨。低碳评价作为一种结合低碳相关的新兴关注点的、在各个环境评价领域可通用的评价方法，对低碳建筑的发展具有十分重要的意义。

3.1 低碳建筑类型与低碳评价的意义

综合国内外专家学者的研究来看，狭义的低碳建筑一般是指在建筑使用过程中，降低各种家电设备运行的能耗，实现节能减排的建筑。广义的低碳建筑涵盖了建筑物各个阶段的碳排放，是指在满足人类对居住舒适性要求的前提下，减少建筑物整个生命周期内（建材生产、建筑前期策划、规划设计、施工、运营维护、拆除及回收利用）化石能源的使用及消耗，提高能效，降低二氧化碳的排放量的建筑。低碳建筑作为低碳经济实施的重要途径和必要实现方式，其主要特点包含以下几个方面：

（1）低能耗。低碳建筑通过合理地利用可再生能源，并不断提升化石等不可再生能源的利用率来大幅度降低能耗，科学地应用新兴技术，并广泛采用太阳能、风能、地热能等新兴能源，从而最大限度地降低低碳建筑全生命周期过程能源的消耗。

（2）低污染。低碳建筑更加注重可回收材料的利用和清洁能源的使用，是一种资源节约型、环境友好型的节能建筑。

（3）低排放。发展低碳建筑的核心就是节能减排，其强调最大限度地降低建筑物全生命周期过程中的二氧化碳排放量。

（4）居住环境舒适。低碳建筑更加注重合理地利用自然，在建筑的内部与外部采取有效连通的方式，对气候变化进行自适应调节，使室内环境质量大大提高。

3.1.1 低碳建筑类型

根据低碳建筑减碳方式侧重点的不同，我们可以将低碳建筑分为环境友好型、低能耗型、绿色宜居型、零碳排放型。

（1）环境友好型低碳建筑。环境友好型低碳建筑在规划设计阶段就充分考虑到与自然环境友好共存的关系，建筑物作为一个独立的生态系统，各种材料、物质、能源循环有序地运行，环境负荷相对较低，实现建筑与自然环境的和谐共生。与环境的友好相处可以让人们拥有更为舒适的居住环境，夏季需要大树遮阴挡阳，冬季需要树木防风固沙，减少对居住环境的冷风渗透，水系的蒸发能带走住宅周边的热空气，减少太阳辐射对居室环境的影响。同时，自然界中的可持续的清洁能源，如太阳能、风能、地热能等都能为住宅提供必需的能源供应，还有利用雨水收集系统与中水处理系统来达到节水的目的。环境友好型低碳建筑尽可能地利用当地的环境和自然条件，尽量保留原来场地中的自然景观。在前期建筑材料上倾向于选择当地的材料，在选址和设计上考虑建筑的自然通风条件与日照方向、时间等。在建造过程中尽可能地保护现有的植物、自然风光；建筑投入使用后，对废弃物的处理、回收、重复利用都有相应的配套设施和措施。考虑减少自然环境废弃物的排放，对一些废弃物（包括固体的废弃物）如何处理、如何重复利用等，也有相应的设施和措施。

（2）低能耗型低碳建筑。从本质上讲，低碳建筑是节能建筑的延伸，节能建筑是指按照节能设计标准，遵循节能的基本理论，采取合理的措施进行规划设计和施工建造，在使用上采用合理的能源，加强能耗管理，降低能耗的建筑。节能建筑强调建筑在使用阶段能源的低消耗。低能耗型低碳建筑在全生命周期内，从建筑材料的生产、运输、施工建造、建成运行到后期拆除各个阶段内，能源消耗均较低。低能耗建筑是人类寻求和探索低碳经济增长模式的需要，是遵循气候变化和节能的基本方法，是依据建筑规划分区、群体和单体、建筑朝向、间距、太阳辐射、风向以及外部空间环境情况而设计的。通过合理地利用可再生能源并不断提升化石等不可再生能源的利用率来大幅度降低能耗，科学地应用新兴技术，该类型低碳建筑通过新技术利用太阳能、风能、地热能等为住宅提供清洁又可持续的能源，同时，通过对雨水的收集、中水的循环、冷热空气的交换，来提高能源的利用效率，从而最大限度地降低低碳建筑全生命周期过程能源的消耗。在住宅建筑拆除时，尽可能地回收利用可再生资源，从而降低对环境的污染。

（3）绿色宜居型低碳建筑。低碳建筑的大力提倡不仅仅是为了降低建筑对资源能源的消耗与减少二氧化碳的排放量，更是为了给人类提供绿色宜居的健康生活环境。绿色宜居型低碳建筑充分考虑气温环境质量、声环境质量、空气环境质量以及日照环境质量等问题，以人为本，科学有效地设计环境资源的有序运转，使住户能够充分享受阳光、空气、水，保持对自然方面的高清新性和融合性。绿色宜居型低碳建筑体现的是普遍存在于自然界中的一种动态平衡，它既反映在设计和建造时所采用的合理方法与材料上，还体现于它对自然资源的消耗利用程度和回报自然的程度。绿色低碳建筑本身可以产生出一定的能源以弥补其能耗，同时在建造、选址及使用中对精神层面的重要性给予更多的关注，综合考虑使用者生理和心理健康的整体效果。

（4）零碳排放型低碳建筑。零碳排放，是指无限地减少污染物排放直至其为零的活动。就其内容而言，① 要控制生产过程中不得已产生的废弃物排放，将其减少到零；② 将不得已排放的废弃物充分利用，最终消灭不可再生资源和能源。就其过程来讲，是指将一种产业生产过程中排放的废弃物变为另一种产业的原料或燃料，从而通过循环利用使相关产业形成产业生态系统。以"零碳"为终极目标的零碳建筑拒绝使用常规污染性能源（煤、气、油、柴），更强调地表生态环境保护和重视可持续发展，在建设中应尽量减少传统建筑中对化石能源和不可再生资源的依赖和消耗，通过可再生能源的收集、处理、转化成为可以正常使用的能源和资源。在大力发展低碳经济的时代背景下，零碳建筑终将成为未来建筑产业的主流。

碳排放议题上的"先驱"——英国，早在 2002 年就建立了全球首个"零碳社区"，还有世界闻名的"零碳屋"的零碳实践。上海世博会"零碳馆"是中国第一座零碳排放的公共建筑，除了利用传统的太阳能、风能实现能源自给自足外，"零碳馆"还取用黄浦江水，利用水源热泵作为房屋的天然"空调"；用餐后留下的剩饭剩菜，被降解为生物质能，用于发电。上海世博会"零碳馆"馆长陈硕是"零碳馆"的具体打造者，此前也是英国零碳中心的生态建筑师，他认为，零碳建筑需要满足三大必要条件：所用全部能源由可再生能源提供、所需全部水源由雨水和中水提供、所产生的废弃物经分拣后全部本地销毁和再利用；无法满足此三项条件的则可以通过绿化和植被等增加碳汇的途径来实现中和，即"相对零碳"；并提议全生命周期的零碳建筑也可以通过森林碳汇等补偿方式来实现。香港建筑业议会则认为，零碳建筑是指建筑物每年运行所需的能源完全由可再生能源提供或补偿，其 2013 年投入使用的"零碳天地"，成功通过光伏板和以生物柴油推动的三联供应系统，现场生产可再生能源，就地发电并回馈电网，抵消从电网中使用的能源及相应的碳排放量。

3.1.2 低碳评价的意义

低碳建筑是对建筑进行低碳评价后达到某一低碳度标准的一类建筑的总称，其迅速发展和普及是规范和完善低碳评价的最终目的和宗旨；而低碳评价是一种结合低碳相关新兴关注点的、可在各个环境评价领域通用的评价方法，对低碳建筑的发展具有十分重要的意义。对于低碳建筑评价标准制定提速的呼吁，背景是建筑节能对于实现"低碳社会"的意义。

据住建部 2010 年统计，我国现有建筑 430 亿 m^2，另外每年新增建筑 16 亿～20 亿 m^2，我国建筑相关能耗占全社会能耗 46.7%，其中包括建筑的能耗（包括建造能耗、生活能耗、采暖空调等）约 30%，以及建材生产过程中的能耗 16.7%。现在我国每年新建建筑中，99%以上是高能耗建筑；而既有的约 430 亿 m^2 建筑中，只有 4%采取了能源效率措施。因此，建筑节能一直是近些年政府主推的命题。完善和严格执行建筑标准，大力推进节能技术革新和节能改造，开发和推广节约、替代、循环利用资源和治理污染的先进适用技术，实施节能减排重大技术和示范工程等工作都在加快进行中。

"低碳建筑"作为一种特殊的环境产品，其市场发展中暴露出的信息不对称、外部性效应等一系列的问题和阻碍，都要求建筑领域有统一规范的评价标准。闫大伟在其硕士毕业论文中指出，建立低碳建筑的评价标准是为了更好、更具体、更全面地对低碳建筑进行评价，它不仅要求我们对影响低碳建筑碳排放量的各个因素、各个指标进行区分并汇总，更要求我们上升到基于全生命周期角度上，内容涵盖了低碳建筑全生命周期的各个阶段，包括前期策划阶段、规划设计阶段、施工建造阶段、运营维护阶段和拆除报废阶段，对影响到低碳建筑碳排放量的各个阶段、各项指标进行综合评价，同时也要考虑到数据的可获取性和可比性，以便更好、更全面、更准确地对低碳建筑进行评价研究。低碳建筑评价的指标内容应涉及建筑全生命周期的各个阶段。[①]

"碳排放"作为进行建筑评价的一项重要因素，已被欧盟成员国及其他发达国

---

① 闫大伟. 全寿命周期视角下低碳建筑评价体系研究[D]. 西安：西安建筑科技大学，2013.

家列为关键的聚焦研究对象，测评体系正处于成长期。建筑评价是定性的评价方法，为碳排放、碳指标的定量化研究与评价，从而与货币挂钩，为碳税、碳交易制度的规范建立和完善做基础准备。建筑低碳评价体系的规范化建立与应用，对房地产业的绿色健康发展及对产业结构调整的作用是革命性的。英国制定了世界上第一个低碳建筑评价体系 BREEAM，该体系一度成为其他几大评价体系（如美国 LEED 体系）借鉴的对象，并将其作为推动绿色低碳建筑发展最有效的工具。同时，评价对象由最初的新建公共建筑和住宅建筑扩大到工厂、酒店、医院、学校、数据中心等不同的建筑类型和建筑改造；随着绿色低碳建筑内涵不断发展，更多的评价内容被纳入了评价体系，如生态平衡、人文关怀等。

3.2　低碳建筑评价指标体系和等级划分制度

发展低碳建筑能够更好地适应社会发展的要求，能够解决建筑行业发展的重要问题，可以实现行业增长方式的转变，促进低能耗、高附加值建筑方式的发展。本章在借鉴国内外相关的绿色低碳建筑评价指标体系基础上，探讨建立一套符合中国现阶段建筑业水平的低碳建设评价指标体系和等级划分制定，这也是中国推进低碳战略的当务之急。

3.2.1　国外建筑评价指标体系

国际上知名度较高且发展比较成熟的绿色建筑评价体系有英国的 BREEAM 体系、美国的 LEED 体系、日本的 CASBEE 体系、加拿大的 GBC 体系，下面对这几种评价体系加以简略介绍。

3.2.1.1　英国"建筑研究所环境评估法"体系（BREEAM）

1990 年由英国的建筑研究中心（Building Research Establishment，BRE）提出的关于建筑环境的评估方法（Building Research Establishment Environmental Assessment Method，BREEAM）是世界上第一个绿色建筑综合评估系统，是世界上首部关于建筑环境性能的评价体系，也是国际上第一套实际应用于市场和管理之中的绿色建筑评价办法，并一度成为其他几大评价体系（如美国 LEED 体系）借鉴的对象。其目的是为绿色建筑实践提供指导，以期减少建筑对全球和地区环境的负面影响。BREEAM 体系目前共有 4 个版本，即为英国本土版本、欧洲版本、海湾地区版本及世界其他地区通用的国际版本。同时，BREEAM 有各种类型建筑的建筑环境评价方法的功能，包括住宅建筑、办公室建筑、医院建筑、工业建筑、学校建筑以及零售商店建筑等多种建筑类型。BREEAM 是一个比较宽泛的、具有环境可持续发展能力的标准，其中包括经济学和社会学等方面，它不单单是环境的标准，也是社会和经济问题的重要参考。早在 2002 年，英国新建办公室有 15%～20%获得 BREEAM 认证。经过多年的发展，据 2014 年年初的统计，全球有 24 万幢建筑获得 BREEAM 认证。从目前来看，相对于其他类型认证，获得 BREEAM 认证的建筑相对比较多。

为了使评价更容易被人们接受和认同，使评价结果更为科学和合理，BREEAM 体系的评估项涵盖了建筑节能的各个方面，评估架构的设计也采用了透明、开放且比较简单的架构。评价范围涵盖了室内外环境、能源、材料与资源、对生态的影响及对环境的影响等几个方面的内容。其评分标准针对每一项都附有详细的说明，只有建筑物满足其条款的要求时，才可获得与之对应的得分。例如，每年每卧室达到节水 45 m³ 及以上即可获得 6 分，每增加 5 m³ 节水，即可再加 4 分等。最终评价得分及与之相应的评价等级如表 3-1 所示。

表 3-1　BREEAM 评价等级得分

等级	优异	优良	良好	合格	不达标
得分	≥70	55～70	40～55	20～40	≤20

与 LEED、CASBEE 等评价体系相比，BREEAM 体系最大的优势是它在保持其涵盖的评估内容基本不变的前提下，可根据项目所处地域性的差异调整其等分的权重。这样既考虑了项目所处的地域性差异，又保证了项目认证的可比性。除此之外，BREEAM 体系又可根据项目所处的阶段不同而有所侧重，如表 3-2 所示。最终通过综合得分评出项目的评价等级。

表 3-2　BREEAM 针对不同阶段建筑的评价内容

评价方面 建筑类型	建筑核心性能	设计建造	管理与运行
设计阶段建筑	√	√	—
新建成建筑	√	√	—
翻修阶段建筑	√	√	—
使用中建筑	√	—	√
闲置建筑	√	—	—

3.2.1.2　美国"绿色建筑评估体系"（LEED）

美国 LEED 评价体系是由美国绿色建筑协会在借鉴英国 BREEAM 体系并基

于美国国情的基础上研发出来的。其应用几乎涵盖了所有民用建筑，并适用于工业建筑。

LEED 评价体系作为世界上最具影响力的评价体系之一，其评定认证具有以下 3 个特点：① 它是一种商业行为，该体系拥有成熟的商业流程，全球任何地方的项目都可以按照其透明的申请流程进行申报，保证了项目各方的利益；② 它是第三方认证，既不属于设计方又不属于使用方，在技术和管理方面具有高度的权威性；③ 企业采取自愿认证的方式进行评定，它是一个非强制性的建筑标准，致力于建筑行业标准朝着健康舒适、高效环保的方向发展。

LEED 评价体系与 BREEAM 评价体系类似，其评价系统也是一项条款式的评价系统，主要采用 6 个主要评价项（可持续选址、地址及其相关、材料与资源、室内环境质量、节能、节水）和两个附加项（创新设计、区域优势）来对建筑物进行评价分析，最终得出建筑物的评价结果。LEED 评价体系的评价结果主要分为合格、白银级、黄金级、铂金级 4 个等级指标。现在全球有 14 万幢建筑获得 LEED 认证。从目前来看，LEED 认证的增长速度比较快。

LEED 评价体系能够得到广泛使用和推广的主要原因是其评价具有可操作性及透明性。它针对各个评价要点提供了一套详细而又全面的指导手册。有利于建筑师和业主遵照评价手册明确建筑物改进的措施及方向，从而有利于绿色建筑节能项目的顺利实施。

3.2.1.3 日本"建筑物综合环境性能评价体系"（CASBEE）

日本 CASBEE 绿色建筑评价体系是由日本绿色建筑委员会和日本可持续发展联盟两家机构联合开发的。自创立以来，为了使评价更科学和准确，就不断对该体系进行修正和更新，其适用范围涵盖住宅类建筑（公寓、宾馆、旅社等）及非住宅类建筑（工业建筑、商业建筑、学校等）。其评价内容涵盖室内外环境、服务性能、能源、资源消耗、项目所处环境。为了真实反映建筑物实际状况，CASBEE 体系对计算结果的精确性要求很高，同时，其在建筑物对环境的影响评估中，有很强的敏感度，CASBEE 的评价结果还能充分反映建筑物全生命周期出现的一系列细节性的问题。

3.2.1.4 加拿大"绿色建筑挑战"（GBC）评价体系

GBC 评价体系是一项由加拿大发起的国际之间的合作项目，其主要目的是推动绿色建筑的发展，开发一套适用于不同国家和地区的绿色建筑评价体系。其评价的目的是通过对建筑物各项指标的分析和比较，找出其中的优势和不足，以提供相应的解决方案，从而推动绿色建筑的发展。该评价体系最大的优势是可根据各国实际状况从而制定并修整适合该国的 GBC 评价体系。GBC 评价体系的一级指标包括能源利用、室内环境质量、设备质量、环境负荷、管理和经济等方面，其子评价项可根据各国、各地区实际状况予以调整。[①]

3.2.2 国内建筑评价指标体系

3.2.2.1 CEHRS 评估体系

《中国生态住宅技术评估手册》作为我国第一部生态住宅评价标准，是我国在绿色建筑评价研究上的第一步，该标准参考了世界各国生态住宅技术研究和评价方法，提出了生态住宅的完整框架，是我国生态住宅技术评估体系（CEHRS 评估体系）的基础。目前已经发展到 5/2011 版，新增了绿色低碳住区的评价内容，并更名为《中国绿色低碳住区技术评估手册》。

该评价标准分为规划设计阶段评分和验收阶段评分，都是以住区规划与住区环境、能源与环境、室内环境质量、住区水环境、材料与资源、运行管理 6 个子项为基础，每个子项均为 100 分，每个阶段总分为 600 分，两个阶段总分合计为1 200 分。指标及分值如表 3-3 所示。

表 3-3 《中国绿色低碳住区技术评估手册》（版本 5/2011）指标体系和评分标准

一级指标	二级指标	规划设计阶段评分标准	验收阶段评分标准
住区规划与住区环境	住区选址和规划	26	30
	住区交通	14	15
	住区绿化	15	15
	住区空气质量	8	6
	住区声环境	8	6
	住区日照和光环境	9	6
	住区微环境	20	22
能源与环境	建筑主体节能	32	—
	常规能源系统的优化利用	28	—
	能源消耗	—	60
	可再生能源利用	30	30
	能耗对环境的影响	10	10
室内环境质量	室内空气质量	25	25
	室内热环境	25	25
	室内光环境	20	20
	室内声环境	30	30

[①] 闫大伟. 全寿命周期视角下低碳建筑评价体系研究[D]. 西安：西安建筑科技大学，2013.

一级指标	二级指标	规划设计阶段评分标准	验收阶段评分标准
住区水环境	用水规划	30	20
	给水排水系统	10	10
	再生水利用与污水处理	25	25
	雨水利用	10	15
	绿化与景观用水	15	15
	节水器具和设施	10	15
材料与资源	使用绿色建材	30	30
	就地取材	10	10
	资源再利用	10	10
	室内装修	20	20
	垃圾处理	30	30
运行管理	节能管理	30	30
	节水管理	25	25
	绿化管理	15	15
	垃圾管理	15	15
	智能化系统管理	15	15

参评项目的评价方式分为单项评估、阶段评估和综合评估 3 种。单项评估要求参评项目单项总分必须达到 70 分以上；阶段评估要求参评项目单项总分必须达到 60 分以上，阶段总分达到 360 分以上；综合评估要求参评项目单项总分必须达到 60 分以上，阶段总分达到 360 分以上，综合评估分达到 720 分以上。[①]

3.2.2.2 GOBAS 评价体系

2008 年北京奥运会提出了"绿色奥运""科技奥运"和"人文奥运"的口号，为实现"绿色奥运"承诺，"绿色奥运建筑评估体系研究"课题于 2002 年 10 月立项，根据绿色建筑的概念和奥运建筑的具体要求，制定奥运建筑与园区建设的"绿色化"标准，研究开发针对这一标准的、科学的、可操作的评价方法和评价体系，即《绿色奥运建筑评估体系》（Assessment System for Green Building of Beijing Olympic）。

该体系借鉴了日本 CASBEE 中建筑环境效率的概念，将评分指标分为 Q 和 L 两类：Q（Quality）指建筑环境质量和为使用者提供服务的水平；L（Load）指能源、资源和环境负荷的付出。指标体系如表 3-4 所示。

---

① 聂梅生，秦佑国，江亿. 中国绿色低碳住区技术评估手册（版本 5/2011）[M]. 北京：中国建筑工业出版社，2011：81.

表 3-4　GOBAS 阶段划分和一级指标

阶段划分	一级指标
1 规划阶段	1.1 场地选址 1.2 总体规划 1.3 交通规划 1.4 绿化 1.5 能源规划 1.6 资源利用 1.7 水环境
2 设计阶段	2.1 建筑设计 2.2 室外工程设计 2.3 材料与资源利用 2.4 能源消耗 2.5 水环境系统 2.6 室内空气质量
3 施工阶段	3.1 环境影响 3.2 能源利用与管理 3.3 材料与资源 3.4 水资源 3.5 人员安全与健康
4 验收与运行管理阶段	4.1 室外环境 4.2 室内环境 4.3 能源消耗 4.4 水资源 4.5 绿色管理

通过类似于 CASBEE 的 Q/L 二维图来描绘参评项目的"绿色性"。GOBAS 按照全过程监控、分阶段评估的指导思想，从规划阶段、设计阶段、施工阶段和验收与运行管理阶段 4 个阶段建立评估指标体系。针对上述不同建设阶段的特点和要求，分别从环境、能源、水资源、材料与资源、室内环境质量等方面进行评估。只有在前一阶段达到绿色建筑的基本要求时，才能继续进行下一阶段的工作。当按照这一体系在建设过程的各个阶段都达到绿色要求时，这个项目就可以认为达到绿色建筑标准。

3.2.2.3 ESGB 评价体系

ESGB（Evaluation Standard for Green Building）是国家为落实科学发展观，建立一个资源节约型、环境友好型社会，加速改变粗放型的建筑现状而颁布实施的绿色建筑评价的第一部国家标准。

ESGB 由节地与室外环境、节能与能源利用、节水与水资源利用、节材与材料资源利用、室内环境质量和运营管理（住宅建筑）或全生命周期综合性能（公共建筑）六类指标组成。各大指标中的具体指标又分为控制项、一般项和优选项三类。其中控制项为必备条款；优选项主要指实现难度较大、指标要求较高的项目。

其中节地与室外环境方面的指标主要涉及选址、环保减污、场地绿化、节地、热岛效应、风环境、透水地面、交通设施、公共服务等；节能与能源利用方面的指标主要涉及节能设计、计量收费、再生能源等；节水与水资源利用方面的指标主要涉及规划管理、管网漏损、雨水利用、非传统水源等；节材与材料资源利用方面的指标主要涉及材料安全、节约材料、循环利用等；室内环境质量方面的指标主要涉及日照采光、自然通风、声环境、空气质量等；运营管理（住宅建筑）方面的指标主要涉及垃圾处理、管理制度、绿化、智能化等；全生命周期综合性能（公共建筑）方面的指标主要涉及与自然环境协调、物业管理、管理与激励等。

此外，根据建筑所在地区、气候与建筑类型等特点，符合条件的一般项数可能会减少，对一般项数的要求可按比例调整，以适应各地具体条件。绿色建筑的必备条件为全部满足控制项要求，按满足一般项和优选项的程度，绿色建筑划分为 3 个评价等级。

3.2.3　等级划分制度

3.2.3.1　基本国情

我国从基本国情出发，从科学发展、人与自然和谐发展、节约能源、有效利用资源和保护环境的角度，提出发展"节能省地型住宅和公共建筑"，主要内容是节能、节地、节水、节材与环境保护，注重以人为本，强调可持续发展。从这个意义上讲，节能省地型住宅和公共建筑与绿色建筑、低碳建筑、可持续建筑提法不同、内涵相通，具有某种一致性，是具有中国特色的绿色建筑、低碳建筑和可持续建筑理念。

我国资源总量和人均资源量严重不足，与此同时，我国消费增长速度惊人，资源再生利用率上也远远低于发达国家。在我国发展低碳建筑，是一项意义重大且十分迫切的任务。借鉴国际经验，建立一套适合国情的低碳建筑评价体系，反映建筑领域可持续发展理念，对积极引导大力发展绿色建筑，促进节能省地型住宅和公共建筑的发展，都具有十分重要的意义。

3.2.3.2 低碳建筑评价指标体系设计原则

低碳建筑评价指标体系是由若干个定性和定量的统计指标所组成，根据低碳建设项目的特点，反映其特征。低碳建筑评价指标体系应基于全生命周期的角度，多方面、客观反映低碳建设项目的管理情况和节能情况。

构建的低碳建筑评价指标体系须遵循以下几个原则：

（1）适合低碳建筑项目管理和实施过程的特点。

（2）基于全生命周期的角度，囊括决策、设计、施工、运营与拆除各个阶段的项目管理要素，较为全面地反映低碳建设项目管理的特点。

（3）突出管理因素，发挥低碳评价对低碳建设项目管理的促进作用。

（4）强调碳排放影响因素，尽量量化碳排放指标，便于考核。

（5）结构清晰，指标明确，易于考核。

（6）可整体进行综合评价，反映低碳建设项目的整体水平。

低碳建筑评价指标的选取须遵循以下几个原则：

（1）可持续性和全局性。评价指标的选取应体现可持续发展原则，影响可持续性的因素要考虑其中。低碳建筑评价是在明确的可持续发展原则和全生命周期的目标指导下进行的，将能源的消耗、资源的使用、可提供的服务等因素结合起来，从决策、设计、施工、运营与拆除整个阶段进行考虑和控制，从宏观和微观角度综合社会、生态和经济等各个系统的因素进行综合评价和反映。

（2）可操作性。低碳建筑评价指标若设置得过于繁琐，以及需要搜集的数据多，则不便于操作，评价成本会增加，评价过程也会变得复杂。因此，在实际选取过程中，应尽量选取在实际操作中简单易行的指标，以及对环境、碳排放有重要影响的便于统计的指标，从而便于评价，得到较为有价值的评价结果。

（3）精确性与模糊性。评价指标体系的各组成部分相互关联、相互协调，由于建设项目的地域性、人文性等特点，因此有的指标是定性的，只可说明一种趋势或发展方向，有的指标是定量的，可以进行一定的统计和度量。[①]

3.2.3.3 中国绿色低碳建筑三星级评估指标体系

绿色低碳建筑的评价分为设计阶段评价与运行阶段评价。运行阶段评价，在建筑物投入使用一年后进行。住房和城乡建设部科技和产业化发展中心负责绿色低碳建筑评价标识管理。住建部委托具备条件的地方住房和城乡建设管理部门开展所辖地区一星级和二星级绿色低碳建筑评价标识工作。受委托的地方住房和城乡建设管理部门组成绿色低碳建筑评价标识管理机构具体负责所辖地区一星级和

---

① 郑俊巍. 低碳建筑评价指标体系分析研究[D]. 成都：西南石油大学，2012.

二星级绿色低碳建筑的评价标识工作。要获得中国绿色低碳建筑三星级评价标识，需要对建筑物进行长达两年的监测。住房和城乡建设部向获得三星级"绿色低碳建筑评价标识"的建筑和单位颁发证书和标识（挂牌）；向获得一星级和二星级"绿色低碳建筑评价标识"的建筑和单位颁发绿色建筑设计评价标识证书。

中国绿色低碳建筑三星级评估指标体系由节地与室外环境、节能与能源利用、节水与水资源利用、节材与材料资源利用、室内环境质量和运营管理六类指标组成，每类指标包括控制项、一般项和优先项，控制项为评判绿色低碳建筑的必备条件，低碳建筑需要满足住宅建筑或公共建筑中所有控制项的要求，一般项和优先项为划分绿色低碳建筑的可选条件，优先项是难度大、综合性强、绿色低碳化程度较高的可选项。按照满足一般项数和优选项数的程度划分为 3 个等级，评价标识分别是一星级、二星级和三星级，其中三星级为最高等级的绿色低碳建筑。同一星级的建筑，加以分数进行区别，并体现在标志和证书中。图 3-1 和表 3-5、表 3-6、表 3-7 分别为评估体系中的各类指标。

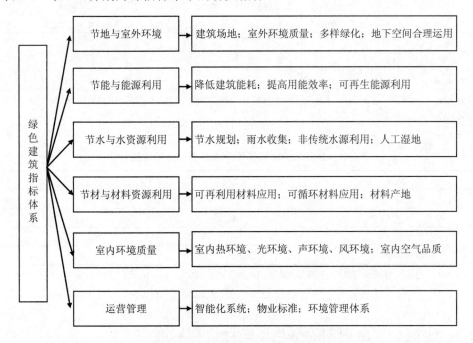

资料来源：顾永兴. 绿色建筑智能化技术指南[M]. 北京：中国建筑工业出版社，2012：18.

图 3-1　中国绿色低碳建筑三星级评估指标体系

表 3-5　划分低碳建筑等级的项数要求（住宅建筑）

等级	一般项数（共 40 项）						优选项数（共 9 项）
	节地与室外环境（共 8 项）	节能与能源利用（共 6 项）	节水与水资源利用（共 6 项）	节材与材料资源利用（共 7 项）	室内环境质量（共 6 项）	运营管理（共 7 项）	
★	4	2	3	3	2	4	—
★★	5	3	4	4	3	5	3
★★★	6	4	5	5	4	6	5

资料来源：中国建筑科学研究院，上海市建筑科学研究院. GB/T 50378—2014　绿色建筑评价标准[S].北京：中国建筑工业出版社，2014.

表 3-6　划分低碳建筑等级的项数要求（公共建筑）

等级	一般项数（共 43 项）						优选项数（共 14 项）
	节地与室外环境（共 6 项）	节能与能源利用（共 10 项）	节水与水资源利用（共 6 项）	节材与材料资源利用（共 8 项）	室内环境质量（共 6 项）	运营管理（共 7 项）	
★	3	4	3	5	3	4	—
★★	4	6	4	6	4	5	6
★★★	5	8	5	7	5	6	10

资料来源：中国建筑科学研究院，上海市建筑科学研究院. GB/T 50378—2014　绿色建筑评价标准[S]. 北京：中国建筑工业出版社，2014.

表 3-7　划分低碳建筑等级的项数要求：项数统计表

等级	住宅建筑	公共建筑
控制项	27	26
一般项	40	43
优选项	9	14
总计	76	83

资料来源：叶祖达. 低碳绿色建筑：从政策到经济成本效益分析[M]. 北京：中国建筑工业出版社，2013：35.

3.3　建筑全生命周期的绿色低碳评价和标准

低碳建筑追求的是在全生命期内实现高效节约利用资源，最大限度地降低温室气体排放，最小限度地影响环境，在工程项目的全生命期跨度内实现低能耗、低污染、低排放、经济合理以及优化资源的使用效率。

建设项目的全生命周期根据时间长短的不同分为四种：物理生命、功能生命、经济生命和法律生命。这四者中经济生命短于法律生命；物理生命时间最长，但是易受到多方面的影响，具有不确定性；同样功能生命受技术更新、业主要求等影响，也具有不确定性。比较上述四种生命周期，结合我国国情，并参考我国现阶段建设项目使用年限，以经济性和一定的效率为依据，一般采用经济生命作为绿色低碳建筑的全生命周期。

3.3.1　建筑全生命周期的概念

"生命周期评价"（Life-Cycle-Assessment，LAC）的概念产生于 20 世纪 60 年代的能源危机。生命周期评价理论在 70 年代初期主要应用在包装废物的问题上。到了 70 年代中期，该评价理论的研究重点逐渐转移到能源利用和废弃物排放回收等领域。环境管理—生命周期评估（ISO/CNS 14040）针对全生命周期评估给出的定义为："在产品生命过程中，从原料的取得、制造、使用至废弃等过程，评估其对环境产生的冲击。"

全生命周期（Life-Cycle）概念的应用很广泛，对于某个产品来讲，其涵盖了产品"从摇篮到坟墓"（Cradle-to-Grave）整个生命周期物质转变的过程。不仅包括产品从自然界获取所需要的原材料并加工制造的生产过程，还包含产品的贮存、运输等流通环节及产品的使用、报废和处置等阶段的全过程，它构成了产品的一个完整生命周期。建筑物作为一种产品，虽具有特殊性，但也具有属于自身的生命周期，根据建筑物整个生命周期所经历的流程和过程，可把建筑物的整个生命周期划分为前期策划、规划设计、施工建造、运营维护和拆除报废等几个周期阶段。只有对于建筑物各个生命周期阶段采用针对性的低碳建筑技术和措施，才能控制建筑物整个生命周期过程的碳排放量，从而实现建筑物全生命周期的低碳化。

3.3.2　低碳建筑全生命周期阶段划分

前面简要介绍了全生命周期理论的基本概念。针对低碳建筑物的特点，应站在全生命周期的视角上来进行分析，可将其划分为：前期策划阶段、规划设计阶段、施工建造阶段、运营维护阶段、拆除报废阶段，建筑物各阶段包括的主要内容如表 3-8 所示。

表 3-8　低碳建筑建设项目的全生命周期

阶段	主要内容
前期策划	编制项目建议书
	编可行性研究报告
	项目初步构想
规划设计	总体方案设计
	初步设计
	施工图设计
施工建造	施工组织设计
	施工准备及过程
运营维护	使用
	维护、修缮
拆除报废	拆除
	可回收材料利用

　　由于低碳建筑整个生命周期关注的要点都是建筑物的碳排放量，因此对于低碳建筑全生命周期二氧化碳排放量的评估，即衡量建筑物全生命周期过程的碳排放量，应站在全生命周期视角上进行。日本学者最早提出了全生命周期二氧化碳排放评价指标的概念，把这一概念应用到低碳建筑中，就是指在低碳建筑前期策划、规划设计、施工建造、运营维护和拆除报废整个生命周期过程中，根据所排放的二氧化碳量来评判建筑物的低碳性能，这与低碳建筑的设计理念是相通的。因此，对于全生命周期视角下低碳建筑评价的研究，应以建筑物全生命周期二氧化碳的排放量为基础，而不可忽视任何一个阶段对整个生命周期二氧化碳的排放量的影响。

　　西方学者在20世纪90年代初将全生命周期理论思想引入建筑能耗的研究中，针对建筑的"蕴藏能量"以及单体建筑在整个全生命周期中的能耗状况进行分析研究，构建了建筑的全生命周期能耗评估模型，其中将建筑全生命周期分为 5 个阶段，即建材生产准备阶段、建筑建造阶段、建筑使用阶段、建筑拆除阶段和废旧建材处置阶段。建筑全生命周期内各阶段能耗状况见表 3-9。

表 3-9　建筑全生命周期各阶段能耗状况

全生命周期阶段	能源消耗使用情况
建材生产准备阶段	建筑物建造阶段和使用阶段的日常维护、维护修缮所需的中间材料、成品、半成品的开采、生产和加工及其中间环节所涉及的运输过程的能源消耗
建筑建造阶段	施工现场的材料及机械加工、施工能耗以及中间环节涉及的所有运输过程的能源消耗
建筑使用阶段	建筑日常使用中采暖、空调、通风、生活热水供应、照明、炊事以及电梯等方面的能源消耗
建筑拆除阶段	建筑物废弃拆除时的能源消耗
废旧建材处置阶段	建筑物在日常维护和废弃拆除后产生的废旧建筑材料的运输、分拣、处理、再利用和无用废弃建材在最终处置场所的处置过程所涉及的能源消耗

资料来源：郑俊巍. 低碳建筑评价指标体系分析研究[D]. 成都：西南石油大学，2012.

构建的建筑全生命周期能耗评估模型为

$$Q_{\text{Lifecycle}} = Q_{\text{Monuf}} + Q_{\text{Rerect}} + Q_{\text{Ocup}} + Q_{\text{Demol}} + Q_{\text{Disp}}$$

式中：Q_{Monuf}——建筑在建材生产准备阶段的能源消耗总量（包括建材生产环节中运输带来的能源消耗）；

Q_{Rerect}——建筑在建造阶段的能源消耗总量（包括建筑建造阶段中运输带来的能源消耗）；

Q_{Ocup}——建筑在使用阶段的能源消耗总量；

Q_{Demol}——建筑在拆除阶段的能源消耗总量；

Q_{Disp}——建筑材料在处置阶段的能源消耗总量。

低碳建筑是节能型建筑的一种，建筑能耗是其中一个主要考虑因素，从全生命周期能耗理论可以得出：

（1）低碳建筑需要从全生命周期的角度进行综合分析。建筑在全生命周期内的每个阶段，从设计、施工建造、交付使用、维护修缮到报废拆除整个过程中，都在不断地消耗能源。但是工程项目的前期阶段工作与成果影响着后续阶段的进行，若低碳建筑项目的市场调研不到位，造成公众对于低碳建筑的接受度不大，对于开发商无疑是个重大损失；若低碳建筑的可行性研究不准确，造成低碳建筑带来的经济利益、社会效益并未如预期所料，对政府也是个重大损失。同时低碳建筑由于标准规范、技术等发展不成熟的缘故，在前期就更需谨慎，决策阶段的工作不容小觑。因此，低碳建筑的全生命周期从决策阶段开始考虑，将建材的生产等阶段融入施工阶段，则低碳建筑的全生命周期阶段分别为决策阶段、规划设计阶段、施工建造阶段、运营维护阶段以及报废拆除阶段。

（2）能耗是碳排放的影响因素之一，而碳排放是低碳建筑的重点考虑因素。低碳建筑中碳排放是具体的低碳性考核指标，但是除此之外，节水、节材、节地等相关绿色性指标与碳排放息息相关，也是重点考虑因素。低碳建筑是绿色建筑的具体要求，侧重点虽有所不同，但是低碳建筑在其中包含的内容则更为具体，不仅仅包括绿色建筑对能耗、环境的要求，同时更为具体地强调碳减排。因此，基于全生命周期能耗的观点，从全生命周期角度将相关绿色性要素提炼出，还需将可量化的低碳性要素单独考虑，以便量化评价碳排放。

3.3.3 基于全生命周期评价的绿色低碳建筑指标体系

3.3.3.1 指标体系的结构

指标体系的合理性对绿色低碳建筑评价起着重要作用，因为不同的指标体系会产生不同的评价结果，严格把关是十分必要的。由于建设项目开发不同阶段工作的特点不尽相同，根据每个阶段工作的特点，以 ESGB 的指标为基础，参照国内外其他评价指标体系和相关法规规范，对 ESGB 原有指标体系加以改进，从而实现全生命周期的分阶段评价。采用 AHP 法确定了总目标层、子目标层、准则层和指标层。

3.3.3.2 分阶段评价目标的指标选取

（1）决策阶段的评价指标。决策阶段主要的工作任务是进行市场分析调查、可供开发场地调查、开发条件环境调查、有关法规政策、社会环境调查等，并以此为依据，编制项目建议书和可行性研究报告，对项目所采用的节能技术、资金、技术风险以及未来的经济、社会和环境效益进行分析，以确定该项方案是否科学可行。因此决策阶段在方案策划和比选时应该充分考虑潜在方案未来的绿色性、低碳性以及所能达到的绿色等级目标。

本章主要参照房地产项目决策阶段的项目建议书和可行性研究报告编制工作的主要内容，选取投资估算、财务评价、环境评价、社会评价和风险分析 5 个方面 12 个指标，如表 3-10 所示。

表 3-10 基于全生命周期评价的 ESGB 指标体系决策阶段的评价因素指标

子目标层	准测层	评价指标
决策阶段的评价	投资估算	项目总投资
		单位工程造价
	财务评价	财务净现值
		财务内部收益率 IRR
		动态投资回收期
	环境评价	对周边环境的影响
		环境保护的投入和产出
	社会评价	社会影响
		项目互适性
		社会风险
	风险分析	盈亏平衡分析
		敏感性分析

（2）规划设计阶段的评价指标。规划设计阶段主要的工作任务是在合理开发利用场地、协调场地平面和空间布局的基础上，以满足特定建筑物的建造目的（包括人们对它的环境角色的要求、使用功能的要求、视觉感受的要求）而进行的设计，它使具体的物质材料依其在所建位置的历史、文化脉络、景观环境，在技术、经济等方面可行的条件下形成能够成为审美对象或具有象征意义的产物。绿色低碳建筑规划设计主要关注的是在合理规划空间环境、为用户提供健康和舒适的生活环境的基础上，通过优化设计，达到节地、节能、节水、节材和大大降低环境负面影响的目的。本章以 ESGB 为基础，参考了 GOBAS 指标体系，选取节地与室外环境、节能与能源利用、节水与水资源利用、节材与材料资源利用和室内环境质量 5 个方面共 31 个指标，如表 3-11 所示。

（3）施工建造阶段的评价指标。施工建造阶段的主要任务是按照设计图纸和相关文件的要求，根据已确定的技术方案，在建设场地上投入大量资金、人员、建筑材料、施工机械，通过有组织的管理将设计意图付诸实现，并形成工程实体，建成最终产品的活动。而绿色低碳施工是指在工程建设中，在保证质量、安全等基本要求的前提下，通过科学管理和技术进步，最大限度地节约资源与减少对环境负面影响的施工活动，实现"四节一环保"。

ESGB 的指标体系中并未考虑到施工阶段的绿色性和低碳性，但施工过程中涉及的资源、能源、环境和管理等问题都是全生命周期内的绿色性不可或缺的重要因素，因此本章主要参考《绿色施工导则》和《绿色施工评价标准》等规范，选取施工管理和资源节约两个方面的 14 个指标，如表 3-12 所示。

表 3-11　基于全生命周期评价的 ESGB 指标体系规划设计阶段的评价因素指标

子目标层	准测层	二级评价指标
规划设计阶段	节地与室外环境	无害化场地
		场地绿化率
		场地光污染
		区域风环境
		缓解城市热岛效应
		周边公交交通系列便利性
		配套设施和公共服务
		开发利用地下空间
	节能与能源利用	维护结构的热工参数
		自然通风设计
		自然采光环境
		建筑遮阳设计
		高效能设施和设备
		照明系统节能设计
		可再生能源利用率
		冷热源和能量转换系数效率
	节水与水资源利用	绿化高效灌溉
		非传统水源的利用率
		再生水回用率
		节水器具和设备节水率
		管网漏损率
		给排水系统规划方案
	节材与材料资源利用	绿色建材使用率
		就地取材率
		新型建筑结构体系
		可再生材料利用率
	室内环境质量	室内通风
		室内日照
		室内空气质量
		室内减噪措施
		室内舒适性

表 3-12　基于全生命周期评价的 ESGB 指标体系施工建造阶段的评价因素指标

子目标层	准测层	指标层
施工建造阶段的评价	施工管理	绿色施工管理制度
		施工节水措施
		施工节能措施
		现场扬尘、噪声、光污染处理
		临时设施占地面积比
		施工废弃物处理
		质量管理
		安全管理
	资源节约	万元产值用水量
		非传统水源利用率
		万元产值耗电量
		周转性材料重复使用率
		砂浆的使用率
		钢筋的损耗率

（4）运营维护阶段的评价指标。运营维护阶段的主要任务是检验建筑运行过程中的"四节一环保"是否达到规划设计的目标。此阶段注重考察物业管理及运营水平，注重建立有效的管理制度。本章在 ESGB 的基础上，参照其他评价体系的相关指标，选取了管理制度、技术管理、环境管理 3 个方面的 11 个指标，如表 3-13 所示。

表 3-13　基于全生命周期评价的 ESGB 指标体系运营维护阶段的评价因素指标

子目标层	准测层	指标层
运营维护阶段的评价	管理制度	物业管理部门资源
		绿色运营管理制度
		资源管理激励机制
		绿色宣传教育制度
	技术管理	智能化系统
		空调通风系统维护
		公共设施设备维护
		物业管理信息化
	环境管理	土壤和地下水的保护
		树木成活率
		垃圾分类回收率

（5）报废拆除阶段的评价指标。报废拆除阶段是指建筑物投入运营期满后，因建筑物的自然生命、技术生命、经济生命终结，而进行废弃拆除处理。其中自然生命是指建筑物生命已经达到或接近设计使用年限，其使用价值已丧失殆尽而废弃；技术生命是指建筑物原有的实物使用价值仍然存在，仍可继续使用，但由于技术进步、社会发展和城市变迁等因素的影响，其原有功能已经不能适应时代的需要而废弃；经济生命是指开发商通过再次动迁、拆除、开发和销售，有足够水平的盈利而废弃。ESGB 指标体系并没有考虑此阶段绿色性的相关指标。本章参照相关法规对拆除项目环境评价相关内容，选取了拆除过程无害化和拆除废弃物的回收两个方面的 5 个指标。

表 3-14　基于全生命周期评价的 ESGB 指标体系报废拆除阶段的评价因素指标

子目标层	准测层	指标层
报废拆除阶段的评价	拆除过程无害化	声环境
		地表水环境
		环境空气质量
	废弃物的回收	回收方法
		回收率

3.4　公共建筑的强制性标准和住宅建筑的绿色低碳引导型标准

绿色低碳建筑是在建筑的全生命期内，最大限度地节约资源、保护环境和减少污染，为人们提供健康、适用和高效的使用空间，与自然和谐共生的建筑。"十一五"以来，我国绿色建筑工作取得了明显成效，既有建筑供热计量和节能改造超额完成"十一五"目标任务，新建建筑节能标准执行率大幅度提高，可再生能源建筑应用规模进一步扩大，国家机关办公建筑和大型公共建筑节能监管体系初步建立。但也面临一些比较突出的问题，主要是：城乡建设模式粗放，能源资源消耗高、利用效率低，重规模轻效率、重外观轻品质、重建设轻管理，建筑使用寿命远低于设计使用年限等。

开展绿色低碳建筑行动，以绿色、循环、低碳理念指导城乡建设，严格执行公共建筑的节能强制性标准和住宅建筑的绿色低碳引导型标准，扎实推进既有建筑节能改造，集约节约利用资源，提高建筑的安全性、舒适性和健康性，对转变城乡建设模式，破解能源资源瓶颈约束，改善群众生产生活条件，培育节能环保、新能源等战略性新兴产业，具有十分重要的意义和作用。要把开展绿色低碳建筑行动作为贯彻落实科学发展观、大力推进生态文明建设的重要内容，把握我国城镇化和新农村建设加快发展的历史机遇，切实推动城乡建设走上绿色、循环、低碳的科学发展轨道，促进经济社会全面、协调、可持续发展。

3.4.1　公共建筑的强制性标准

公共建筑根据业态类型主要分为办公建筑、商业服务建筑、教育建筑、科研建筑、体育建筑、医疗建筑、交通建筑、政法建筑、文娱建筑和园林建筑等。随着经济社会的不断发展和城市化进程的推进，我国公共建筑面积日趋扩大。部分大中城市的能耗监测资料显示，特大型高档公共建筑的单位面积能源为城镇普通居住建筑能耗的 10～15 倍，一般公共建筑的能耗也为普通居住建筑能耗的 5 倍。公共建筑能耗量大，浪费严重，因此采用强制性标准是大势所趋，也是势在必行。

2011 年 5 月，财政部、住建部联合下发通知，明确"十二五"期间公共建筑节能工作目标，争取在"十二五"期间，实现公共建筑单位面积能耗下降 10%，其中大型公共建筑能耗降低 15%。[①]根据通知要求，新建公共建筑应按照节能省地及绿色生态的要求指导工程建设全过程，要严格执行工程建设节能强制性标准，把能耗标准作为建筑项目核准和备案的强制性门槛，遏制高耗能建筑的建设。新建公共建筑要大力推广绿色设计、绿色施工，广泛采用自然通风、遮阳等被动节能技术。具体的下一步强制性举措是：

（1）各省（区、市）对本地区地级及以上城市大型公共建筑进行全口径统计，将单位面积能耗高于平均水平和年总能耗高于 1 000 t 标煤的建筑确定为重点用能建筑，并对 50%以上的重点用能建筑进行能源审计。各省（区、市）将对单位面积能耗排名在前 50%的高能耗建筑以及具有标杆作用的低能耗建筑进行能效公示。

（2）中央财政支持有条件的地方建设公共建筑能耗监测平台，对重点建筑实行分项计量与动态监测，并建立能耗限额标准，强化公共建筑节能运行管理，争取用 3 年左右完成覆盖不同气候区、不同类型公共建筑的能耗监测系统。

（3）财政部和住建部将在公共建筑节能监管体系建立健全、节能改造任务明确的地区启动一批公共建筑节能改造重点城市。预期到 2015 年，重点城市公共建筑单位面积能耗将下降 20%以上，其中大型公共建筑单位建筑面积能耗将下降 30%以上。重点城市在批准后两年内完成改造建筑面积不少于 400 万 m^2。中央财

---

① 朱宇．"十二五"公共建筑单位能耗拟降 10%[N]．中国证券报，2011-05-13：1．

政将给予重点城市财政资金补助，补助标准原则上为 20 元/m²，并综合考虑节能改造工作量、改造内容及节能效果等因素确定。

以山东省青岛市为例，它推出了史上最严强制性节能标准，大型公共建筑必须达绿色低碳标准。2014 年 1 月，青岛市出台《青岛市绿色建筑三年行动计划》，为节约资源、保护环境，对城镇新建公共建筑实施"史上最严"的强制性节能标准，所有新建学校、医院等政府投资的公益性建筑、国家机关办公建筑及所有保障性住房，以及单体建筑面积超过 2 万 m² 的大型公共建筑将全面执行绿色标准。青岛推出的强制性标准主要体现在 3 个方面：

（1）绿色建筑分 3 个级别。绿色建筑的特点主要体现在节能、节地、节水、节材和环境保护 5 个方面，通过规划设计、建筑材料的选用、房屋供能系统等多个方面的措施，使房屋达到相关的标准和要求。根据低碳建筑评价标准，绿色建筑共分为 3 个级别，分别为一星、二星和三星。近两年内，青岛市计划完成新建绿色建筑 1 000 万 m²，到 2015 年年末，25%的城镇新建建筑达到绿色建筑标准要求。新增可再生能源建筑应用面积 1 500 万 m²，可再生能源在城镇新建建筑中的应用面积达到 30%以上。完成住宅产业现代化示范项目 10 个，完成集中供热既有居住建筑供热计量和节能改造 650 万 m² 以上，完成公共建筑和公共机构办公建筑节能改造 400 万 m²。在蓝色硅谷、红岛经济区和西海岸经济新区 3 个区域创建绿色生态示范区。自 2014 年起，学校、医院等政府投资的公益性建筑、国家机关办公建筑、保障性住房以及单体建筑面积超过 2 万 m² 的大型公共建筑，全面执行绿色建筑标准，鼓励房地产开发企业建设绿色住宅小区。

（2）学校、医院降耗改造。截至 2013 年年底，青岛市已有 24 个项目获得国家绿色建筑评价标识，其中 2013 年达到绿色建筑一星、二星两个标准的项目面积达 139 万余 m²。根据计划，青岛市 2014 年将完成绿色建筑 200 万 m²，其中至少 10 个项目获得国家低碳建筑星级评价标识。已建成的低碳建筑中，采用了不少新的技术，有的住宅楼装有专用的通风设施，房间会自动换新风，市民住进了"会呼吸"的房子。有的小区采用了污水源或海水源作为能源，冬夏两季提供冷风和暖气，减少了污染物的排放。所有的低碳建筑均采用了外墙外保温技术，使房间的隔热和保温效果达到了规定的要求。2014 年起，青岛市新建大型公共建筑和政府办公建筑要按照绿色建筑标准设计建造，安装分项用能监测系统，鼓励采用自然通风、遮阳等被动节能技术。在绿色建筑三年行动计划的实施中，将全面推进公共建筑用能监测体系建设，同时对一些商场、宾馆、学校、医院等进行改造，降低建筑运行能耗。

（3）土地出让先过"绿色"关。为了切实推进绿色建筑，青岛市将严格落实建筑节能强制性标准。今后在土地出让中，除了对建筑密度、容积率等提出具体要求外，还将在建设项目规划指标中明确绿色建筑等级要求，并作为土地招拍挂前置条件。此外城乡建设委、规划局将严把规划设计关口，加强建筑设计方案规划审查和施工图审查，城镇建筑设计阶段要 100%达到节能标准要求。加强施工阶段监管和稽查，积极推行绿色施工标准。严格建筑节能专项验收，对达不到强制性标准要求的建筑，不得出具竣工验收合格报告，不允许投入使用并强制进行整改。同时，开展公共建筑合理用能指标和能源消耗权交易机制研究，逐步建立建筑能源消耗权交易市场，争创国家公共建筑节能改造重点示范城市，推动公共节能改造。

3.4.2　住宅建筑的绿色低碳引导型标准

住宅建筑是指供家庭居住使用的建筑（包含与其他功能空间处于同一建筑中的住宅部分）。住宅建设是伴随着人类发展的永恒主题。自从出现了人类，住宅也出现了，住宅建设伴随着时代的进步而发展。

《关于加快推动我国绿色建筑发展的实施意见》（财建〔2012〕167 号），其中第六章提到："引导保障性住房及公益性行业优先发展绿色建筑，使绿色建筑更多地惠及民生"，具体叙述时有如下表述："鼓励保障性住房按照绿色建筑标准规划建设……；在公益性行业加快发展绿色建筑。鼓励各地在政府办公建筑、学校、医院、博物馆等政府投资的公益性建筑建设中，率先执行绿色建筑标准。结合地区经济社会发展水平，在公益性建筑中开展强制执行绿色建筑标准试点，从 2014年起，政府投资公益性建筑全部执行绿色建筑标准。"

在长远目标和根据国民经济和社会发展规划的框架下推动绿色低碳建筑的政策，特别是住宅建筑，时任住房和城乡建设部副部长仇保兴提议：推广住宅全装修和装配式施工。如果推广城镇住宅全装修，我国可以减少 300 亿元物耗和相应能耗。据测算，绿色施工可以减少能耗 20%，水耗可以减少 63%，木模板量可以减少 87%，施工垃圾减少 91%。至于未来的应对政策方向和实施方法主要有：① 启动一批大企业推行住宅全装修和装配施工，带动中小企业发展；② 以政策鼓励（如容积率补贴、城镇配套费返还）；③ 加快标准规范制定，使更多财力、技术和施工可被广大企业使用。[①]

在提倡可持续发展的今天，绿色低碳建筑无疑是住宅建筑界、工程界、学术界和企业界最热门的话题之一。"绿色低碳" 的目标是节能、节水、节材，创造

---

① 叶祖达. 低碳绿色建筑：从政策到经济成本效益分析[M]. 北京：中国建筑工业出版社，2013：21-22.

健康、安全、舒适的生活空间。住宅建筑的绿色低碳引导型标准具有如下特点：

（1）生态性。它是与大自然相互作用而联系起来的统一体，在其内部以及其与外部的联系上，都具有自我调节的功能。在设计、施工、使用中，都需要尊重生态规律、保护生态环境，在环保、绿化、安居等方面使住宅建筑的生态环境处于良好状态。

（2）可持续性。通过极具创新性、渗透性和倍增性的信息技术，提高住宅的科技含量。例如，利用太阳能、风能为居民提供生活热水、取暖和电力；在居住小区应用多种方法节省能源，如污水收集与排放、住宅区绿化。利用多媒体技术、数字化技术、计算机网络技术建设信息社区、网络社区和数字社区，让住户充分享受现代科学技术所带来的时代文明。

（3）节能性。最大限度地考虑太阳能、风能、地热能等绿色能源的使用，常规能源使用时也要进行能源系统优化。建设住宅时优先使用先进的建筑体系，充分考虑节地原则，从而增加住宅的有效使用面积和耐久年限，提高土地使用效率。

（4）人性化。绿色低碳建筑的环保节能，不能以牺牲住户的舒适度和生活品质为代价，必须具备住宅的各种功能，为住户提供优质服务，创造舒适环境。不仅室内空间要"健康、舒适、安全"，室外空间也要"和谐、融洽、自然"。

（5）健康性。它是绿色低碳建筑的一个重要特征，也是衡量其建设成果的重要标志。它要求选用绿色建材，以居住健康为目标，满足居住环境的健康性、环保性、安全性，保证居民生理、心理和社会多层次的健康需求。

3.4.3 住宅建筑的绿色低碳引导型标准所需的设备与设施

绿色低碳建筑中诸多的设备与设施通过科学的整体设计和相互配合，实现高效利用能源，最低限度地影响环境，达到建筑环境健康舒适、建筑功能灵活经济、废物排放减量无害等多方面目标。[①]

（1）空气环境。近几年，$PM_{2.5}$已成为街头巷尾热议的话题，人们都渴望一年四季看到一片蓝天。空气环境包括室内室外大气环境和空气质量。住宅小区室外大气环境质量应达到国家二级标准，应对空气中的飘尘、悬浮物、一氧化碳、二氧化碳、氮氧化物、光化学氧化剂的浓度进行采样检测。室内房间80%以上能实现自然通风，室内外空气可以自然交换，卫生间应设置通风换气装置，厨房应有煤气集中排放系统。室内装修需要考虑装修材料的环保性，杜绝装修材料释放有害气体、病毒。

---

① 顾永兴. 绿色建筑智能化技术指南[M]. 北京：中国建筑工业出版社，2012：37-38.

（2）水环境。包括水系统、给水系统、雨水收集与利用系统、排水系统、管道直饮水子系统、景观用水系统、污水处理系统等，水环境系统的建设本着节约水资源和防止水污染的原则。

（3）低碳能源。住宅涉及的低碳能源包括太阳能、风能、水能、地热能等。这些低碳能源的使用可以减少不可再生能源的消耗，而且可以减少由于能源消耗而造成的环境污染。在规划设计阶段，要分析能源系统，切合实际地选择合理科学的能源结构。

（4）光环境。指室内、室外都能充分利用自然光，光照度宜人，没有光污染。室内窗地比宜大于 1：7，室内照明应大于 120 lx。住宅 80% 的房间均能自然采光，楼梯间的公共照明使用声控或定时开关。室外广场、道路及公共场所宜采用绿色照明，室外照明应合理配置路、地灯、草坪灯等。

（5）声环境。指室内、室外噪声环境。在绿色低碳住宅小区，室内白天噪声应小于 35 dB、夜间应小于 30 dB；室外白天声环境应不大于 45 dB、夜间应不大于 40 dB。公用设备、室内管道要进行减震、消声，供暖、空调设备噪声不能大于 30 dB。

（6）热环境。推广采用采暖、空调、生活热水三联供的热环境技术。夏季空调的室内温度宜保持在 22～27℃，冬季供暖的室内温度宜保持在 18～22℃，室内垂直温差宜小于 4℃。供暖、空调设备的室内噪声级不得大于 30 dB。集中空调的余热要考虑回收利用。新风进口要远离污染源。

（7）智能化系统。住宅建筑中的智能化措施是为了促进绿色指标的落实，达到节约、环保、生态的要求，如开发利用绿色能源、减少常规能源的消耗，对各类污染物进行智能化监测与报警，对火灾、安全进行技术防范等。在绿色低碳建筑中，智能化系统通过高效的管理与优质的服务，为住户提供一个安全、便利、舒适的居住环境，最大限度地保护环境、节约资源和减少污染。

（8）微电网控制。住宅处于一个局部区域，可根据具体生态能源资源情况，建设局部微电网，将各类可再生资源转化所得的电能在一个独立的局域微电网中统一管理，以提供连续可靠的绿色低碳能源。局域微电网接在住宅小区低压侧供电回路与负载之间，当局域微电网电量不足时，由市政电网进行正常供电。微电网要求具有很好的负载平衡的调控功能，不需要大量的蓄电池组储存生态能源电能。

（9）住宅绿色低碳物业管理。指在传统物业服务的基础上进行提升，坚持"以人为本"和可持续发展的理念，从建筑全生命周期出发，通过应用适宜技术与高新技术，实现节地、节水、节材、节能与保护环境的目标。在规划设计阶段，确定绿色低碳住宅运营管理策略与目标，在运营阶段实施并不断地进行维护与改进。

（10）垃圾处理设施。绿色低碳住宅的垃圾处理包括垃圾收集、运输及处理等。在具有较大规模的住宅区中可以配置有机垃圾生化处理设备，运用生化技术（借助微生物菌，通过高速发酵、干燥、脱臭处理等工序，消化分解有机垃圾）快速处理有机垃圾，达到垃圾的资源化、减量化和无害化。

3.5 《绿色建筑评价标准》2014 版与 2006 版的比较

备受绿色低碳建筑行业关注的《绿色建筑评价标准》（GB/T 50378—2014）（以下简称"新标准"，称《绿色建筑评价标准》（GB/T 50378—2006）为老标准）于2015 年 1 月 1 日正式实施，并取代老标准。

新版《绿色建筑评价标准》比 2006 年的版本"要求更严、内容更广泛"。该标准在修订过程中，总结了近年来我国绿色建筑评价的实践经验和研究成果，开展了多项专题研究和试评，借鉴了有关国外先进标准经验，广泛征求了有关方面意见。修订后的标准评价对象范围得到扩展，评价阶段更加明确，评价方法更加科学合理，评价指标体系更加完善，整体具有创新性。

3.5.1 总体变化

2013 年年初国务院办公厅转发的发改委和住建部《绿色建筑行动方案》中，明确提出了"十二五"期间完成新建绿色建筑 10 亿 m^2，到 2015 年年末 20% 的城镇新建建筑达到绿色建筑标准要求的目标。新版《绿色建筑评价标准》的实施顺应了我国绿色建筑发展的需要，对促进我国绿色建筑发展、推进生态文明建设将发挥重要作用。

在过去，绿色建筑评价标准有六大指标。每个指标下，满足一定的项数即可被评为一星级、二星级或三星级绿色建筑。不过，在上述标准的试运行中，发现不少问题。而新的标准则是采用打分的方式，总分达到 45～50 分是一星级，达到60 分是二星级，达到 80 分是三星级。评审专家认为重要的就打 8 分、10 分，有的虽然需要，但做起来容易，也不需要多少钱，就 4 分。这样一来，不少过去被评为一星级的项目现在可能评不上，二星级可能降为一星级，三星级则降为二星级或者一星级。

新标准从 2015 年 1 月 1 日开始实施。新标准主要体现以下特点：①

（1）将标准适用范围由住宅建筑和公共建筑中的办公建筑、商场建筑和旅馆建筑，扩展至各类民用建筑。

（2）将评价分为设计评价和运行评价。

（3）绿色建筑评价指标体系在节地与室外环境、节能与能源利用、节水与水资源利用、节材与材料资源利用、室内环境质量和运行管理六类指标的基础上，增加"施工管理"类评价指标。

（4）调整评价方法，对各评价指标进行评分，并以总得分率确定绿色建筑等级。相应地，将旧版标准中的一般项改为评分项，取消优选项。

（5）增设加分项，鼓励绿色建筑技术、管理的创新和提高。

（6）明确单体多功能综合性建筑的评价方式与等级确定方法。

（7）修改部分评价条文，并为所有评分项和加分项条文分配评价分值。

3.5.2　新老标准的主要差异

（1）适用范围。新标准将标准适用范围由住宅建筑和公共建筑中的办公建筑、商业建筑和旅馆建筑，扩展至各类民用建筑。

（2）引用标准。新标准中引用的标准均为近期颁布的新标准，如《建筑照明设计标准》（GB 50034—2013）、《建筑采光设计标准》（GB 50033—2013）、《公共建筑节能设计标准》（GB 50189—2005）。引用标准的更新意味着绿色建筑技术性能参数的提高，加大评价建筑评价难度。

（3）术语。新标准中增加了年径流总量控制率和再生水。

（4）评价方法。老标准采用了项数计数法判定级别，新标准采用了分数计数法判定级别，完全有别于老标准。新标准的判定级别形态与美国绿色建筑评价标准 LEED 类似，但突出各类指标的权重。

（5）结构体系。新标准保持原有"控制项"不变，取消"一般项"和"优选项"，二者合并成为"评分项"；新增"施工管理"和"提高和创新"。

（6）灵活性。老标准采用的是项数判定项目星级，而新标准采用分数计数法来评定项目的星级，因此新标准在判定项目的星级有较大的选择余地和空间，从而解决或规避掉老标准中的一些棘手问题。

---

① 中国建筑科学研究院，上海市建筑科学研究院．GB/T 50378—2014　绿色建筑评价标准[S]．北京：中国建筑工业出版社，2014．

3.5.3 新老标准中主要技术条文分析

从前面新老标准差异可以看出，新标准在结构形式、评价方法和适用范围上有重大变动，但在绿色低碳建筑评价等级上保持不变，依旧是原有的 3 个等级。

新标准在评价中技术要求更具灵活性和适用性。首先表现在新标准的适用范围上；其次新标准条文定义更具灵活性，主要体现在老标准中很多控制项内容划分到新标准中的得分项内，绿色建筑设计师对绿色低碳建筑技术选择空间增大，充分体现了绿色低碳建筑新标准的人性化、合理化。新标准对绿色低碳建筑专项设计的技术规定更加详细，定量分析已经占据绿色建筑设计的主导位置，因此对新老标准的主要技术的分析具有必要性。[①]

3.5.3.1 节地与室外环境

（1）节约利用土地。对居住建筑主要考虑人均居住用地，老标准本项技术为控制项，必须达标；但新标准将本项条文调整到评分项，体现了新标准的人性化和灵活性；对公共建筑来讲，新标准主要根据其容积率进行参评，老标准中无此要求。

（2）场地内合理设置绿化用地。居住建筑新标准对人均公共绿地面积划分等级更细、得分明确，而老标准只要满足要求的底线就行；对公共建筑来讲，要求相对提高，老标准中未对绿化面积有量的考虑，而新标准不但对绿色面积的量有所要求，而且绿地率至少达到30%，达到40%才能获得满分。

（3）合理开发利用地下空间。老标准对居住和公建的地下空间利用的量都没有要求，但新标准中居住建筑要求地下建筑面积与地上建筑面积的比率达到 5% 才能得分，超过35%得满分；而公共建筑要求地下建筑面积与总用地面积之比达到 0.5 才能得分。

（4）建筑及照明设计避免光污染。新标准中提出玻璃幕墙可见反射比不大于0.2，且增加室外夜景照明光污染的限制规定。

（5）增加场地内人行通道采用无障碍设计。

（6）合理设置停车场所。新标准对自行车停车设施做具体要求，且需对其设置遮阳防御措施；对机动车停车设施需要设置合理、节约用地、错时开发提高使用效率。

（7）新标准中增加场地内合理设置绿色雨水基础设施和合理规划地表与屋面雨水径流，并要求大于 10 hm² 的场地进行雨水专项规划设计。

---

① 中国建筑科学研究院，上海市建筑科学研究院. GB/T 50378—2014 绿色建筑评价标准[S]. 北京：中国建筑工业出版社，2014.

3.5.3.2 节能与能源利用

（1）新标准对外窗、玻璃幕墙的可开启面积比例做了详细定义，玻璃幕墙可开启面积之比达到 5%或外窗达到 30%才可得分，玻璃幕墙可开启面积之比达到 10%或外窗达到 35%才能得该项满分；同时有外窗和玻璃幕墙建筑取其得分的平均值。

（2）新标准中围护结构热工性能和空调系统能耗需要优于国家现行有关建筑节能设计标准 5%才能得分，而老标准中住宅建筑规定的是空调能耗或公共建筑规定的是建筑设计总能耗不低于建筑节能规定值的 80%。

（3）供暖空调系统的冷、热源机组能效比均优于现行国家标准限定值的要求。新标准中引用的标准为最新标准要求，如对机组能效比的提高和降低都给予定量要求，不再是笼统地提高和降低。

（4）新标准中对集中供暖系统热水循环泵的耗电输冷（热）比比现行国家标准规定值低 20%，老标准中没有量的定义。

（5）新标准中着重对采取措施降低过渡季节、部分空间、部分负荷情况下的负荷分析。主要考究系统设置时区分房间的朝向、对系统分区控制；合理选用冷、热源机组数量和容量；水系统、风系统采用变频技术。

（6）住宅建筑照明系统节能控制措施在新标准中只评价其公共区域；照明密度值需满足现行标准目标值规定，但使用范围对于老标准有所改善，分为满足主要功能房间和全部满足两种形式得分。

（7）新标准新增对电梯群控和自动扶梯自动启停等节能技术措施。

（8）新标准对可再生能源的利用划分得更详细、要求也更高。其中 3 种可再生能源系统可混合使用，得分叠加但总得分不得超过该项总分。

3.5.3.3 室内环境质量

（1）对主要房间功能的室内背景噪声和隔声性能达到《民用建筑隔声设计规范》（GB 50118—2010）的标准限值。

（2）新标准中对公共建筑中的多功能厅、接待大厅、大型会议室和其他有声学要求的重要房间进行专项声学设计。

（3）改善建筑室内天然采光是对老标准中优选项 5.5.15 条的修改，新标准主要分为 3 个细节进行评分：① 合理地控制房间的眩光措施；② 内区采光系数满足采光要求的面积达到 60%；③ 地下空间平均采光系数不小于 0.5%的面积与首层地下室面积之比大于 5%。

（4）新标准中对于可调节外遮阳措施作了修改并给出使用面积比例要求。使用可调节外遮阳面积比例达到 25%才能得分，超过 50%才能得该项满分。

（5）优化建筑空间、平面布局和构造设计，改善自然通风效果是在老标准一般项第 4.5.4、5.5.7 条的基础上发展而来。对住宅建筑而言主要通过房间的通风开口面积与房间地板面积的比值（不同地区的比例不同）和设有明卫来进行判别得分；对公共建筑主要通过在过渡季主要功能房间平均换气次数不小于 2 次/h 的房间数量来判别。

（6）新标准中增加气流组织合理。重要功能区域在供暖、通风与空调工况下的气流组织应满足功能要求；避免卫生间、餐厅、地下车库等区域的空气或污染物串通到其他室内空间。

（7）设置室内空气质量监控系统是由老标准中一般项第 4.5.11 条、优选项第 5.5.14 条的基础上演变过来的。新标准中住宅建筑不参评本项，此项主要针对公共建筑。

3.5.3.4　施工管理和运营管理

施工管理和运营管理在新标准设计标识评价中都参评，且施工管理为新标准中新增大项。

（1）施工管理。施工管理在控制项上，明确项目实施过程中首先建立该项目的绿色低碳建筑项目的施工管理体系和组织机构，并落实到各级负责人；其次由项目部制定全过程的环境保护计划、施工人员职业健康安全管理和对设计文件中绿色低碳建筑中重点内容的专项交底。

施工管理在评分项中主要从环境保护、资源节约和过程管理这 3 个方面考虑：① 环境保护主要从场地采取降尘、降噪措施和废弃物资源化管理；② 资源节约主要针对场地内实施节能和用能方案、节水和用水方案、现场采取降低预拌混凝土、钢筋的损耗、采用工具式定型模板；③ 过程管理主要是在项目实施过程中对绿色建筑重点内容进行会审、记录，对现场使用设备、材料做检测和记录，工程竣工前进行机电系统调试和联合运转。

（2）运营管理。运营管理主要针对建筑建成后的投入运营，由运营单位针对项目制定并实施节能、节水、节材、绿化管理制度、垃圾管理制度；运行中废气、污水等污染物排放达标、节能、节水设备运行正常；自动监控系统运行正常并记录完整。

运营管理在评分项中主要从运营管理单位的自身能力和外部环境两部分考虑。首先管理单位的自身能力包括其管理能力、管理制度的合理性、技术管理办法的完整性；其次是管理单位对内部环境管理的实际情况评定。

3.5.3.5　提高与创新

提高与创新项是独立在评分项之外单独设置的一个加分项，加分项的附加得分为各加分项得分之和，当附加得分大于 10 分时，应取 10 分。

加分项从性能提高和创新两个大项进行评判。性能提高主要从围护结构热工性能优化、供暖空调全年负荷降低、设备能效指标、冷热电技术应用、节水器具更高效率的应用、功能房间采用空气处理措施等技术；创新项主要是在鼓励设计创新优化设计方案、应用建筑信息模型（BIM）技术、碳排放计算分析等其他创新技术的应用。

3.5.4　新老标准衔接和未来展望

3.5.4.1　新老标准中间衔接问题

（1）新标准于 2015 年 1 月 1 日开始实施，标准未明确 2015 年前已经申请绿色建筑设计标识的项目，2015 年后再申请运营标识，是坚持老标准还是按照新标准来执行。

（2）新标准的实施对 2015 年之前未完成设计标识评审的项目，以何种方式作为新老标准参评的分界线。

（3）绿色建筑国家新标准的启用，地方实施一二星项目将面临新老标准之间的抉择问题。[①]

3.5.4.2　未来展望

（1）新标准相对于 2006 年的老标准而言，保留了老标准的控制项，但也对其控制项内容作了优化，充分体现新标准的以人为本、考虑整体、顾及个体的大局路线。

（2）新标准将老标准中多条控制项内容划分到评分项，新标准条文调整更加结合实际，指标更加人性化，标准更加完善。

（3）新标准对老标准中一些含糊的技术指标和概念明确解析，并给予技术使用量的要求，扩大了绿色低碳建筑设计的深度和宽度。

（4）新标准中涉及行业和国家标准都引用最新颁布的标准，意味着绿色低碳建筑评价难度将增加。

令业界感到欣慰的是，国家层面和各省（市、区）正在酝酿一大批绿色低碳建筑方面的评价标准。例如，《绿色工业建筑评价标准》已经报批，《绿色办公建筑评价标准》正在征求意见，《绿色医院建筑评价标准》和《绿色商店建筑评价标准》已经立项，加上各地纷纷出台的地方绿色低碳建筑评价标准，我国绿色低碳建筑日益完善，推动了我国建筑从单纯的节能建筑向绿色低碳建筑发展。

---

① 周应坤，马宏权，张志鹏.《绿色建筑评价标准》新旧版对比[J]. 建设科技，2014（9）：6-8.

第4章

传统建筑的低碳化改造

由于传统建筑存量巨大，对其进行低碳化改造成了实现建筑低碳化的一个重要途径。在欧美等西方国家，政府制定了一系列节能政策法规，鼓励新材料、新技术、新工艺的运用，积极将先进的低碳技术运用到传统建筑的改造中去，以实现建筑业的可持续发展。我国的传统建筑低碳化改造尚处于起步阶段，目前，正在积极引进国内外先进的低碳建筑技术和经验，经过近 10 多年的实践，我国也已经有了不少高质量的大家普遍认同的传统建筑低碳化改造的成功案例，如上海世博园区内的旧工业建筑的改造再利用、杭州中国工艺美术博物馆的低碳化改造再利用、杭州近代工业博物馆的低碳化改造等。

4.1 传统建筑低碳化改造的重点领域和方向

传统建筑的低碳化改造包括建筑的方方面面，从围护结构到内部设备，从雨水收集到分质供水。现阶段，我国传统建筑的低碳化改造主要集中在 3 个领域：节能改造、节水改造和改造再利用（即延长建筑使用寿命）。

4.1.1 传统建筑的节能改造

毫无疑问，能源是人类赖以生存和发展的重要基础和保障，经济社会和人类自身的发展都极度依赖于能源的保障。建筑物是消耗能源的大户，尤其在一个城市里面，与建筑相关的能耗几乎占了城市能耗的一半左右。随着经济的快速发展，人口的不断膨胀和城市化进程的加快，社会对建筑的需求量也不断加大，全国每年新建的建筑中，很大一部分是高能耗建筑。而对于传统建筑，由于建造时缺乏低碳技术，更是能耗巨大。在低碳、绿色、可持续发展的大背景下，建筑能耗问题日益成为人们关注的焦点，对大量现存的能耗大的建筑进行节能改造，通过节能技术的运用，有效减少能源消耗，提高能源使用效率，对我国经济社会的可持续发展和生存环境的有效保护都有着非常重大的意义。节能改造包括以下几个方面。

4.1.1.1　外墙的节能改造

建筑的外墙是建筑物外围护结构的主要组成部分，通过对传统建筑外墙的节能改造能较大地节约能源，这是因为通过外墙传热造成的能耗损失占建筑外围护结构能耗的一半以上。由于历史和技术原因，我国既有传统建筑外围护结构的保温性能普遍较差，起不到冬天保温夏天挡热的作用。因此，加强对外围护结构的节能改造，提高传统建筑的保温隔热性，对提高建筑节能具有十分重要的意义。

要减少外围护结构的热损失，从根本上来说就要提高围护结构的总热阻。可以通过在改造时在外墙的外侧加设保温层的方法形成复合墙体，在结构墙体上采用胶粉聚苯颗粒保温浆料或采用聚苯板材料形成外保温层，将保温层与构造层固定后对外墙面进行装修，涂刷涂料或贴面砖，此种外墙外保温的方法具有良好的保温效果，使主体结构表面温差大幅度减少，有利于室内水蒸气通过墙体向外散发[①]。这种改造方法施工工期较短，而且可有效保护主体结构的外墙，防止风吹雨淋和风化对主体结构外墙的侵蚀，延长整个结构的使用寿命。

4.1.1.2　门窗的节能改造

除了外墙外，门窗也是建筑围护结构的重要组成部分。门窗是建筑物热交换最活跃的部分，是影响室内热环境质量和建筑节能的主要因素之一。传统的建筑都采用普通的单层窗，大部分是木窗或者钢窗，其保温性能是非常差的。有资料显示：窗户的热损失是墙体的 5～6 倍，其能耗约占建筑能耗的 40%。通常情况下，门窗和外界的热交换中，排第一位的是通过玻璃，其次是通过窗缝隙传热，最后是通过窗框传热。因此，对门窗的节能改造，首先要从玻璃着手，其次是关注窗的密封性与窗框选择的问题。

对传统建筑的改造中，门窗玻璃的选择可以改为中空的玻璃或是镀膜的玻璃，这样就可以有效解决大面积玻璃造成的能量损失问题。镀膜玻璃是通过在玻璃表面镀上一薄层金属或者金属氧化物来改变阳光的透射率，在德国 90% 以上的门窗玻璃是低辐射镀膜真空玻璃[①]。另外，可以对传统的门窗改为热导系数较小的塑钢门窗，或改为中空断热的铝合金门窗，以减少由于热传导。为提高窗户的气密性，可以设置密封条减少门窗的冷热风渗透，以减少热交换所产生的能量消耗（表 4-1）。

---

① 张天娇，方亮. 武汉地区既有住宅建筑节能改造技术研究[J]. 华中建筑，2012，10（10）：44-47.

表 4-1　常用玻璃窗的传热系数

窗框材料	窗户类型	空气层厚度/mm	传热系数/[W/（m²·K）]
普通钢、铝合金窗	单框单玻窗	—	6.4
	单框双玻窗	6～12	3.9～4.5
	双层窗	100～140	2.9～3.0
	单框中空玻璃窗	6	3.6～3.7
彩板钢窗	单框双玻窗	6～12	3.4～4.0
	双层窗	100～140	2.5～2.7
	单框中空玻璃窗	6	3.1～3.3
中空断热铝合金窗	单框双玻窗	6～12	3.1～3.3
	单框中空玻璃窗	6	2.7～2.9
塑料窗	单框单玻窗	—	4.7
	单框双玻窗	6～12	2.7～3.1
	双层窗	100～140	2.2～2.4
	单框中空玻璃窗	6	2.5～2.6

数据来源：张天娇，方亮. 武汉地区既有住宅建筑节能改造技术研究[J]. 华中建筑，2012，10（10）：44-47.

4.1.1.3　屋顶的节能改造

　　建筑的屋顶是整个建筑中最容易受到诸如风、霜、雨、雪等气候条件影响的部分。尤其对于顶层住户而言，由屋顶而造成的室内外热能传递是大于任何一面外墙的耗热量，因此对传统建筑屋顶的节能技术改造就具有很大的节能意义。

　　通过在屋顶的防水层上设置导热系数较小的轻质材料用作保温层，就可以有效地减少屋顶的热损失，这种方式也称"倒置式"屋面。通过改造成倒置式屋面，既可以有效地延长防水屋顶的使用年限，又可以保护防水层不受外界损伤，可以达到良好的保温隔热效果。这种方式，不仅给原有建筑增加了一层保温层，其实也更新了防水层的材料，可以在一定程度上延长了建筑的使用寿命。通过改造设置保温层，可以在寒冷的冬季阻止室内热量散失，在炎热的夏季阻止太阳辐射传入室内，从而达到良好的节能效果。

　　另一种建筑屋顶改造的有效措施是"平改坡"改造。在平改坡的改造过程中，可以采取轻型木桁架制作屋面，这样改造后的房子能够有效解决传统老建筑屋顶漏水和隔热性能差等问题。目前，木桁架的改造技术已经很成熟了，国内外都在广泛使用。通过采用轻型木桁架制作坡屋顶的屋面，不仅经济实用，而且保温隔热性能优越。木制的结构，更加节能环保低碳，更容易达到国家有关建筑节能标准的要求和规定。木桁架的通用性很高，与现有的砖混结构可以很好的兼容，而且安装简单、方便。将传统的建筑屋顶实施"平改坡"之后，除了起到保温隔热效果的同时，附带着也丰富了房屋的造型，使传统建筑更加美观，因此还能起到美化居住环境和城市形象的作用。

4.1.1.4　屋内的节能改造

除了墙面、门窗、屋顶之外，地面是围护结构的最后一个部分。地面的热工性能与人体的健康密切相关，地面的热工质量对人体健康的影响较大。据测算，人脚接触地面后失去的热量约为其他部位失去热量总和的 6 倍。地面对人体热舒适感及健康影响最大的是厚度为 3～4 mm 的面层材料，改善舒适度，增强地面保温，可在地面增加保温层，可以将水泥地面改为基础聚苯乙烯发泡板材，材料的传热系数可以达到 0.56 W/（m^2·K）。另外，还可以通过使用珍珠岩砂浆面层、浮石混凝土面层或各种木地板，以达到有效减少热量的散失的作用，增加居住的舒适度。

地面改造之外，对传统建筑内的采暖制冷系统改造也是节能改造的一个重要组成部分。传统的居住建筑采暖制冷系统大多存在不低碳的不合理现象，造成采暖和制冷过程中能源的极大浪费。因此，对采暖和制冷系统的节能改造也是非常重要的。可通过更新节能设备，以达到节能的效果；通过设备的修缮、材料的更新，使设备管线的布置尽量简洁，从而降低途中的热损耗；通过采取分户计量方式取费，达到节约能源的目的。

4.1.2　传统建筑的节水改造

4.1.2.1　雨水控制与综合利用

水资源是人类除了能源之外一个重要的资源，节水也是低碳化发展的一个组成部分。雨水控制和综合利用，是减小城市暴雨径流、充分利用雨水资源、缓解城市供水压力的一种高效的生态技术方法。屋面雨水收集利用系统根据技术流程一般由三部分组成，即收集系统、输送系统和储存处理系统。其具体过程是：屋面雨水经落水管收集进入初期弃流装置，经初期弃流后的雨水通过存储池收集，然后经泵提升至压力滤池，在进入压力滤池之前即泵的出水管道上通过混凝加药装置加入混凝剂。由于初期弃流后的雨水水质较为稳定，悬浮固体含量较低，所以混凝形成絮体后进入压力滤池进行直接过滤。然后经过消毒送入中水池，用于小区各种生活杂用水，如绿化灌溉、喷洒路面、洗车、水景补水等[①]。根据屋面雨水经初期弃流后的水质情况，其出水水质能满足《城市污水再生利用　城市杂用水水质》（GB/T 18920—2002）标准的要求。通过雨水收集，将传统建筑的屋面雨

---

① 张虎. 安徽省既有公共建筑节能改造研究[J]. 安徽建筑工业学院学报：自然科学版，2011，8（4）：54-57.

水与水景补水、道路冲洗、绿化浇灌等有机结合，建立了经济、有效、合理的雨水控制及综合利用系统，这是传统建筑低碳化改造的有效方法之一。雨水控制和综合利用，可以有效缓解供水压力，具有良好的生态效益和经济效益。

4.1.2.2 采取有效措施避免管网漏损，更换合理节水器具

更换节水设备，这是对传统建筑低碳化改造的必要措施，是由建造时技术不先进的历史原因所决定的。对传统建筑的水龙头进行更换，如采用光电感应式延时自动关闭水龙头，就可以实现一定程度上的节水；对坐便器进行更换，如采用两档节水高效型；对阀门、设备进行更换，选用密闭性能好的，使用钢衬塑管、球墨铸铁管和内涂聚乙烯等耐腐蚀、耐久性能好的管材、管件等，可以有效避免管网渗漏损失。

4.1.3 传统建筑的改造再利用

随着城市化进程的加快和人民生活水平的提高，对建筑的要求也在不断提升，因此，在城市里面，建筑的拆建也就经常发生。据统计，目前我国每年老旧建筑拆除率占新建建筑面积的 40%左右。按照我国的强制标准，普通建筑规定的合理使用年限是 50 年。但从相关统计结果看：我国建筑平均寿命不到 30 年[①]。但是美国房产寿命约为 80 年，欧洲建筑的平均生命周期则超过 80 年。英国的建筑物在西方发达国家中居冠——长达 132 年，真正成为了"百年老屋"。

4.1.3.1 延长传统建筑寿命是最大的低碳化改造

对于传统的建筑，最大的低碳化改造就是延长建筑的使用寿命。建筑寿命短，直接加大了建筑业的材料和能源使用，是建筑领域最大的不低碳。一方面，建筑拆除会产生大量的碳污染和其他固废污染。目前，我国不具备环保拆除建筑的能力，仍然采用传统的方式进行拆除，拆除场面非常"宏大"。建筑的拆除过程、建筑垃圾的处理，包括清运和堆放，都会引起严重的空气、土壤、水质等环境污染，严重破坏生态环境。据估计我国建筑垃圾的数量已占到城市垃圾的 30%~40%，是一个巨大的污染源，当然也是一个巨大的碳排放源头。另一方面，建筑"短命"加大了建筑业整体的碳排放量。大家都知道，用任何一个公式来计算建筑物的碳排放量，都是从建筑的全生命周期计算起的，包括材料的生产、运输、建造、安装、拆除整个过程，这个过程中的碳排放总量就是分子，而建筑使用年限就是分母，即建造的排放是年限越长，每年均摊下来的排放量就越低，所以就要尽量使分子减少，分母增加。因此，提高建筑物的使用年限，无疑会整体减少建筑业的

---

① 倪炜. 建筑业发展低碳模式初探[J]. 建筑，2010，5（9）：65-66.

碳排放。因此，针对传统建筑的低碳化改造问题，要高度重视建筑短命的问题，不要对传统建筑动不动就采取拆了重建的办法，而是要进行低碳化改造再利用，延长建筑寿命。

4.1.3.2　传统建筑的加层加固改造

纵观历史，我们可以发现，世界上大部分国家的城市建设可分为 3 个阶段：大规模新建阶段、新建与维修改造并重阶段、重点转为对旧建筑加层加固改造阶段[①]。尤其是 20 世纪 90 年代以来，很多国家的新建建筑数量和规模都趋于稳定，建筑市场重点转向对既有建筑的加层加固改造时期，以延长建筑的使用寿命。我国目前沿海城市建筑规模已经足以满足城市各项发展需要，由于房地产的发展，在一定程度上很多城市的新建建筑已经出现过剩，因此，对于这些城市而言，对既有建筑的加层加固和低碳化改造应该成为建筑市场的重点。

据有关部门统计显示，目前我国现存的各种建（构）筑物总面积至少在 100 亿 m^2 以上，其中约 1/3 的建筑已经达到设计使用年限，安全储备不足[①]。但对这些传统建筑进行完全的拆除重建显然是不经济的，也是不低碳的。我们需要寻求一种更低碳、更节能、更经济的方法，这种方法就是通过对既有建筑进行适当的加层加固改造。当前，由于受当时经济条件和建筑技术条件制约，很多传统建筑的结构、外观和使用功能等都已经不能满足时代的需要，对于这些建筑，就可以采用加层加固的方法进行改造，达到继续使用、延长寿命的目的，以实现建筑的低碳发展。

4.2　美国纽约帝国大厦的低碳化改造的经验和启示

4.2.1　帝国大厦节能改造概况

4.2.1.1　历史

帝国大厦（Empire State Building）和自由女神像一起被称为纽约的标志，它位于美国纽约市曼哈顿第五大道 350 号，是一栋超高层的现代化办公大楼。它的名字来源于纽约州的别称帝国州（Empire State），所以其英文原意是"纽约州大厦"，而"帝国州大厦"这一名称是根据英文字面意思直接翻译过来，因此"帝国大厦"的称法已广泛流传，沿用至今。

---

① 刘伟. 延长建筑寿命是最大的节能——对既有建筑加层加固节能改造的思考[N]. 中国建设报，2011-07-28：4.

帝国大厦建于 20 世纪 30 年代，是由 Shreeve Lamb and Harmon 建筑公司设计的。整座大厦高 102 层，总建筑面积为 204 385 m^2，总共拥有 6 500 个窗户、73 部电梯，电梯速度高达 427 m/min，从底层步行至顶层须经过 1 860 级台阶。根据估算，建造帝国大厦的材料约有 330 000 t，共使用 6 万 t 钢，所用材料包括 5 660 m^3 的印第安纳州（Indiana）石灰岩和花岗岩，1 000 万块砖和 730 t 铝和不锈钢。同时还有 80 km 长的电缆与电线，192 km 长的管道，1 600 km 长的电话电缆。这座摩天大厦的建成只用了 410 天，在当时的技术水平和条件下是非常令人惊叹的。大厦的建设于 1930 年动工，1931 年落成，比预计提前了 5 个月落成启用，费用也比预计的 5 000 万美元减少了 10%，可算是建筑史上的奇迹。因此，帝国大厦拥有了许多建筑史上的世界之最：它创下每周修建 4 层半楼的纪录；它创下了每天参加施工的人员高达 4 000 人的纪录等。因此，它被美国土木工程师学会选为世界七大奇迹工程之一。

4.2.1.2 进阶

这样一座摩天大楼，可以设想它肯定是一个巨大的能源消耗体，仅灯光的耗能就是一个巨大的数目。自 1964 年起，大厦上面 30 层的外表全部用彩灯装饰，通宵闪亮。大厦上的第一盏灯原是一架探照灯，当年安装的目的是让 Empire State Building 80 km 外的公众能知道罗斯福当选为总统。1956 年，被称为自由之光的旋转灯安装到大厦顶部。1984 年，自动变色灯装上了大厦顶层，灯光的表现力更加丰富多彩。由于纽约华人华侨众多，从 2001 年开始，帝国大厦每年都会在中国春节期间，每晚点亮象征吉祥的红、黄两色彩灯。为了招徕游客，帝国大厦花样不断翻新，酒吧、夜总会样样俱全。为了充分利用大厦内的每一寸空间，大厦内的博物馆还举办各种展览。我们可以想象，一个巨大的发光体就在纽约曼哈顿第五大道上熠熠生辉。

4.2.1.3 觉醒

在帝国大厦标志性建筑的光辉荣耀的映衬之下，没有人去考虑过或是敢于提出对其作出改变，直到 2009 年，在全球变暖、温室气体，低碳发展概念的影响下，人们开始关注具有悠久历史的帝国大厦，由于受到建造时期技术与材料的限制，以及当时观念、生活方式的影响，帝国大厦和绝大多数办公写字楼一样，成为了碳排放大户。

建筑业历来是高污染、高能耗的产业，其从开始建造到建成使用再到拆除；都会消耗大量的能源、建材，并对周围环境产生大量的碳排放。负担着 102 层高的帝国大厦，其能耗程度可想而知，2008 年前，在 1 ft^2[1]基准上帝国大厦的能源及环境绩效在多数美国办公大楼中属中等水平。大厦全年公共设施费用包括：1 100 万美元（4 美元/ft^2）；全年二氧化碳排放 25 000 t；全年能源使用 8.8 万 Btu[2]/ft^2；电力需求峰值 950 万 W（3.8 W/ft^2）[3]。但由于大厦整体面积大，因此能耗还是属于大户。

4.2.2　帝国大厦节能改造的措施

在能源危机面前，帝国大厦觉醒了，因此在 2009 年，帝国大厦启动了耗资 5.5 亿美元的整体升级改造项目，其中包括 2 000 万美元的能效改造项目，其目的就在于降低帝国大厦的能源消耗以及其对环境的影响。帝国大厦实施的节能改造由窗户改造（Window Light Retrofit）；散热器隔热层翻修（Radiator Insulation Retrofit）；制冷设备改造（Chiller Plant Retrofit）；空调更换（Air Handler Replacements）；承租户照明、采光和插座更新（Tenant Lighting，Daylighting and Plug Upgrades）；通风控制系统升级（Ventilation Control Upgrade）；整幢大楼控制系统升级（Whole-Building Control System Upgrade）；承租户能源管理系统（Tenant Energy Management Systems）这 8 大改造项目组成。

4.2.2.1　窗户改造（Window Light Retrofit）

帝国大厦共有 6 514 扇玻璃窗，如此多数量的窗户虽然保证了大厦白天充足的光线，但与此同时，也给大厦内部带进了不少热量。大厦在改造前使用的是双层玻璃做窗户，这种玻璃是将两片玻璃通过有效的密封材料密封和间隔材料分隔开，并在两片玻璃之间装有吸收水汽的干燥剂层。中空玻璃中的干燥剂层可以有效保证空气的干燥，并可以长时间防止潮气、灰尘的进入；同时中空玻璃易于进行大批量工业化生产，因此在帝国大厦建造时被大量推荐采用，与最原始的单层玻璃相比，双层玻璃已经具有隔热性、隔音性等优势。

帝国大厦窗户改造计划则是将它们全部替换成"三层玻璃"。这里提到的"三层玻璃"并不指的是真正意义上的三层玻璃，而是为原有的双层玻璃进行覆膜和充气。他们使用原有的窗框，替换掉原来的窗扇，保留并清洁原有的玻璃。但是在两层玻璃之间，会插入一层低发射率的薄膜。因此所谓的三层玻璃，其实只是在两层既有的玻璃之间插入了一层薄膜。经过如此改造的窗户几乎可与三层玻璃

---

① ft^2 是平方英尺，1ft^2=9.29×$10^{-2}m^2$。

② Btu 是英热单位，1Btu=1.055×10^3J。

③ 江森自控（中国）有限公司. 帝国大厦能效改造方案[J]. 中国物业管理，2010，1（1）：26-27.

窗媲美，但价格却仅为后者的一小部分。改造后窗户的隔热能力提高了 400%，同时还可以把窗户的使用寿命延长 25 年。这能够使建筑物内部在夏天外部气温较高时减少从外部吸取热量，又能在冬天外部气温较低时降低从室内向外散发热量，在冬寒夏热的外部条件下保证建筑物内部冬暖夏凉，从而有效地降低建筑物内部供暖和制冷所需的能耗。

在窗户改造的过程中，帝国大厦还非常注重细节，充分考虑到大厦南北光照时间和强度的不同，因此在窗户的玻璃上覆上了不同的涂层，填入了不同的气体，以最大限度地节约和利用能源。2010 年 10 月 13 日，帝国大厦的窗户改造工程顺利完工，仅此一项，它每年将降低二氧化碳排放 1 150 t，节能 1.14×10^{10} Btu，节省成本 41 万美元[①]。

4.2.2.2 散热器隔热层翻修（Radiator Insulation Retrofit）

这里提到的散热器并非我们熟知的电脑 CPU 散热器，或者汽车发动机的散热器，radiator 在这里指的是暖气片。在我国北方，每年冬天都有将近 5 个月会进行集中供暖，而每户人家都是采用暖气片来获得暖气。散热器的类型主要有插片散热器、铸铁暖气片、铜铝复合暖气片和电暖气片等，而目前，插片散热器凭借外形美观时尚、散热效果优异、质量优良稳定等特点，已经取代了传统的铸铁散热器，成为家庭装修时的首选。

散热器内的暖气一般可以分为水暖和气暖。水暖就是利用壁挂炉或者锅炉加热循环水，再通过管材连接到暖气片，最终通过暖气片将适宜的温度输出，形成室内温差，最后进行热循环使整个室内温度均匀上升；而气暖则是在制热设备（锅炉）中加热经过水处理设备处理过的水，使其蒸发，采用蒸发的水蒸气来通过暖气片给房间供热，水蒸气在暖气片中以对流的形式将热量传给暖气片，暖气片通过自身的导热，将热量从内壁传到外壁，外壁以对流的方式加热空间的空气，同时以辐射的形式加热空间中包含的壁（墙体、家具、人体等），使房间的温度升高到一定的温度。

帝国大厦的散热器改造主要是在散热器背面（靠近墙壁的那一面）增加一层隔温层。原来的散热器被直接装在窗户下方，但它们产生的很大一部分热量会透过墙壁扩散到大厦外的空气里，此举一方面可以减少散热器本身的热量流失，提升热量利用效率，更能有效地保持建筑物外墙的温度。除安装反射屏障外，还将清洁散热器，增加散热器的工作效率，同时将恒温器重新置于散热器前侧，提高散热器反馈温度的精确性和稳定性。通过这一系列的措施和之前提到的窗户改造，

---

① 李静华. 帝国大厦节能改造样本[N]. 中国房地产报，2011-11-07：D03.

帝国大厦内的取暖效率维持在了较高水平，并在一定程度上减少了建筑向外的碳排放。这算不上什么高科技，但是很有效。这些隔温层使被反射回大厦的热能增加 24%，同时还阻止了夏季时冷气的扩散，降低了空调负荷。另外，每个散热器都与数字控制系统相连，以确保蒸汽消耗仅够满足需要即可。这个不起眼的项目有望每年降低二氧化碳排放 480 t，节能 6.9×10^9 Btu，节省成本 19 万美元。

4.2.2.3　制冷设备改造（Chiller Plant Retrofit）

在窗户都提高隔热效果之后，制冷机的使用机会则大大减少。因此，帝国大厦在改造制冷机的过程中只选择了一部分进行改装。与上文提到的散热器改造相似，制冷设备的改造也只是在利用现有制冷设备的基础上，通过改善和更换内部器件，加装新的变频驱动器和改进原有控制器，从而使制冷机能够不断调节输出，用最少的改造成本满足大厦的需求。通过此项改造，可以使大厦的总能耗降低 5%，每年减少碳排放 1 430 t，节能 1.14×10^{10} Btu，节省成本 67.6 万美元。

4.2.2.4　空调更换（Air Handler Replacements）

这里的空调并不是我们熟知的空调，而是空气过滤装置。在大厦的改造工程中，是将现有的超过 300 个空气过滤装置替换成更少、更新、更高效的空气过滤装置。新设备的空气过滤效果更好、更节能，运行也更简便。该项目每年降低二氧化碳排放 1 520 t，节约能源 1.14×10^{10} Btu，节省成本 70.3 万美元。

4.2.2.5　承租户照明、采光和插座更新（Tenant Lighting, Daylighting and Plug Upgrades）

"如果您将房间里的一个普通（60 W）白炽灯泡换为节能灯，则您每年可以因此节省 15 美元；如果我们的 350 万名访客每人都替换一个灯泡，则我们每年将可以节省 5 300 万美元。"这是帝国大厦鼓励它的租户们更换节能灯公告里的一段话。从中不难看出将白炽灯升级为节能灯后，可以取得巨大收益。此外，大厦外墙和楼顶的新型 LED 灯具，耗电量仅是传统灯泡所消耗电量的 25%，但寿命却是后者的 15 倍。

帝国大厦在改造的过程中，在公共区域和租用区域内，将传统的开关式照明系统，进行了改造加装升级，为照明设施配感应设备。配备了感应设备的照明系统即使在开关闭合的状态下，如果未能感应到有人活动，仍然能控制照明系统处于关闭状态。

除了照明系统配备了感应设备，每个房间的办公桌上都加装了一个小小的传感器，以此来感应是否有人落座。如果一定时间内座位是空置的，接线板就会自动断电，电脑、台灯等也会处于关闭状态。通过此项照明、采光、插座的更新工程，帝国大厦每年可降低二氧化碳排放 2 060 t，节能 1.37×10^{10} Btu，节省成本 94.1

万美元。

4.2.2.6 通风控制系统升级（Ventilation Control Upgrade）

感应系统除了在上述 5 个改造工程中大显身手之外，对于通风控制系统的升级也大有作为。所有的建筑都有一个对新鲜空气的需求底线，传统通风系统并不能识别是否有人员活动以及人员的密集程度，而此次改造在每个人流量变化大的公共区域，都装上了探测二氧化碳含量的检测器。通过测量空气中的二氧化碳浓度来决定需要从外面引入的新鲜空气的量。如果监测到大量二氧化碳，说明该区域内人员增多，系统就会加大空调对该空间的气体交换；如果检测到二氧化碳减少时，说明该区域人员减少，空调就会自动降低空气输入量。经验表明，在已使用空间需求控制通风技术的区域内，该系统能有效自动改善空气质量，降低调节室外空气所需的能量。该项目年减少二氧化碳排放量 300 t，节能 4.6×10^9 Btu，降低成本 11.7 万美元。

4.2.2.7 整幢大楼控制系统升级（Whole-Building Control System Upgrade）

在信息时代中，大厦的改造也以信息化、自动化为特点，充分体现了以人为本的思想，以上所有改造设备都受到无线网络的监视和控制。而如何有效、迅速地控制和管理上述改造则成了新挑战，改造团队升级现有的建筑物控制系统，以优化 HVAC（Heating，Ventilation and Air Conditioning）操作，并提供更详细的辅助计量信息。

作为改造计划的一部分，改造团队要在大厦上安装无线网络，这是一项新的纪录，要在建筑物上安装有史以来最大的无线网络。要使每台空气处理装置、制冷机、散热器、阀门和通风百叶窗都配有传感器，使管理人员能够实时监控大厦内的每台设备，这是一个庞大的系统工程。如果办公室某个角落过冷，监控可以直接控制到那个区域的某台散热器或空调，而不需要运行办公室中的所有散热器或空调。这个庞大的网络是大厦中各个系统的大脑，它能确保各个系统都能高效运行。该项目可以使大厦每年减少二氧化碳排放 1 900 t，节能 2.06×10^{10} Btu，节省成本 74.1 万美元。

4.2.2.8 承租户能源管理系统（Tenant Energy Management Systems）

如何管理承租户的合理用能，改造团队为每个承租户引进个性化的、基于网络的用电系统，从而实现更有效的电力使用管理。工程师们改造了 3 个与租户的能源使用相关的关键项目，包括租户预先装修项目，租户设计准则以及租户能源管理项目。预先装修的设计准则是为了提高帝国大厦的环保标准，这一设计准则，每年可以为租户节省 $0.7 \sim 0.9$ 美元/ft^2 的运营成本。更重要的是，承租户们在日常办公中，可以根据技术、经济因素来调整建议措施中的组合。为此，帝国大厦细分了每个办公空间，并建立一套反馈系统，租户只要登录互联网，就可以查询他们的能源使用和改进情况。

改造团队还为租户提供了一个基于网络的数字控制系统，使得租户能够监控能源在其场所内的使用方式。在线仪表板则使得能源消耗完全透明，帮助租户对数据进行分析，寻找更节能的办法——每套面积在 232 m^2 以上的新办公套房其能源消耗都是单独计量的，因此租户可以自己采取措施来节省费用。通过更为细分的计算方法，租户们可以在线获得精确而透明的能源使用数据，并与其他租户对比，进行不断改进。该项目年减少二氧化碳排放 743 t，节能 $6.9×10^9$Btu，节省成本 38.7 万美元。

4.2.3 经验借鉴

纵观整个帝国大厦的节能改造过程，可以发现其主要是分为 3 个方面来实施的：

（1）减轻负担，节约能源。改造前先测定那些用于为大厦提供最核心服务的能耗可以缩减多少，然后通过装置先进的设备，改换材料等，以达到减少核心服务能耗的目的。例如，帝国大厦通过散热器改造有效减少散热器本身的热量流失，提升热量利用效率，更能有效地保持建筑物外墙的温度。除安装反射屏障外，还将清洁散热器，增加散热器的工作效率，同时将恒温器重新置于散热器前侧，提高散热器反馈温度的精确性和稳定性。通过这一系列的措施，帝国大厦内的取暖效率维持在较高水平，并在一定程度上减少了建筑向外的碳排放。这些都算不上什么高科技，但是很有效。

（2）提高既有装备的效率。当大厦所需的能耗被降到最低之后，让既有的装备在最有效率的系统下运行，监测设备必不可少。例如，通过安装无线网络使每台空气处理装置、制冷机、散热器、阀门和通风百叶窗都配有传感器，让管理人员能够实时监控大厦内的每台设备。如果办公室某个角落过冷，监控可以直接控制到那个区域的某台散热器或空调，而不需要运行办公室中的所有散热器或空调。这个庞大的系统是大厦中各个系统的大脑，它能确保各个系统都高效运行，提高了装备的效率。

（3）控制能源使用，实施能源管理。控制和监视能源的实际使用情况，对节能系统进行调节以适应条件的变化。例如，为每个承租户引进个性化、基于网络的用电系统，从而实现更有效的电力使用管理。改造团队还为租户提供了一个基于网络的数字控制系统，使得租户能够监控能源在其场所内的使用方式。在线仪表板则使得能源消耗完全透明，帮助租户对数据进行分析，寻找更节能的办法——每套面积在 232 m² 以上的新办公套房其能源消耗都是单独计量的，因此租户可以自己采取措施来节省费用。改造并通过实施能源管理，有效地控制能源使用。

帝国大厦改造涉及的项目是现代建筑的三大能源消耗方面：供暖制冷、照明、电梯及其他能耗。因此大厦的改造可谓是对症下药，效果显著。通过此项工程，不仅能有效节约能源、降低二氧化碳排放量，而且能显著降低大厦及承租者的运行成本。这项过程完工后，帝国大厦每年节能成本可减少 440 万美元，能耗降低近 40%。

更值得关注的是，在整个项目改造过程中没有用到任何一种新技术。没有为了改造而去研发一种新的技术，所有项目改造中使用的技术，都是现有的成熟技术，只不过是工程师们对它们进行了重新的组合运用。这说明，对传统建筑的节能改造并没有高不可攀的门槛，并不是遥不可及的，只要对现有技术进行有效整合，就可以实现意想不到的节能效果。现在，我国的很多城市也在积极推进传统建筑的改造，在这个过程中会出现一些误区，如认为一定要引进国外的先进技术、一定要完全更换新的高技术的设备、一定要更换所有门窗材料，其实大可不必，改造不等同于全部改换，要注重旧物的利用和更新。

4.3　低碳建筑技术的推广和应用

4.3.1　传统建筑低碳化改造技术分类

低碳建筑技术（Low Carbon Building Technology）是指用于建造低碳建筑的各种技术，它涉及建筑、施工、采暖、通风、空调、照明、电器、建材、热工、能源、环境、检测、计算机应用等 20 多项专业内容。根据纽卡斯特大学的研究报告，LCB 技术主要包括 LCB 材料技术和 LCB 新能源技术。LCB 材料技术主要通过建筑材料的使用提高建筑的门窗、墙体、房地面等围护结构的保温隔热性能来减少建筑的热损失，还包括一系列促使能源有效使用的监控和控制技术。LCB 新能源技术主要指依靠微型发电机组以低碳或者碳中性的方式为建筑提供热能或者电能。英国能源和气候变化部（DECE）根据产能类型的不同把 LCB 新能源技术分为两种：产热型微型发电机组技术和产电型微型机组发电技术。

传统建筑低碳化改造技术是指在对传统建筑改造的过程中涉及的各种低碳技术，因此，它和低碳建筑技术在很大程度上是一致的，但也有区别。根据传统建筑改造的各领域，我们概括了低碳改造技术的种类。

4.3.1.1　建筑节能改造技术

节能改造是建筑低碳化改造的主要内容，节能改造技术可以分为建筑本体节能改造技术和建筑设备节能改造技术两大类，其中建筑本体节能改造技术主要指围护结构改造技术；建筑设备节能改造技术包括建筑能源设备系统改造技术、建筑环境控制系统改造技术和可再生能源利用改造技术三部分。

建筑围护结构在传统建筑的节能改造中至关重要，它的能耗在建筑运行能耗中所占比例约为 72%，因此，做好建筑围护结构的绿色节能改造，是减少建筑能耗、实现建筑低碳化的关键。对围护结构进行节能改造，主要是通过运用保暖及隔热性能好的新型墙体材料及复合建筑材料。

建筑能源设备系统改造技术包括楼宇式热电冷联供技术、空调冷热源节能技术、输配系统节能技术、溶液除湿新风系统技术等。建筑环境控制系统改造技术，主要包括绿色照明、自然采光、自然通风、空调末端节能等技术。可再生能源利用改造技术，包括风能、太阳能、水能、生物能等的开发利用技术。可再生能源再利用已成为生态节能策略中的重要组成部分。

4.3.1.2　建筑排放系统改造技术

建筑排放系统低碳化改造技术包括：排水系统低碳化改造技术、再生利用系统低碳化改造技术、绿化景观系统低碳化改造技术、垃圾收集处理低碳化改造技术。

排水系统低碳改造技术包括节水设备系统技术、排水系统卫生安全技术、设备管井及夹层、同层排水技术等；再生利用系统低碳改造技术包括污水处理回用技术、雨水收集处理与回用技术、中水回用技术；绿化景观系统低碳化改造技术包括地下水涵养技术、绿化景观用水控制技术、湿地环境水工程技术；垃圾收集处理低碳化改造技术包括垃圾管道输送技术、垃圾焚烧技术、垃圾压缩集中转运技术、有机垃圾生化处理技术等。[①]

4.3.2　低碳技术在建筑改造中的应用

4.3.2.1　围护结构节能技术：玻璃幕墙的运用

墙体是维护结构的主要部分，接触外界的主要载体，通过对传统建筑的墙体加装玻璃幕墙，可以充分利用太阳能墙体的原理，使其与原有建筑之间形成一定距离的空气间层，由此便构成双层或多层体系的空气缓冲层，从而有效组织空气间层内的气体运动，有效改善室内的通风。

---

① 张晓晗. 低碳建筑技术推广应用研究[D]. 西安：西安建筑科技大学，2011.

在传统建筑围护结构的改造中，还要充分考虑到空气缓冲层在夏季强烈阳光辐射下出现的过热情况，因此，还要充分利用空气间层的空间，设置遮阳板、反射材料和隔热等设施，如固定式百叶、活动式百叶及光控式百叶，这种在空气间层内设置的遮阳百叶无论在遮阳效果、降低制冷能耗，还是在遮阳设备的使用寿命上，都优于普通外挂百叶[①]。

4.3.2.2 建筑环境控制系统：通风系统改造

传统建筑改造项目中围护结构热工性能普遍较差，由于技术等原因，建筑设计的时候往往缺乏对节能要求的考虑，传统建筑的围护结构普遍没有采取保温隔热的措施。因此，在对传统建筑进行改造时，要加大对通风系统的重视。世界著名建筑师赫尔佐格所承接的德国戴克豪仓库改造项目是一个很好的案例。戴克豪仓库已有 70 多年历史，原本是一座已废弃闲置的工业仓库，建筑师赫尔佐格的改造方案既迎合了现代人的审美要求，又很好地诠释了生态节能的概念。建筑师赫尔佐格的设计方案既不烦琐又符合西门子公司的要求，该方案在屋脊上开了一道带气窗的天窗，又在屋檐下增加了一道高侧窗和气窗，同时在高度 2.5 m 以下开了一道带百叶的带型窗，这样便满足了自然采光通风的需求。为提高供暖热效率，建筑师采用了一种透明的、可以自然降解的有机塑料薄膜，铺设在需要供暖的地方，相当于增加了保温隔热层，同时也不妨碍自然采光通风，从而大大节约了建筑能源消耗。该方案成功地对传统的"透明""通透"原则进行了再诠释，而建筑师们在这个项目中贯穿了绿色节能和生态原则[②]。目前，我国在这方面的实践也有很多成功的案例，如上海世博会的部分展馆，也是由旧的工业建筑改造而成的。

4.3.2.3 再生能源利用技术：太阳能电池技术的运用

在所有可再生能源利用中，太阳能技术相对来说是最成熟、最简便也是一般建筑具备使用条件的一项技术。利用太阳能所具有的经济优势、环境优势、生态优势等，已经成为人们普遍所认同的。太阳能电池的众多特点，使其具备在任何地点、任何建筑都能是用的低碳设备，是常规电能的最优替代。而且，随着技术的不断完善创新，太阳能电池已作为一种装饰性的表皮运用到建筑外观设计中去。在国外，许多项目甚至将太阳能电池作为立面的构图要素来看待，创造出奇特的富有未来感的视觉效果。例如，科罗拉多州法院的改造工程就是将太阳能电板系统与立面造型及屋面结合，不仅解决了高峰负荷时大部分的能源需求，而且形成

---

① 魏军涛. 既有建筑的绿色改造[D]. 太原：太原理工大学，2010.
② 徐强. 材料在旧建筑改造与更新中的应用研究[D]. 天津：天津大学，2006.

了独特的建筑外观效果[①]。

4.3.2.4　建筑排放系统改造技术：水资源的循环利用

水资源的循环利用是建筑排放系统改造技术的一个重要内容，也是实现建筑低碳化的一个重要方面。杭州近代工业博物馆的改造中，就对水资源进行有效处理，对 3 层以下生活给水由市政管网直供水，4 层及以上由变频调速供水设备供水。室内消火栓给水系统及自动喷淋给水系统供水由地下室消防水池泵房供给。所有用水部位均采用节水器具和设备，采取减压限流措施。景观用水采用雨水收集系统回收水。本项目可收集雨水的屋面面积约为 5 148.28 m^2，绿化面积约为908.5 m^2。统计杭州 52 年的降雨数据得杭州市年均降雨量 1 431.1 mm，年均降雨次数为 150 次，其中 2 mm 以上的降雨量占总降雨的比例为 97.3%。[②]

4.3.3　我国推广低碳建筑技术存在的问题

4.3.3.1　社会认同度低、市场推广机制不完善

在我国，尽管低碳建筑技术存在巨大的市场潜力，但由于技术研发起步较晚，低碳技术水平目前仍然较低，尤其在市场化的进程中仍存在着许多问题。

政府主导性不强，缺乏完善的政策体系。国家推广低碳建筑的政策与机制尚处于构想和试点之中，与发达国家相比还有很大差距。尽管上海、杭州等一些城市在推广低碳建筑技术，但是从根本上说我们还处于探索阶段，如中国现在建筑的能耗标准是 75 W/m^2，欧洲现在的限行标准是 25 W/m^2，我国的节能标准同国际标准还存在一定差距，没有一个成熟的运行体制和成熟的路线技术图，也没有非常清晰的低碳建筑的评价标准[③]。

社会公众对低碳建筑技术普遍认知度不够，认为低碳建筑技术的参与主体应该是企业和政府，这样就对低碳建筑技术市场化形成一定的阻碍。但同时，低碳建筑技术的参与主体也缺乏积极主动性，对低碳技术的经济效益不够认同，造成社会对低碳技术开发的投资不足。

4.3.3.2　对于推广何种技术存在误区

低碳技术的种类很多，相比国内现有的技术，西方的一些技术可能更先进，但同时引进价格非常昂贵。很多地方为了一味追求低碳甚至零碳，大量使用进口或者高档材料，盲目推崇国外不同气候区那些低碳建筑模式，造成占地大、造价

① 刘强, 邱立平, 张军杰. 绿色生态节能技术在建筑改造中的应用研究[J]. 工业建筑, 2012, 2 (2)：10-13.

② 陈伟, 朱娟丽. 杭州近代工业博物馆低碳化改造设计[J]. 工业建筑, 2011, 8 (8)：134-137, 109.

③ 张晓晗. 低碳建筑技术推广应用研究[D]. 西安：西安建筑科技大学, 2011.

高、资源严重浪费。建筑评论家 Cathleen McGuigan 用"低碳豪宅"一词点出目前低碳建筑面临的三大问题，即占地大、造价高、设计局限。

另外，推广低碳技术绝不是简单地安装、更换一些所谓的低碳设备，而是必须真正把实际碳排放量减下来，千万不能适得其反。例如，我国有的地方为了建造"低碳住宅"取消阳台，每家送一台烘干机，建筑外表安装一些太阳能电池，其实际用电量远高于一般住宅；有些住宅采用大量先进技术的中央空调，实测表明每年空调电耗 $20\,kW\cdot h/m^2$ 左右，而普通分体空调的住宅，电耗仅为 $2\,kW\cdot h/m^2$ 左右[①]。同时由于低碳建筑设计也存在局限，从外观上要比一般建筑"丑陋"。低碳建筑的终极目标是节能和低排放，因此不一定要使用很多高科技，但是也不仅仅是环境绿化那么简单，更不等同于造价昂贵、简陋难看。

4.3.4 在建筑行业推广应用低碳技术

4.3.4.1 加大对低碳建筑技术的宣传，增加社会认同感

正是因为我国低碳建筑技术尚处于起步阶段，社会对低碳技术的认同度不高，而随着经济的发展，市场竞争日益激烈，人们对低碳建筑的态度将直接影响人们对低碳建筑产品的需求，而需求的强弱又直接关系开发商是否有开发低碳技术产品的动力和欲望，所以人们对低碳建筑技术的态度非常的重要，低碳技术的发展非常需要社会大众的认同。因此，要不断地加大对低碳建筑技术的宣传，将低碳建筑理念渗透进人们的日常生活中，培养人们的低碳意识，充分利用电视、网络、广播等媒体宣传低碳技术，通过设立低碳教育基地、低碳咨询机构和公众参与社团等，来达到普遍宣传的作用。

而对于低碳技术的参与主体——企业和政府而言，认同感就更加重要了。主体的认同，将直接导致低碳建筑的是与否。一个以发展为先导，同时以环境友好和可持续发展为理念的企业，就会自觉地在建筑过程中采用低碳技术，尽管建造时的成本或许高于传统建筑，但在之后若干年的使用过程中，低碳技术的优势必将逐步体现。政府是很多公共建筑的主建单位，政府人员的低碳意识也直接影响公共建筑的低碳与否，公共建筑是建筑中的能耗大户，它的低碳与否对整个建筑业的低碳化具有重要的影响。

4.3.4.2 完善法律体系，加强政府监管

除了政府作为主体在建筑中发挥的作用外，政府又是政策法规的制定者和监管者。低碳建筑技术的推广和应用离不开健全的法律法规体系，目前的法律法规

① 张晓晗. 低碳建筑技术推广应用研究[D]. 西安：西安建筑科技大学，2011.

和标准都没有对低碳建筑管理提出明确的定量指标，也就缺乏对低碳建筑节能减排的专项检查、监督管理的依据。所以政府有关部门应健全法律法规，制定和颁布实施低碳建筑相关法律，建立一个完善的低碳建筑评价标准，这样更能够有效地推广应用低碳建筑技术。

政府部门作为监管者，建立切实有效的行政监管系统，严格依照法律法规推广应用低碳建筑技术。要对新建建筑进行全过程、全方位的碳排放量监督管理，严惩违法行为，对传统的既有大型建筑和公共建筑，要重点检查能源管理过程，对碳排放量进行监控统计。要建立对各级政府和部门的服务绩效考核、低碳专项考察，政府实行优惠政策、激励措施，对应用低碳技术的企业，国家应从税收、财政支持、贷款等方面给予优惠，奖励推广低碳技术的企业，惩罚高能耗、高排放量的建筑，正确引导低碳建筑技术的发展。加大执法力度，全面推进节能减碳的工作，在鼓励开发新材料、新技术的同时，还应建立相应的产品、技术淘汰制度，对落后的产品和技术禁用。

4.3.4.3　重视技术研发，培养专业人才

我国的低碳技术尚处于起步阶段，因此，研发工作显得很重要。在我国目前高校的建筑学等相关专业中，很少有开设低碳技术课程，有些专业甚至很少涉及低碳技术，因此政府要加大对高校建筑人才的培养力度。在培养过程中，要积极推进人才培养的国际合作，使我们培养的人才具有先进的国际视野和技术积累。

对于大型的、有足够资本的企业而言，要加大低碳技术投入，有条件的可以自己研发低碳建筑技术，以提高企业的技术水平。企业要积极借鉴外国的低碳技术，加强与研发机构的沟通，开展跨区域研究，提高我国的低碳建筑技术。

4.4　雨水收集和"饮用双供水"系统改造

水资源的循环利用系统改造是传统建筑低碳化改造的一个重要内容，水资源的循环利用系统改造包括雨水收集系统改造和"饮用双供水"系统改造，如果在传统建筑中这部分内容改造成功，将极大地节约水资源，也节约了用水成本。

4.4.1　雨水收集系统

城市雨水收集利用可以有效解决城市水资源的短缺，是改善城市生态环境达到节能减排、绿色低碳的重要组成部分，在一定程度上也是减少城市洪灾，并在

干旱、紧急情况（如火灾）时能有水可取的有效途径[①]。若能将雨水利用与雨水径流污染控制、城市防洪、生态环境的改善相组合，坚持技术和非技术措施并重，因地制宜，择优选用，兼顾经济效益、环境效益和社会效益，标本兼治，雨水利用则会产生很好的效益，并能极大地促进城市可持续发展。

雨水收集系统是将雨水根据需求进行收集后，并经过对收集的雨水进行处理后达到符合使用标准的系统。目前多数由弃流过滤系统、蓄水系统、净化系统组成。雨水收集系统使得雨水收集、处理、利用形成一条龙流程化服务，并在其中的各个阶段有着其独特之处[②]。

4.4.1.1　国际雨水收集的现状

水资源短缺是一个世界问题，而雨水却一直被排除在可直接利用资源之外。直到 20 世纪 80 年代，世界各国才开始探索雨水资源的综合利用。目前，世界上很多国家都已经充分认识到雨水的利用价值，通过采用各种技术、设备和措施对雨水进行收集、利用、控制和管理。德国、日本、美国、意大利、加拿大、比利时等 40 多个国家和地区已经开展了不同规模的雨水利用与管理的研究和实践，取得了很大的成效。

（1）德国。德国是世界上城市雨水利用技术最发达的国家之一，1989 年就出台了雨水利用设施标准。到 1999 年，就已经有约 20 万套雨水收集利用设备投入使用，取得了良好的环境效益和社会效益。德国的城市雨水收集方法主要有 3 种：① 屋面雨水集蓄系统，集下来的雨水主要用于家庭、公共场所和企业的非饮用水[③]。② 雨水截污与渗透系统。道路雨水通过下水道排入沿途大型蓄水池或通过渗透补充地下水。德国城市街道雨水管道口均设有截污挂篮，以拦截雨水径流携带的污染物。③ 生态小区雨水利用系统。小区沿着排水道建有渗透浅沟，表面植有草皮，供雨水径流流过时下渗。超过渗透能力的雨水则进入雨水池或人工湿地，作为水景或继续下渗。截至 2000 年年初，德国在雨水收集系统的设备方面已经形成集成化、成品化，可以完成雨水截污、调蓄、过滤、渗透、提升等多方面的综合有效利用[④]。

---

① 侯立柱. 多层渗滤介质系统入渗试验与城区雨水利用模式研究[D]. 北京：中国农业大学，2007.

② 邱敏. 某综合体项目雨水收集回用可行性分析[J/OL]. 城市建设理论研究：电子版，2013，10（21）：1-9. http://d. wanfangdata. com. cn/Periodical_csjsllyj2013213732. aspx.

③ 李彧，等. 开源节流变废为宝——城市雨水资源化的利用[J]. 天津建设科技，2005，4（2）：40-41.

④ 张鸿羽. 北方城市雨水收集与利用探讨[J/OL]. 城市建设理论研究：电子版，2014（13）：1-3. http://d. wanfangdata. com. cn/Periodical_csjsllyj2014131901t. aspx.

（2）比利时。比利时将雨水收集系统上升到一个较高的地位，在 1999 年公布的一项规定中，明确提出了对此系统的最低管理要求，规定所有新建或改建项目的单户住宅必须安装雨水利用设施。并规定了具体规格和要求：① 蓄水池的最小容量为 3 t；② 至少 50%的屋面接入雨水收集系统；③蓄水池的溢流孔必须连接到渗透设施或者连接到地表水体和雨水管道。

（3）日本。日本是亚洲重视城市雨水利用的典范，由于受地理条件和社会发展情况等因素的制约，日本国内水资源比较缺乏。但年降雨量高达 1 000～2 000 mm，因此政府就很鼓励全社会利用循环水，格外重视对于雨水的利用。目前，日本利用雨水的方式主要有 3 种：①调蓄渗透；②调蓄净化后利用；③利用人工或者天然水池调蓄雨水。通过这 3 种方式，雨水被用来供冲厕所、城市绿化、城市环保等多方面。

4.4.1.2　国内雨水利用现状

雨水利用在我国也有比较长的历史，自 20 世纪 80 年代末，甘肃省实施了"121雨水集流工程"、内蒙古实施了"集雨节水灌溉工程"、宁夏实施了"小水窖工程"、陕西实施了"甘露工程"等。总体来看，80 年代雨水利用主要是在缺水地区的农业和乡村[1]。

而我国真正意义上的城市雨水收集利用的研究与应用是 20 世纪 90 年代发展起来的。但总的来说，我国大中城市的雨水收集利用基本处于探索与研究阶段，技术还相对落后，缺乏系统性，更缺少法律、法规保障体系。目前，只有北京、深圳几个城市，将雨水收集利用装置列入法律规定范围，但是大部分城市还缺乏对雨水利用推广的立法考虑和政策保护。

4.4.1.3　雨水收集系统工艺

雨水收集系统的工艺并不复杂，大致包括了 4 个方面：初期弃流、过滤、储存和回用。完成了这 4 个过程，就完成了一个雨水收集的全过程[1]。

目前根据雨水收集地点不同，可粗略分为三类，三类雨水收集系统工艺流程如下：① 屋顶雨水。屋顶雨水较其他雨水来讲，相对干净，雨水中的杂质、泥沙及其他污染物比较少，可通过弃流和简单过滤后，直接排入蓄水系统，处理后进行使用。② 地面雨水。地面的雨水杂质多，而且污染源相对复杂。在弃流和粗略过滤后，还必须进行沉淀才能排入蓄水系统。③ 公共场合及运动场雨水。公共场合及运动场相比于屋顶和地面，具有植被覆盖的特点，微生物含量较多，要通过弃流和简单过滤后，必须再进过消毒装置，才能供给用水点使用。

---

① 周晓兵. 城市景观规划设计中的雨水控制利用研究[D]. 北京：北京建筑工程学院，2008.

初期雨水经过多道预处理环节，包括弃流、过滤、消毒等才进入蓄水池。这样就保证了所收集的雨水的水质。而采用蓄水模块进行蓄水，既有效保证了蓄水水质，同时不占用空间，施工简单、方便，更加环保、安全。通过压力控制泵和雨水控制器可以很方便地将雨水送至用水点，同时雨水控制器可以实时反映雨水蓄水池的水位状况，从而到达用水点。

4.4.2 "饮用双供水"系统

"饮用双供水"的概念来源于分质供水，分质供水是指有两套或两套以上的管网系统，根据生活中人们对水的不同需要，分别输送不同水质等级的水。一路供水是采用特殊工艺将普通自来水进行加工，处理成可直接饮用的纯净水，然后由专门的管道输送到户，并单独计量；另一路供水是未经处理的普通自来水，用于清洗、卫浴、清洁等，用普通管道输送计量。①

要实现"饮用双供水"，首先要界定好饮用水和非饮用水。美国自来水工程协会（AWWA）编写的《分质供水指南》，总结了国际上现有的分质供水经验，是全美统一的分质供水规范基础。其中对有关术语的定义："饮用水"（Potable Water）是符合联邦与州政府水质标准，用于饮用、烹调与清洗的水。"非饮用水"（Nonpotable Water），是人类偶然使用不致造成危害、用于非饮用用途的水。因此，饮用水并不是单纯地指喝的水，而是指可用作饮用、洗涤、洗浴等与人们生活密切接触的水；非饮用（指低品质水、再生水或海水）另设管网供应，用作园林绿化、清洗车辆、冲洗厕所、喷洒道路以及工业冷却等。

分质供水就是将居民的"饮用水"和"非饮用水"区别对待、分别供应，重要的一点是，这个系统同时融合了雨水收集利用系统。系统可以根据用户的不同使用需求，针对性地进行净化处理，随着膜分离、活性炭等终端处理技术的成熟，污水处理及循环利用也会极大地提高，这样既有利于解决目前我国饮用水供应不足的问题，而且用户家中的水质也会得到相应的改善。"饮用双供水"系统的运用，可以有效改善城市生态环境从而达到节能减排的目的，有利于城市的低碳发展。

4.4.2.1 国外分质供水经验

分质供水在国外有着长期的应用历史，如美国、日本、英国等，都已经有几十年的实践。国外分质供水系统一般是将饮用水和非饮用水分开供应的系统。城市主体供水系统都是净水系统，供应的水可直饮。非饮用水系统通常是局部或区

---

① 杨开亮. 多孔弹性滤料应用于管道直饮水预处理工艺的可行性研究[D]. 上海：上海大学，2008.

域性的，作为主体供水系统的补充，此种系统可以有效节约水资源，并且降低污水处理费用[①]。

（1）美国。美国至少在十余个城市中已建成分质供水系统，主要是建立饮用与非饮用水的双管道二元供水系统。非饮用水系统的水源主要有两类：一类是未经处理或稍加处理的地面水及水质较差的地下水；另一类是废水经过处理后，达到一定标准的再生水。已建成的非饮用水系统以后一类为多，特别是在该国西南部干旱地区的一些城市中，利用处理后的废水作为非饮用水，主要用于浇灌绿化地带、工业冷却、娱乐用水及冲刷厕所、汽车等[①]。

（2）日本。20 世纪中期以来，日本重视双管道（二元）或多管道（多元）分质供水技术的研究与开发应用，日本在不少大中型城市中建立了除上水道（供饮用）以外的、较大型的工业水道及再生水道供水系统，实行分质供水。目前，日本是城市分质供水实施较系统、范围较广、规模较大而且类型较多的国家，部分城市中主要设有三种供水系统：生活用水、工业用水及杂用水，分别由上水道、工业水道及杂用水道（又称再生水道）输送，供给不同等级的用水。该国 60 年代以来，陆续在几十个城市中建立了工业水道。据 1991 年统计，日本已有工业用水道事业体 117 个，有 200 多个设施，供水能力为 2 189 万 m^3/d，输水管道约 6 000 km，分布在近 50 个都道府中[②]。

4.4.2.2 国内分质供水现状

严格意义上来说，我国的分质供水还没有起步，因为目前，国内所关注的"分质供水"，只是指另设管网供应少量专供饮用的"纯净水"，而将城市现有的供水作为一般用水，这是有别于国外的分质供水概念的。

由于我国城市常用的给水系统水质达不到直接饮用的标准，没有类似国外的分质供水系统。虽然目前，我国一些人流量大的地方和景区设置了直饮水，但毕竟还不完善，没有形成一个城市的供水系统。国内的一些城市已意识到差距，开始探讨整体提高城市水质、建设净水供水系统的可能性，部分城市如上海、广州、杭州、深圳等已在改造水厂的工艺，准备逐步实现净水供水系统[③]。我国有些城市还出现了小区直饮水系统。该系统仅仅对小部分水，利用特殊的水处理设施和技术，作进一步深度处理，通过独立建设的优质供水管道，将"直饮水"送到各家各户，供给烹饪和饮用水。而大部分的"一般用水"仍旧使用城市供水系统供应

---

① 潘桐. 大城市实施分质供水的必要性和可行性——以天津市为例[J]. 地质调查与研究，2004，9（3）：184-189.

② 杨开亮. 多孔弹性滤料应用于管道直饮水预处理工艺的可行性研究[D]. 上海：上海大学，2008.

③ 李苏飞. 厦门实施管道优质供水的可行性研究[D]. 上海：同济大学，2004.

的水。

4.4.2.3 分质供水系统组成

建筑内的分质供水系统是通过加装净水工艺设备，对自来水进行深度处理，通过过滤、软化、膜分离杀菌等方法，去除水中有害金属、有机物、细菌、病毒等杂质，使其成为优质饮用水，再通过专设的特种卫生管道直接送入用户家中，供用户使用。分质供水系统主要由四大核心组成部分。

（1）优质饮用水设备。分质供水的一个主要目的是给用户提供方便、安全的直饮水，因此，优质饮用水处理设备是关键，它是自来水深度净化处理的核心装置。分质供水的饮用水制水设备通常采用微滤、超滤、纳滤及反渗透过滤技术生产优质饮用水。其主要目的是有效去除原水中的有害物质，使净化之后的水完全符合饮用水的标准，方便用户直接、放心使用。

（2）变频恒压供水设备。在分质供水工程中采用全自动恒压变频供水装置直接提升供水，不仅性能稳定、能耗低，而且卫生、安全、可靠，让用户随时都能饮用新鲜水，避免了二次污染。

（3）供水管网。分质供水管网在分质供水系统中至关重要，它的设计不同于普通自来水管网的设计。核心是分质供水管网要使净水循环流畅，尽可能不存在死角。循环流畅的意义在于管网中未被用户使用的水必须能够及时流动和经过管网消毒系统回流至净水水箱，而不是在某段管道中长时间停留，否则极易造成管网二次污染、滋生细菌。

（4）管网水循环杀菌设备。分质供水目的是供应直饮水，因此，除了要做到优质饮用水设备使输出的水质达标外，必须在管网上设置循环消毒装置，这样才能确保管网水的卫生安全，有效防止二次污染。

分质供水系统包含了之前所说的雨水收集系统，并扩大到用户所有用水来源。根据不同用户的使用目的，饮用水、生活日常洗涤用水、工业用水、市政用水等，分别进行针对性的净化处理，使水能够达到用户使用的标准，这样既节约处理成本，又较好地满足各种用水需求。从收集到净化再到使用，严格把控每个阶段的水处理，使整个系统快速、有效地运转，整个过程既环保又安全。

但是我国传统建筑往往不具备雨水收集系统，并且大部分城市也没有具备"饮用双供水"系统，因此用水方式比较粗放，难免造成水资源的极大浪费。因此，要发展低碳建筑，从水资源的利用角度，必须对传统既有建筑进行雨水收集系统的改造，并且对城市逐步推行"饮用双供水"系统改造，从而有效地节约水资源，最终实现建筑低碳化和可持续发展。

第5章

低碳建筑与新材料

　　纵观古今中外的建筑发展历史，不难发现，建筑材料是随着人类的发展不断地进化和发展，它既对建筑的发展起着决定性作用又是人类文明进步的重要标志。从以木材为主的古代中国建筑到以天然混凝土大量使用的古罗马神庙，从 1855 年转炉炼钢法的出现到 1913 年平板真空玻璃的专利发布，从 1924 年"波兰特"水泥的面世到 1946 年聚四氟乙烯（PTFE）的工业化生产，每一次建筑新材料的出现都极大地推动了建筑的发展和革新。进入 21 世纪，人类在全球变暖和二氧化碳减排的背景下开始探索低碳发展的新路径，低碳建筑、低碳城市等理念迅速席卷全球，而新材料作为推进低碳建筑的发展的重要载体也日益引起人们的关注。

5.1　低碳绿色建材改变了传统建筑格局

5.1.1　低碳绿色建材的定义

　　在讨论低碳绿色建材的定义前，有必要对绿色建材的相关概念进行界定。在 1988 年第一届国际材料会议上首次提出绿色材料的概念，并被确定为 21 世纪人类要实现的目标材料之一。1992 年国际学术界给绿色材料的定义为：在原料采取、产品制造、应用过程和使用以后的再生循环利用等环节中对地球环境负荷最小和对人类身体健康无害的材料。而绿色建材作为绿色材料的一种，是指健康型、环保型、安全型的建筑材料，具有消磁、消声、调光、调温、隔热、防火和抗静电的性能，并具有调节人体技能的特种新型功能建筑材料。由此可见，绿色建材强调在使用过程中减少污染排放和降低环境对使用者的不利影响。

　　在全球应对气候变化和节能减排的大背景下，人们从只关注建筑材料使用中的绿色环保节能到更多地将视野聚焦于如何在建筑材料的生产、使用和再利用等环节减少碳的用量和降低碳排放。因此，我们将低碳型绿色建材定义为以低碳技术策略和目标打造的绿色建材。它具有以下特点：

（1）在设计生产环节能节约自然资源，减少碳排放量。低碳绿色建材所用原料尽可能少用天然资源，采用废物利用技术，大量使用尾渣、垃圾、废液等废弃物，减少对原料不必要的加工，降低原料的消耗量。尽量选用本地化、可再生、可循环的原材料，降低原料和产品运输过程中的能源消耗，在生产加工过程中采用低碳技术，减少加工能源消耗，降低碳排放量。

（2）在施工使用环节能减少资源消耗，优化建筑环境。低碳绿色建材通过其具备的特殊性质能够在不影响建筑品质的前提下极大地降低建筑材料的消耗量，在建筑使用运行中能降低能源消耗。低碳绿色建材不仅不损害人体健康，而应有益于人体健康，产品具有多功能化，如抗菌、灭菌、防霉、除臭、隔热、阻燃、调温、调湿、消磁、防射线、抗静电等，优化建筑环境，提高生活品质。

（3）在报废回收环节能减少环境污染，做到废物利用。低碳绿色建材报废后应该可再生利用和可降解，既减少对环境的污染，保护和改善环境，又有利于发挥废物的作用，减少自然资源的消耗。

低碳绿色建材与传统建材相比，具有显著的优点，是未来建材发展的主流，其所包含的品种和门类很多，按照其功能可以分为结构材料，包括竹材、木材、石材、钢材、水泥、工程塑料等；装饰材料，包括各种涂料、贴面、各色瓷砖等；专用材料，包括实现防水、隔热、保温等功能的各类新材料。

5.1.2　低碳绿色建材对传统建筑格局的影响

在人类发展进程中，丰富多彩的建筑材料在建筑的发展中扮演着极其重要的角色。为了追求优良舒适居住环境，人们不断探索改进和发明新的建筑材料，而每一次新材料的革新发展都会对建筑行业产生巨大深远的影响，不可否认作为构成建筑的最基本要素的建筑材料是推动人类建筑发展的重要因素。例如，由于钢铁新材料的出现，内部钢铁桁梁框架结构有了进一步的发展，使得"外墙再也不是结构的支撑了，内部的钢铁框架才是真正的擎柱"，建筑的外墙只剩下"围"与"透"的作用，这时则可以不考虑墙体荷载的约束，而自由分隔空间，墙也可以与结构完全分开。这样既可以给建筑的空间布局带来很大的自由度，对于室内设计来说又有了新的创作领域。

进入 21 世纪，对于建筑材料的发展要求已经从传统的构建型为主突破出来，传统建筑材料的牢固性、支撑性能充分发挥的同时被时代给予了更多的要求。低碳绿色建材正以前所未有的变化和崭新的姿态呈现在世人面前，由于其自身具备的新特性正开始对传统建筑理念产生意义深远的影响，带来世界建筑格局翻天覆地的变化。

5.1.2.1　低碳绿色建材创造更低碳的社会环境

低碳绿色建材是以低碳技术策略和目标打造的绿色建材，因此在其生产、安装、使用及报废的各个流程中都注重减少碳排放这一目标，这是低碳绿色建材区别于以往传统建材的一个主要标志，而这也为建设一个更低碳的社会环境发挥着重要的作用。例如，陶粒砌块就是一种典型的低碳绿色建材，它能根据各地不同的资源禀赋情况，可分别采用黏土、页岩、粉煤灰或其他固体废弃物进行生产，最大限度降低了原材料的消耗，该产品集保温、抗震、抗冻、耐火等性能于一体，尤其是它的耐火性是普通材料的 4 倍之多，可以广泛应用于任何建筑物中的墙体（砌块、外墙板、内隔墙条板）、楼板、屋面板、梁柱和部分基础等，这是其他任何一种新型墙体无法比拟的。而作为衍生出来的陶粒空心砌块是以陶粒为粗骨料，以陶砂加上其他工业废料为细骨料，以水泥为胶凝材料，经过机器搅拌，机械成型。由于其工艺简单，不需过多的能源消耗和太多的劳动力投入，因其特殊的发泡性结构，耐高温和保温性能极佳，节能效果可以达到 50% 以上。

5.1.2.2　低碳绿色建材打造更宜居的建筑环境

低碳绿色建材的减碳并不意味着降低了建筑的舒适度，相反因为其自身的特性能帮助我们打造一个健康、绿色、安全的更宜居的建筑环境，越来越多的低碳绿色建材的推广和应用，正极大地改变着人类的生活和工作环境。如有着"保温材料之王"称号的酚醛泡沫材料，是一种由热固性酚醛树脂发泡而来的保温防火隔音材料。它可以现场浇注发泡、可模制，也可机械加工，可制成板材、管壳及各种异型产品。它克服了原有泡沫塑料型保温材料易燃、多烟、遇热变形的缺点，保留了原有泡沫塑料型保温材料质轻、施工方便等特点。作为一种低碳绿色建材，其最大的优点是具有防火保温隔音功效，在火焰的直接作用下具有结碳、无滴落物、无卷曲、无熔化现象，高温火焰燃烧后其表面会形成一层"石墨泡沫"层，有效地保护层内的泡沫结构，抗火焰穿透时间可达 1 小时。

5.1.2.3　低碳绿色建材创造更丰富的建筑格局

低碳绿色建材的出现造就了许多利用传统建材所无法建造的宏伟建筑。例如，悬索结构建造大跨度的桥梁，网架结构和薄壁空间结构建造大跨度的体育馆、展览馆、飞机库等，这都得益于低碳绿色建材的应用。2010 年上海世博会世博轴就是一座充分利用低碳绿色建材建设的标志性建筑。它南北长 1 045 m，东西宽地下 99.5～110.5 m，地上 80 m。世博轴顶棚包括两个不同类型的结构体系：索膜结构和 6 个建筑造型独特的钢结构"阳光谷"，6 个阳光谷共提供给膜结构 18 个支撑点，将两者结合成整个顶棚结构。索膜顶棚采用连续的张拉式索膜结构体系，总长度约 840 m，最大跨度约 97 m，膜面总投影面积约 61 000 m^2，展开总面积约

65 000 m²，单块膜最大展开面积约 1 800 m²。构成世博轴的主要建筑材料就是乙烯-四氟乙烯共聚物（ETFE）。这种新兴的膜结构材料不仅具有优良的抗冲击性能、电性能、热稳定性和耐化学腐蚀性，而且机械强度高，加工性能好。由这种膜材制成的屋面和墙体，重量小，只有同等大小玻璃重量的 1%；韧性好，抗拉强度高，不易被撕裂，延展性大于 400%；耐火性和耐化学腐蚀性强，熔融温度高达 200℃，并且不会自燃。作为大型公共建筑建筑材料的 ETFE 膜，更大的优势还在于它们可以加工成任何尺寸和形状，以满足大跨度要求，节省了中间支撑结构，可以设计出简洁高雅的结构。作为一种充气后使用的材料，它可以通过控制充气量的多少，对遮光度和透光性进行调节，有效地利用天然光，夜间高反射性能使空间具有卓越的照明效果，节省能源。

5.1.2.4 低碳绿色建材促进更便利的建筑施工

低碳绿色建材生产的先进性、规范化、系列化、一体化以及建材本身具有的质量轻、体积小、可自由组合等特性减少了施工现场安装作业的程序，加快了建筑物产品的流水作业，缩短了施工周期，提高了经济效益。

5.2 节能保温建筑材料的低碳技术演变脉络

面对全球能源的日益紧张和环境资源的稀缺，世界各国在建筑领域对于节能技术和材料给予了充分的重视。建筑业作为能源消耗的重头戏，其主要任务就是在保证使用功能和建筑质量的前提下，采取各种有效的节能技术与管理措施，发展新型建筑保温材料，以减低房屋在使用过程中的能源消耗，提高能源利用率。节能保温建筑材料伴随着科技的进步，在低碳发展的引领下也开始向更保温、更节能、更低碳的方向发展。

5.2.1 节能建筑保温材料的分类

保温（绝热）材料是指对热流具有显著抗阻性的材料或材料复合体，其特点是轻质、疏松、多孔，有些是纤维状。节能保温材料必须具有较大的热阻和较小的导热系数，同时还必须具备一定的力学性能（用以足够的抗冲击荷载）、较好的黏结性能、小收缩率及较长的环境耐受能力。建筑保温材料是实现建筑节能的最基本的条件，各国在建筑中采用了大量的新型建材和保温材料。用于建造节能建筑的各种建筑保温材料主要有屋面、墙面保温材料及节能型门窗。现代建筑比较常用的节能保温材料按材质可分为无机质类、有机质高分子类以及各类复合型材料；按形态可分为纤维状、微孔状、气泡状及层状。

5.2.1.1 无机保温材料

无机保温材料是以无机类的轻质保温颗粒作为轻骨料，添加由胶凝材料、抗裂添加剂及其他填充料等组成的干粉砂浆。无机保温材料具有 A 级防火性能，而且耐久性好，收缩变形系数小、性能稳定，黏结强度大，使用寿命长。但与有机质材料相比，无机保温材料吸水率大、导热系数高，因此保温性能差。在达到同等保温隔热效果条件下，由于应用保温层厚度大，重量大会增加建筑荷载。在环保性能方面，无机质材料易对人体有害，如玻璃棉遇潮后释放有毒气体。

（1）无机保温材料按材质可分为空玻化微珠、发泡混凝土、膨胀珍珠岩、岩棉等。例如，岩棉是以天然岩石（玄武岩、辉绿岩、安山岩等）、工业废渣等为主要原料，经过高温熔化、纤维化而制成的一种无机纤维。岩棉制品具有良好的保温、隔热、隔声、耐热、不燃等性能和较强的化学稳定性，可广泛用于房屋建筑、工业设备等行业。

膨胀珍珠岩是由天然酸性玻璃质火山熔岩非金属矿产（珍珠岩、松脂岩和黑曜岩），经破碎、筛分，预热后在高温下焙烧，使其体积迅速膨胀而形成的一种白色颗粒状的绝热材料。在膨胀珍珠岩中掺加不同的胶结料可配制成膨胀珍珠岩保温材料，其无毒、无臭、无腐蚀、不燃，但易吸水而降低其保温隔热性能和强度。

（2）无机保温材料按用途可分为无机保温板、无机保温砂浆、发泡水泥板等。发泡水泥板是以水泥、粉煤灰、工业废渣等为基本原料，加入树脂等聚合物憎水剂、发泡剂、纤维等复合，经混合搅拌、浇筑、发泡、自然养护成型的一种含有大量封闭气孔的新型轻质保温材料。发泡水泥虽然导热系数较高，但是与结构层的附着性能较强、施工较方便、环保性较强。

无机轻质保温浆料是由果壳式矿物膨胀多孔轻集料、粉煤灰漂珠、膨胀珍珠岩、膨胀破化微珠、无机聚苯颗粒复合保温材料等与填充料、黏结剂、外加剂，经工厂机械拌制而成的无机轻质干粉保温料，在使用时加入适量水拌制而成的保温浆料。

5.2.1.2 有机保温材料

有机保温材料主要指高分子保温材料，具有重量轻、致密性好、导热系数低和施工方便等优点，但其燃烧等级不如无机保温材料，要注意防火问题。建筑节能有机发泡类保温材料主要有聚苯乙烯泡沫塑料、聚氨酯泡沫塑料等。

（1）聚苯乙烯泡沫保温材料。聚苯乙烯泡沫塑料（EPS/XPS）由聚苯乙烯经过发泡剂发泡而成，是目前墙体保温中广泛采用的保温材料之一。按照生产工艺的不同可区分为模塑聚苯乙烯泡沫塑料和挤塑聚苯乙烯泡沫塑料。

模塑聚苯乙烯泡沫板（EPS 板）是由可发性聚苯乙烯树脂为原料，先加热预发泡，再加入发泡剂、阻燃剂等辅助材料，在模具中加热发泡形成的具有微细闭孔结构的泡沫塑料。EPS 原料经过预发、熟化、成型、烘干和切割等步骤可制成不同密度、形状的泡沫制品和各种不同厚度的泡沫板材。EPS 板质轻、防潮、不透气、耐腐蚀、使用寿命长、导热系数低，是具有良好的隔热保温性能、高抗压和抗冲击性能的环保型保温材料。

挤塑聚苯乙烯泡沫板（XPS 板）是以聚苯乙烯树脂或其他共聚物为主要成分，加入少量添加剂，通过特殊工艺连续加热挤压成型的具有闭孔结构的硬质泡沫塑料。XPS 板不仅具有与 EPS 板类似的优点，而且其强度、保温、抗水汽渗透等性能有较大提高，在长期与水汽接触的条件下仍能完整地保持其保温性能和抗压强度，特别适用于建筑物的隔热、保温、防潮处理，属于高品质的环保型保温材料。

（2）硬质聚氨酯泡沫保温材料。聚氨酯硬泡节能保温材料是目前导热系数最低（≤0.023）的保温材料，导热系数仅为 EPS 发泡聚苯板的一半。硬泡聚氨酯是以多元醇（聚醚或聚酯）和聚异氰酸酯为主要原料，在发泡剂、催化剂、阻燃剂等多种助剂的作用下，通过专用设备混合，经复杂化学反应后形成的硬质泡沫体。常用的硬泡聚氨酯根据原料配比和生产工艺的不同，可分为工厂预制成的硬泡聚氨酯板或现场施工型的喷涂硬泡聚氨酯。

硬泡聚氨酯的导热系数是目前所有保温材料中最低的[一般为 0.024 W/（m·K）]，其超强的自黏性能，可与屋面及外墙黏结牢固，抗风和抗压性能良好；而优良的防水、隔汽性能，使墙体保持一个良好的稳定绝热状态，这是目前其他保温材料不具备的优点。但是国内产品的环保、阻燃和消烟性能不过关，容易引起火灾和人员伤亡，因此聚氨酯硬泡作为外墙保温材料必须做到节能与安全、保温与防火两者并重。硬质聚氨酯泡沫塑料主要应用在建筑物外墙保温、屋面防水保温一体化、冷库保温隔热、管道保温材料、建筑板材、冷藏车及冷库隔热等。

表 5-1　EPS、XPS、PU 保温材料性能与指标比较

项目	单位	PU（板材）	XPS（板材）	EPS（板材）
导热系数	W/（m·k）	≤0.022	≤0.029	≤0.042
抗压强度	kPa	≥150	≥200	≥69
吸水率	%	<3.0	<1.0	<2.0
耐温（max）	℃	120	95	70
阻燃程度		离火自燃	离火自燃	离火自燃
燃烧级别		B2	B2	B2
密度	kg/m²	30~40	40	18~20
对流传热		有	有	有
黏结强度	MPa	>0.15	>0.25	>0.1

从材料基本物性比较来看，PU、XPS、EPS 都是高分子有机材料，均属于 B 级可燃材料。PU 在导热系数、耐温方面有优势，XPS 在黏结强度、抗压强度、耐湿方面有优势。EPS 在价格上略有优势，在施工整体造价上，PU 较 XPS 高 50%，XPS 较 EPS 高 30% 左右。

综上所述：EPS 保温系统适合节能标准较低，抗风压小的低层建筑外墙外保温。该系统施工效率较低，工人技术要求不高，工程造价为最低。PU 系统适合节能标准较高、结构较为复杂的多层和高楼层，其工装投入较大，综合造价为最高。由于具有对工人技术要求较高且外墙强度较差不可受撞击等特点，仍需在大规模工程应用和检验，目前使用率仅占我国的外保温市场的 5%。XPS 板材具有优越的保温隔热性能、良好的抗湿防潮性能，同时由于其特殊的分子结构具有很高的抗压性能。该系统广泛应用于节能标准较高的多层及高楼层，其综合性价比最好，施工效率高，施工方法简便，对工人技术要求不高。

5.2.1.3　复合型保温材料

（1）有机质高分子与无机质复合保温材料。胶粉聚苯颗粒保温料浆是由聚苯颗粒与无机质材料混合（或反应聚合）的保温材料。该材料以聚苯乙烯泡沫颗粒为轻骨料，无机胶凝材料为胶黏剂，将水泥与高分子材料、引气剂等各种添加剂混匀后，在使用时加入聚苯颗粒搅拌形成塑性良好的膏状体，将其抹于墙体干燥后形成保温性能优良的隔热层。该材料具有导热系数低，保温隔热性能好，抗压强度高，黏结力强，耐冻融等优点，可弥补聚苯乙烯泡沫塑料板的不足。作为新型复合保温材料的代表，它结合了水泥的施工优点和高分子材料的保温优点，正得到不断地推广和应用。

（2）其他复合型保温材料。复合型材料还包括利用处理过的农作物秸秆、具有保温性能并经无害化处理的垃圾及通过发泡等技术手段生产的空心材料等。这些复合材料的保温隔热效果好，具有无机材料的很多优点，但仍然处于研制开发阶段，没有市场化。正在发展起来的新型复合型保温材料如隔热涂料、防辐射涂料等，都具有一定的保温隔热效果，应用上也取得了一些进展，但其性能和应用上存在局限性：一是成本较高，二是涂层老化快，使用寿命有限。

5.2.2　建筑保温材料的发展方向

从建筑保温材料的材质和品种上看，国内外对以聚苯乙烯为主要原料的保温材料研究相对广泛。虽然聚苯板具有良好的保温效果，但由于板材的特点使其不适应外形较复杂的建筑物的保温，施工工艺较复杂，综合成本高。同时，由于聚苯板的憎水性与常规的亲水性材料不适应，导致其容易出现面层砂浆开裂、脱落、空鼓等质量问题，对建筑物的外装饰或施工构成了很大制约。

不定型的浆体保温材料可以克服板材类的这些不足，因此它构成了建筑保温隔热材料的重要组成部分。欧美等发达国家在浆体保温材料的研究与应用方面技术较为成熟，以轻质多功能复合浆体保温材料为主。此类浆体保温材料的各项性能较传统材料明显提高，如具有较低的导热系数和良好的使用安全性及耐久性等。同时，这类复合浆体保温材料又具有优异的功能性，如无氟利昂阻燃型聚氨酯泡沫复合浆体保温材料、超轻质全憎水硅酸钙浆体保温材料等，可以满足不同使用条件的要求。

我国隔热保温材料发展迅速，产品包括聚苯乙烯泡沫塑料板、岩物棉板、聚苯颗粒保温料浆、发泡水泥等，已经初步形成规模的保温材料生产和技术体系。据不完全统计，我国市场保温材料年工程量约 1 500 万 m^3，外墙外保温企业已有300 多家。但由于我国幅员辽阔，保温原材料分布不均，经济发展不平衡，因此建筑保温材料在各地的应用情况差异较大，并且普遍存在生产工艺水平和应用率水平较低的问题。为使保温材料及技术逐渐向高性能、高效率、高环保的方向发展，在选择保温材料时应综合考虑当地的生产原料、经济发展水平、施工技术等因素，组建专业工程队伍，进行专业化施工，力求降低成本，提高施工效率，减少能源消耗和环境污染。我国正大力开发质量稳定可靠的保温产品，如聚苯颗粒保温料浆正得到不断的推广和应用。作为新型复合保温材料的代表，它结合了水泥的施工优点和高分子材料的保温优点，综合性能尤为突出，再配以引气剂、憎水剂等外加剂，应用前景非常广阔。

从无机质材料到有机质高分子材料再到复合型材料，保温材料的发展日新月异。为克服自身的使用缺陷，无机保温材料研究重点应放在减少生产过程中能源的消耗、限制灰尘和纤维的排放、减少黏结剂的用量；有机保温材料研究重点应放在找出更合适的发泡剂以改进材料的阻燃性能和降低材料的生产成本。此外，国外非常重视保温材料工业的环保问题，积极发展绿色保温材料制品，从原材料准备（开采或运输）、产品生产及使用和日后的处理问题，都要求最大限度地节约资源和减少对环境的危害。保温材料工业是国外资源重新回收利用的一个很成功的典型。可见，未来保温材料发展的趋势除了注重保温效果，还要兼顾更多方面。

5.2.2.1　更加注重防潮防水性能

材料的吸水率是选用保温材料时应该考虑的一个重要因素，常温下水的导热系数是空气的 23.1 倍。绝热材料吸水后不但会大大降低其绝热性能，而且会加速对金属的腐蚀，是十分有害的。保温材料的空隙结构分为连通型、封闭型、半封闭型几种，除少数有机泡沫塑料的空隙多数为封闭型外，其他保温材料不管空隙结构如何，其材质整体吸水率均很高。我国大多数保温绝热材料均不憎水、吸水率高，因此对外护层的防水要求严格，增加了外护层的费用。目前改性剂中有机硅类憎水剂，是保温材料较通用的一种高效憎水剂，它的憎水机理是利用有机硅化合物，与无机硅酸盐材料之间较强的化学亲和力，来有效地改变硅酸盐材料的表面特性，使之达到憎水效果。它具有稳定性好、成本低、施工工艺简单等特点。

5.2.2.2　运用新的纳米技术

随着纳米技术的不断发展，纳米材料越来越受到人们的青睐。目前，已经出现几种新型保温材料，如纳米孔绝热材料、复合绝热材料、石棉代用品等。纳米孔硅质保温材料就是纳米技术在保温材料领域新的应用，组成材料内的绝大部分气孔尺寸宜处于纳米尺度。根据分子运动及碰撞理论，气体的热量传递主要是通过高温侧的较高速度的分子，与低温侧的较低速度的分子相互碰撞传递能量。由于空气中的主要成分氮气和氧气的自由程度均在 70 nm 左右，纳米孔硅质绝热材料中的二氧化硅微粒构成的微孔尺寸小于这一临界尺寸时，材料内部就消除了对流，从本质上切断了气体分子的热传导，从而可获得比无对流空气更低的导热系数。玻璃棉是人造矿物纤维的一种，其制品容重小，导热系数低，热绝缘和吸声性能好，具有耐腐蚀、耐热、抗冻、抗震等优异性能，并且施工方便、价格便宜，是一种新型工业保温材料。近年来，玻璃棉及其制品产品质量不断提高，品种不断增多（有玻璃棉毡、缝毡、贴面层缝毡、管壳和棉板等），已广泛地被应用到石油、化工、交通运输、车船制造、机械制造、工业建设等方面。

5.2.2.3　研制多功能复合保温材料

目前使用的保温材料在应用上都存在着不同程度的缺陷：硅酸钙在含湿气状态下，易存在腐蚀性的氧化钙，并由于长时间内保有水分，不易在低温环境下使用；玻璃纤维易吸收水分，不适于低温环境，也不适于 540℃ 以上的温度环境；矿物棉同样存在吸水性，不宜用于低温环境，只能用于不存在水分的高温环境下；聚氨酯泡沫与聚苯乙烯泡沫不宜用于高温下，而且易燃、收缩、产生毒气；泡沫玻璃由于对热冲击敏感，不宜用于温度急剧变化的状态下。所以为了克服保温隔热材料的不足，需要加大投入研制更多轻质多功能复合保温材料。

5.3　"耐候钢"建筑骨骼与能发电的"膜皮肤"

低碳建筑新材料的种类很多，在日常的建筑中都可以看到它们的身影，而建筑骨骼——"耐候钢"和能发电的"膜皮肤"是低碳建筑新材料中的典型代表，下面就重点围绕这两种低碳建筑新材料进行介绍。

5.3.1 建筑骨骼——"耐候钢"

5.3.1.1 耐候钢的概念和分类

日常我们使用的各种建筑材料如钢铁、涂料、建筑用塑料、橡胶制品等，由于暴露在空气中，尤其是在室外环境中要经受气候的考验，如光照、冷热、风雨、细菌等造成的综合破坏，我们把建筑材料的耐受能力称为耐候性。而作为建筑主要材料的钢铁在气候变化中最容易出现的就是锈蚀，而这也正是钢结构损坏的主要原因之一。据美国、日本、加拿大等国的报告显示，每年腐蚀生锈的钢铁约占钢铁年产量的 20%[①]。人们解决大型钢结构的防腐蚀问题的方法主要有以下三种：① 通过加大腐蚀余量，这一方法会造成原材料的不必要浪费，造成更多的资源消耗和温室气体排放；② 涂以防锈油漆，但因为需要定期对防锈油漆进行维护性重涂，造成维护成本提高，有时还会影响正常使用；③ 在结构中使用金属涂覆层进行保护，主要是热浸镀或喷涂锌或铝，利用镀层金属的阴极保护性能延长钢结构寿命，但应用金属涂覆层也存在着成本较高、污染环境、大型构件应用困难，以及不易焊接等问题。耐候钢的出现较好地解决了钢铁腐蚀的问题，并避免了以上三种方法的弊端，成为人们解决钢铁锈蚀的主要方法。耐候钢又称耐大气腐蚀钢，是通过在普通钢中添加一定量的合金元素制成的一种低合金钢，主要合金成分为 Cu、P、Cr、Ni 等元素。耐候钢的特点是能够抵御自然大气条件下的腐蚀，耐候钢初期同普通碳钢一样也会锈蚀，但由于钢表面 Cu、P 等微量元素富集，就会形成一层致密的非晶态锈层组织，并与基体结合得非常牢固。这层稳定化锈层能够在一定程度上抵御大气中水汽及有害离子的侵入，防止基体金属出现进一步腐蚀。耐候钢最大的优点是除了在严重大气污染或特别潮湿的地区以外都可以不涂漆裸用，这就极大地降低了建筑材料的安装成本和后期维护成本。

根据耐候钢的用途和性能特点，我们可以把耐候钢分为两类：一类是侧重于耐候钢的耐大气腐蚀性能，钢中的耐腐蚀合金元素以 Cu-P 为基础，含有 0.07%～0.15%的 P，我们称之为高耐候性钢，这类钢主要用于建筑的结构件中。我国生产的耐候结构钢（GB/T 4171—2008）系列、美国的 ASTMA 242 系列是此类的代表。另一类是既考虑材料的耐大气腐蚀性，又考虑其焊接性能，主要是限制了 P 的含量，一般限制 P 的含量小于 0.04%，我们称之为焊接结构用耐候钢，主要用于桥梁、建筑等大型焊接结构中，我国生产的 GB/T 4171 系列、美国的 ASTMA 588

① 李泽文，王海平. 我国防腐涂料行业的现状与市场前景分析[J]. 中国涂料，2012（1）：11.

系列属于此类。[①]

5.3.1.2　耐候钢的发展历程

1900 年，欧美科学家首次发现铜可以改善钢在大气中的耐蚀性能，1916 年，美国实验和材料学会（ASTM）开始了大气腐蚀研究。20 世纪 30 年代，美国的 U.S.Steel 公司首先研制成功了耐腐蚀高强度含铜低合金钢——Corten 钢，随后耐候钢的研究和应用在美国、日本和欧洲各地开始迅速发展起来，其中最普遍应用的是高磷、铜+铬、镍的 Corten A 系列钢和以铬、锰、铜合金为主的 Corten B 系列钢。

20 世纪 60 年代，我国开始进行耐候钢的研究和大气暴露试验，1960 年前后，武钢利用其铁矿中含铜，首先在国内进行了含铜耐候钢的研究和开发工作。1961 年，我国开始试制 16MnCu 钢，1965 年成功试制出 09CuPTi 薄钢板，1967 年将耐候钢首次用于铁道车辆耐候试验中，1984 年我国制定了高耐候性结构钢国家标准。从此以后，国内各家企业开始纷纷研制各种耐候钢材料，典型代表如鞍钢集团的 08CuPVRE 系列、武钢集团的 09CuPTi 系列、济南钢铁公司的 09MnNb、上海第三钢铁厂的 10CrMoAl 和 10CrCuSiV 等。

5.3.1.3　耐候钢在现代建筑中的应用。

耐候钢的快速发展，解决了钢铁锈蚀的问题，同时也为现代建筑的发展提供了重要的建筑材料。耐候钢的大规模使用是从 1960 年开始的，最初的耐候钢主要应用于铁道、车辆、桥梁、塔架等长期暴露在大气中使用的钢结构中。1961 年，美国第一次将耐候钢材用于马萨诸塞州 Pittsfield 近郊的输电塔上[②]，从此以后耐候钢在欧美发达国家得到快速推广和应用。

耐候钢在现代桥梁中的应用是其主要用途之一。1964 年美国在世界上首次将耐候钢应用于新泽西高速公路的桥梁上，揭开了耐候钢在现代桥梁建筑中的大规模应用，1977 年美国建成了世界上最大跨度的上承式耐候钢拱桥——新河峡大桥（New River Gorge Bridge），成为当时世界上最高的桥梁，也是耐候钢应用于现代桥梁的标志性建筑。而耐候钢桥梁建筑的应用比较广泛的国家就是日本，日本作为一个濒临海洋的岛国，国土的绝大部分都直接与海洋相邻，而海洋带来的空气中含有大量的海盐成分，再加上亚热带（温带）海洋性季风气候带来了很多的降雨和潮湿的空气，直接导致日本桥梁建筑的设计中尤其要重视抵御建筑材料的腐

---

① 秦树超，董志强. 耐候钢的发展及技术难点浅析[C]//河北省 2010 年炼钢—连铸—轧钢生产技术与学术交流会论文集，2010：17-19.

② 王向红，张楷，吴晓锋，等. 耐候钢在输电铁塔中应用的全寿命分析[J]. 山东工业技术，2013（13）：31.

蚀问题。1969 年，日本建成其国内第一座耐候钢桥——知多 2 号桥，1985 年制定颁布了《无涂装耐候性桥梁设计施工要领》，确定了无涂装的耐候钢桥适用海岸环境飞来盐分的判断标准，即飞来盐分量小于 0.05 mg/（100 cm² · d）的地区可以使用无涂装耐候钢。[①]目前，日本在耐候钢材生产加工、桥梁设计建造及维护维修等方面已经积累了大量经验技术也较为成熟，全国约 70%的 I 形钢梁和混凝土桥面板组合梁使用了耐候钢。在我国，耐候钢应用于现代桥梁起步较晚。1989 年，由铁道部科学研究院研究开发，武钢集团试制，宝鸡桥梁厂制造了三孔耐候钢箱梁，钢号 NHq35，作为实验将其中一孔梁使用，其余两孔涂面漆，1991 年架设于京广铁路巡司河上，是我国第一座耐大气腐蚀钢桥，经过 5 年的挂片实验结果表明，耐大气腐蚀性能比普通的碳钢提高 1.5～2 倍。[②]进入 21 世纪，伴随着中国经济快速的发展，桥梁建设的步伐也不断加快，桥梁建设从最初的只考虑强韧性、抗冲击性和焊接性等方面外，开始对桥梁的跨度、耐气候腐蚀、结构造型需求等方面也提出了新的要求，同时在资源节约型与环境友好型社会发展的背景下，低碳绿色新建材耐候钢也开始进入快速的发展阶段。2011 年 1 月，世界上设计荷载最大的高速铁路大桥——南京大胜关长江大桥建成通车，该桥梁 336 m 的长度名列世界同类高速铁路桥之首，代表了中国当前桥梁建造的最高水平。该桥梁就采用了武钢在国内率先研制的新型高强度耐候铁路桥梁钢 WNQ570，除了具有高强度、高韧性和优异的焊接性外，还具有良好的耐候性，相对于 09CuPCrNi 的箱底腐蚀率仅 0.63。

随着人们对居住、工作、生活环境舒适度要求的提高，对建筑的需求也发生了改变，各类高层建筑、超高层建筑、大跨度建筑和轻钢轻板建筑工程不断出现，人们要求建筑具有更安全、更坚固、更节能、更美观、更适用的功能，这也使得建筑骨骼——耐候钢开始更多地应用于各类现代建筑中，尤其是在对防腐蚀、防火、轻钢轻板等有特殊需求的建筑中。由武钢 2001 年研制的高性能耐火耐候建筑用钢，具有优良的综合力学性能，在 600℃温度下的屈服强度均高于其室温下屈服强度的 2/3，完全满足建筑结构用钢耐火安全性的强度许用指标，同时该材料具有优良的耐候性，明显优于普通建筑用钢。这一钢材一经研发就大规模运用于国家大剧院、中国残疾人体育艺术培训基地等重大工程。在国家大剧院中近 50 根，每根口径达半米多的耐火耐候钢管劲性柱，经过涂薄层防火材料后，在 1 080℃大火中燃烧 150 min 后依然挺立不倒，作为国家大剧院的歌剧院、音乐厅、戏剧院 3

---

① 汪磊，刘向南，等. 日本的耐候钢桥技术[J]. 公路交通科技，2014（5）：257.
② 郭爱民，等. 我国桥梁用钢的现状及耐候桥梁钢的发展[J]. 中国钢铁业，2008（9）：44.

个剧场中的承重结构体现出极大的安全性。在中国残疾人体育艺术培训基地的游泳馆建设中也采用了这种耐火耐候钢材料，既较好地解决了游泳池潮湿环境对建筑材料的腐蚀又避免使用粗大、笨重的钢筋混凝土材料创造了一个安全、宽大的空间环境，满足了使用者的需求。在 2010 年上海世博会上，也可以看到耐候钢的身影，卢森堡大公国国家馆、澳大利亚国家馆都采用了各种类型的耐候钢。耐候钢作为现代建筑骨骼与传统钢铁材料对比的优点日益凸显，必将会成为引领低碳建筑发展的绿色建筑材料。

5.3.1.4　耐候钢未来展望

耐候钢的未来发展将围绕高寿命、低成本、高耐候性 3 个新特性去发展。目前的研究主要集中在成分、结构及组织方面的研究，期望在这些能改变材料性能的内因上获得突破。当前大部分耐候钢在热轧、正火或退火状态下使用，显微组织均属平衡态组织，由铁素体和少量珠光体组成，钢的强度较低，因此这种组织未必是耐候钢的最佳组织和最佳相组成及分布，至少不是唯一对耐候钢可取的显微组织及结构。只有通过成分、结构和组织的研究，才能挖掘这一建筑材料的潜力，进一步提高耐候钢的综合性能。

同时耐候钢的发展又呈现出多样化和专业化发展的趋势，如对应用于火车车辆部件、集装箱等原料的耐候钢，要求采用高强度耐候钢，这样才能使产品生产成本降低、有效载荷提高、能源消耗下降，而对于工业大气腐蚀严重的建筑环境则需要采用添加钼的特种耐候钢。根据腐蚀环境的不同，耐候钢向专用性、特殊用途化发展，耐海水腐蚀钢、耐海洋性气候腐蚀钢、耐酸性气候腐蚀钢和耐热带气候腐蚀钢等专用钢种也不断地被研发生产出来。

5.3.2　能发电的"膜皮肤"

在环境资源日趋紧张的现代社会，各种清洁能源和可再生能源因其本身具备的无污染、可再生特点，受到世人的关注，各种运用可再生能源的新材料也层出不穷。太阳能作为主要的清洁能源和可再生能源理所当然受到大家的关注，目前运用太阳能的主要途径包括光热利用、发电利用、光化利用和燃油利用四种。而在发电利用中则是依靠光电转换或者是光热电转换两种方式进行。"膜皮肤"正是利用太阳能的光电转换实现其发电功能，成为节能环保的低碳新建筑材料代表。

5.3.2.1　薄膜太阳能电池的发展历史

1839 年，法国科学家贝克雷尔（Becqurel）发现，光照能使半导体材料的不同部位之间产生电位差。这种现象后来被称为"光生伏特效应"，简称"光伏效应"。1954 年，美国科学家恰宾和皮尔松在美国贝尔实验室首次制成了实用的单晶硅太阳电池，诞生了将太阳光能转换为电能的实用光伏发电技术。光伏发电技术从诞生那天起就以清洁、绿色、可再生引领世界新能源的发展。在光伏发电技术的发展进程中，作为光伏发电的核心部件——太阳能电池最初主要以晶硅太阳能电池为主，21世纪初之前，超过89%的光伏市场由晶硅太阳能电池所占领，而薄膜太阳能电池在这一时期的市场占有率在10%左右。[①]

进入21世纪，伴随着人们对太阳能利用的快速推广，市场对晶硅的需求量也不断扩大，直接导致晶硅的价格水涨船高，自2003年以来，晶体硅太阳能电池的主要原料多晶硅价格已经上涨了20多倍，从最初的20美元/kg飞涨到2008年下半年的历史最高点500美元/kg。面对高昂的成本，人们开始将目光聚焦到硅原料消耗量只及晶硅太阳能电池1%的非晶硅薄膜太阳能电池。与晶硅太阳能电池相比，薄膜太阳能电池具有以下优点：

（1）材料省，成本低。薄膜电池主要原材料是玻璃和多种气体（硅烷、硼烷等），使用少于 1 μm 厚度的非晶硅吸收太阳光，而常规晶硅技术使用近 200 μm 厚实的晶体，硅用量是普通晶硅电池的1/100，大大降低了材料成本；且便于采用玻璃、不锈钢等廉价原材料作为衬底，不会受到原料短缺的限制；工艺集成度高，适宜大规模自动化生产，由此也将大幅降低成本。

（2）弱光性好，适合各种气候。薄膜电池采用的非晶微晶叠层结构设计可使光谱响应从可见光扩展到红外线区域，较晶体硅具有更加宽频的光谱能量吸收效应，使电池在弱光环境或散射光、阴、云、雨天环境条件下，也能发电。同时薄膜电池还具有相比晶硅电池更低（仅为晶硅的一半）的耐高温衰减系数，所以更适合于高温、沙漠及潮湿地区严苛条件下的应用环境特性，表现出耐高温、耐潮湿品质的稳定性。

（3）安装简便，特别适合现代建筑采用。薄膜太阳能电池根据需要制作成不同的透光率，代替玻璃幕墙，既有漂亮的外观、能发电，又能很好地阻挡外部红外线进入和内部热能散失，而且基本不受安装角度局限，发电功率受阴影影响较小。由于弱光效应以及对安装角度要求不强，既适合于强光、直射光，也适合散射光和反射光。

正因为薄膜太阳能电池较晶硅太阳能电池具有无可比拟的潜力和优越性，在越来越多的光伏建筑一体化的设计和施工中开始选用薄膜太阳能电池为建筑物打造一层既低碳绿色又美观实用的膜皮肤。

---

① 高敏苓，贾金平，宋文华，等. 薄膜太阳能电池的研究现状与分析[J]. 资源节约与环保，2011（4）：68.

5.3.2.2 薄膜太阳能电池的分类

薄膜太阳能电池可以分为硅基类薄膜太阳能电池、无机化合物类薄膜太阳能电池、有机薄膜类太阳能电池和染料敏化类薄膜太阳能电池四类，其优缺点见表 5-2。

表 5-2 薄膜太阳能电池分类及其特点

种类	分类	优缺点
硅基类薄膜太阳能电池	非晶硅薄膜太阳能电池	优点：质量轻且光吸收系数高；开路电压高；抗辐射性能好，耐高温；制备工艺和设备简单，能耗少；可以淀积在任何衬底上且淀积温度低；时间短，适于大批量生产 缺点：光学禁带宽度为 1.7 eV，使得材料本身对太阳辐射光谱的长波区域不敏感，从而限制其光电转换效率；光电转换效率会随着光照时间的延长而衰减，使得电池效能很不稳定
	多晶硅薄膜太阳能电池	优点：具有晶体硅太阳能电池的高效、稳定、无毒（或毒性很小）及材料资源丰富的优势；省材料、低成本且光照稳定性强 缺点：多晶硅薄膜的晶粒形态、晶粒尺寸、晶粒晶界、膜厚以及基体中有害杂质的含量及分布方式严重影响着其对太阳光的吸收和载流子的复合，沉积速率不高
	微晶硅薄膜太阳能电池	优点：制备技术能与现有非晶硅薄膜太阳能电池的制备技术兼容，几乎不存在光致衰退效应 缺点：吸收系数低、沉积速率较慢、带隙较窄
无机化合物类太阳能薄膜电池（多元化合物薄膜太阳能电池）	CdTe 碲化镉薄膜太阳能电池	优点：成本低，转换效率高且性能稳定，CdTe 基电池结构简单，成本相对较低 缺点：剧毒
	铜铟硒 CIS（CIGS）薄膜太阳能电池	优点：成本低，性能稳定，无光诱导衰变且抗辐射能力强 缺点：材料的性质易变；目前的制备工艺（真空蒸发法和溅射法）容易造成原料浪费；In 为稀有元素
	砷化镓（GaAs）薄膜太阳能电池	优点：光电转换率高，耐高温性能好，抗辐射能力强等，被公认为新一代高性能长寿命空间主电源 缺点：Ga 比较稀缺，而 As 有毒且制造成本高
有机薄膜类太阳能电池		优点：大面积、易加工、毒性小、成本低 缺点：光电转换效率与稳定性不够好，并且寿命短
染料敏化类薄膜太阳能电池（纳米晶薄膜太阳能电池）	染料敏化 TiO_2 薄膜太阳能电池	优点：原料廉价、制作工艺简单、寿命长、性能相对稳定和衰减少 缺点：光电转换效率不高
	染料敏化 ZnO 薄膜太阳能电池	优点：电子在 ZnO 中的迁移率大；ZnO 的制备方法更加多样化 缺点：光电转换效率与稳定性不够好

资料来源：章诗，等. 薄膜太阳能电池的研究进展[J]. 材料导报，2010，5（5）：126-129.

5.3.2.3 光伏建筑一体化

人类在探索利用太阳能的进程中经过不断的实践与摸索，发现太阳能在建筑上应用的最为有效的方法之一就是采用光伏建筑一体化 BIPV（Building Integrated PV，PV 即 Photovoltaic）技术，该技术是将太阳能光伏发电方阵安装在建筑的围护结构外表面，这样可以通过建筑物上镶嵌的光伏发电系统为建筑物提供清洁可再生的能源，减少建筑物的常规电力消耗，降低供电高峰负荷，为建筑物创造舒适的、适宜人类生活和工作的环境。同时还通过并网逆变器、控制装置与公共电网连接起来组成并网发电系统。

光伏建筑一体化的优点主要包括：

（1）可以最大限度地利用建筑物屋顶和幕墙，不需要另外占用宝贵的土地资源，这对于土地昂贵的现代城市显得尤为重要。

（2）可通过原地发电、原地用电，在一定程度上可以节省输供电网的投资。对于联网户用系统，光伏阵列所发电力既可供给本建筑物负载使用，也可送入电网，产生一定的经济效益。

（3）能有效地减少建筑物的能耗，实现低碳绿色建筑节能。由于光伏并网发电系统在白天阳光照射时的发电占到主体，而该时段也正是电网用电的高峰期，从而降低额定用电高峰需求。

（4）光伏组件一般安装在建筑的屋顶及墙的南立面上直接吸收太阳能，因此建筑集成光伏发电系统不仅提供了电力，而且通过一定的技术手段还能降低墙面及屋顶的温升，减少温度控制而产生的能耗。

（5）并网光伏发电系统没有噪声、没有污染物排放、不消耗任何燃料，具有绿色环保概念，可增加建筑的综合品质。

根据光伏方阵与建筑结合的方式不同，光伏建筑一体化可分为两大类：一类是光伏方阵与建筑的结合，另一类是光伏方阵与建筑的集成。2009 年 4 月，财政部、住房和城乡建设部为指导与规范太阳能光电建筑应用示范项目申报，曾下发了《关于印发太阳能光电建筑应用示范项目申报指南的通知》，在通知中将光伏建筑一体化的安装方式分为建材型、构件型和与屋顶、墙面结合安装型 3 种。建材型是指将太阳能电池与瓦、砖、卷材、玻璃等建筑材料复合在一起成为不可分割的建筑构件或建筑材料，如光伏瓦、光伏砖、光伏屋面卷材、玻璃光伏幕墙、光伏采光顶等；构件型是指与建筑构件组合在一起或独立成为建筑构件的光伏构件，如以标准普通光伏组件或根据建筑要求定制的光伏组件构成雨篷构件、遮阳构件、栏板构件等；与屋顶、墙面结合安装型是指在平屋顶上安装、坡屋面上顺坡架空安装以及在墙面上与墙面平行安装等形式。[①]

在光伏方阵与建筑结合的两种方式中，光伏方阵与建筑的结合是一种常用的形式，特别是与建筑屋面的结合。由于光伏方阵与建筑的结合不占用额外的地面空间，是光伏发电系统在城市中广泛应用的最佳安装方式，因而备受人们的关注。早期的光伏建筑只是将光伏产品安装在建筑物的屋顶上，在当时的技术条件下，组件方阵通常被平行地安装在屋顶表面。而商业建筑的屋顶通常是平坦的，安装光伏系统的时候需要使用精心设计的支架，并将光伏产品架起一定的倾斜角度。这样的安装和设计一方面因为屋顶的面积有限，可以安装的光伏产品数量较少，难以达到为建筑物提供可持续能源的目的，另一方面因为早期的光伏产品主要是晶硅太阳能电池，体积大、重量重，需要专门安装支架来进行固定，这就增加了施工和维护的成本，同时还直接破坏了建筑物原有的美观设计，有的甚至还会对建筑原有的防水层和保温层产生影响。

而薄膜太阳能电池的出现就很好地解决了这些问题，它与晶硅太阳能电池相比体积更小、重量更轻，安装和维护成本也较低，更适合在建筑物各个建筑立面上安装。1998 年天津能源投资集团有限责任公司下属的全资子公司尤尼索拉公司开始大规模商业化生产柔性光伏组件——柔性非晶硅薄膜太阳电池组件并开始投入市场[②]。这种电池组件能直接冷黏于原有屋面金属板或单层防水卷材上，不需要额外安装支架系统。因此，不但不会破坏屋顶防水结构，而且能够延长原有屋面材料的使用年限，并符合建筑美观的要求。2008 年承接北京奥运会体育赛事的国家体育馆采用的就是光伏方阵与建筑结合的太阳能光伏并网发电系统，总安装容量为 102.5 kW，安装面积约为 1 000 m^2。太阳能电池板分别安装在屋顶采光天窗上方和南立面的玻璃幕墙，除了实现建筑物遮阳、采光、挡雨的维护功能之外，年发电量可达 7×10^5 kW·h，相当于节约标煤 170 t，减少二氧化碳排放 570 t。

5.3.2.4　建筑用薄膜太阳能电池未来发展方向

光伏方阵与建筑的结合是目前运用薄膜太阳能的主流，这与光伏技术发展的水平、现有的建筑技术的发展阶段是密不可分的。我们希望在原有的建筑上通过改造来实现建筑发电节能降耗的目标，同时又考虑到改造的成本和现有的技术水平，所以选择了光伏方阵与建筑的结合方式。但是可以预见伴随着城市建设步伐的加快和新技术、新材料的突破，光伏方阵与建筑的集成是未来发展的主流方向，薄膜太阳能电池将在光伏器件与建筑材料集成化的发展中发挥至关重要的作用。

---

① 中华人民共和国中央人民政府网站，http：//www. gov. cn/zwgk/2009-04/20/content_1290550. htm.

② 董磊. 柔性非晶硅薄膜太阳能电池组件与光伏建筑一体化[J]. 中国建筑防水，2010（22）：43.

利用薄膜太阳能电池技术将光伏器件直接代替建筑材料，生产光伏玻璃幕墙、太阳能电池瓦等，这样不仅可开发和应用新能源，还可与装饰美化合为一体，达到节能环保效果，是今后发展光伏建筑一体化的趋势，也为薄膜太阳能电池的发展提供了广阔的空间。

5.4 清华大学超低能耗示范楼与中国美术学院低碳建筑群

伴随着科学和技术水平的不断发展，新材料和新技术在低碳建筑中的作用也日益凸显，人类建筑的舒适程度和节能环保水平得到不断提高。世界各国也在低碳新材料的发展领域内结合本国的国情发展各种低碳建筑新材料，形成了各具特色的建筑新材料格局。为了加快这些新材料和技术的推广和应用，各国也纷纷建设各种低碳示范楼，如采用太阳能电池板、真空保温板等材料的德国 IKAROS House，运用具有防水、透光功能的气垫膜作为体育场外壳填充物的中国"鸟巢"体育馆，采用了冷冻天花板和光电力循环木制天窗挂毯的澳大利亚墨尔本市政府办公楼等。下面我们将重点介绍清华大学的超低能耗示范楼与中国美术学院低碳简易楼采用新材料新技术的情况。

5.4.1 清华大学的超低能耗示范楼

5.4.1.1 清华大学低碳节能楼的概况

2005 年 3 月 22 日正式落成的清华大学超低能耗示范楼坐落于清华大学东区，是我国首座超低能耗示范楼。整个建筑由地下 1 层、地上 4 层组成，占地面积为 560 m²，建筑面积 3 000 m²。示范楼集成了国内外科研单位和制造企业的近百项建筑节能和绿色建筑的新材料新技术。中国、美国、德国、日本、丹麦等国家近 50 家企业向示范楼捐赠了各种节能产品和技术，清华大学超低能耗示范楼也正因为集成了全世界最先进的技术和材料使其实现了电耗降低 7 成，夏季空调能耗降低 9 成，冬季采暖几乎零耗能的目标。[①]清华大学低碳节能楼由围护结构方案、室内环境控制系统方案等四大方案系统构成。

（1）围护结构方案。超低能耗示范楼外围护结构体系主要是针对可调控的"智能型"外围护结构进行研究，使其能够自动适应气候条件的变化和室内环境控制要求的变化。通过围护结构的节能设计，使得冬季建筑物的平均热负荷仅为 0.7 W/m²，最冷月的平均热负荷也只有 2.3 W/m²，围护结构的负荷指标远小于常

---

① 汪红蕾. 顶级技术内核演绎"梦幻"节能效果[N]. 中华建筑报，2005-03-29：1.

规建筑，如果考虑室内人员灯光和设备等的发热量，基本可实现冬季零采暖能耗。夏季最热月整个围护结构的平均得热也只有 5.2 W/m²。

（2）室内环境控制系统方案。室内环境控制系统有限，考虑被动方式，用自然手段维持室内热舒适环境。根据北京地区的气候特点，春秋两季可通过大换气量的自然通风来带走余热，保证室内较为舒适的热环境，缩短空调系统运行时间。

（3）能源系统方案。采用了冷热电三联产（Building Cooling Heating & Power，BCHP）系统，是以天然气为一次能源，同时产生冷、热、电 3 种二次能源的联产联供系统。超低能耗楼采用固体燃料电池及内燃机热电联供系统发电后的余热冬季用于供热，夏季则当作低温热源驱动液体除湿新风机组，用于溶液的再生。

（4）测量和控制系统方案。测量和控制系统方案主要是由智能化的控制系统与实时测量系统组成。控制系统采集工作区各点的照度数据，调节百叶的角度和人工照明的灯具。示范楼屋顶布置气象参数测点，测量数据包括室外温度、湿度、风速、太阳辐射强度。围护结构的测试包括各玻璃、窗框、遮阳百叶、保温墙体的表面温度、热流。

5.4.1.2　清华大学低碳节能楼的新材料

为了构成超低能耗示范楼外四大方案系统，实现降低建筑能耗的目的，在设计和建设过程中，清华大学超低能耗示范楼中采用了不少新的建筑材料和技术，溶液除湿、个性送风、光电玻璃、相变蓄热架空地板、碟式太阳光收集器、单元式窄通道外循环双层皮幕墙、真空玻璃、电动可调垂直外遮阳、铝合金断热内开窗等一个个新技术新材料在这座大楼里"汇聚一堂"。

（1）新型节能环保幕墙。清华大学超低能耗示范楼采用的新型节能环保幕墙，是由国内企业自行研发并拥有自主知识产权的高新技术产品。节能环保幕墙具有独特的双层幕墙结构，具有通风换气、环保、节能的功能，保温、隔声性能效果显著。而通过系统集成配置，传热系数 K 值达 1.0 W/（m²·K），隔声量达 40 dB，比普通的中空玻璃幕墙节能 50%以上，该幕墙将使地面以上建筑材料的可再生利用率超过 80%；新型隔热窗设计传热系数 K 值达到 1.6 W/（m²·K），隔声量达 35~38 dB，与传统隔热窗相比，节能达 30%以上。

（2）低辐射镀膜玻璃。这是一种因为镀膜层具有极低的表面辐射率而得名的玻璃，它对远红外热辐射的反射率很高，具有阻隔热辐射直接透过的作用。冬季，它对室内散热片及室内物体散发的远红外线，几乎像绝缘镜一样，全部反射回室内，保证室内热量不向室外散失，从而可以节约取暖费用；夏季，它可阻止室外地面、建筑物发出的热辐射进入室内，节约空调费用。而它对可见光的透过率适中，可见光反射率低，又可避免光污染的产生。研究表明，建筑物使用低辐射镀膜玻璃的中空玻璃窗，可比单层普通玻璃窗节能 75%左右。虽然节能玻璃的成本要比普通玻璃高一些，但其多支出的费用完全可以在两三年内用节能收益补偿回来。

（3）光伏玻璃。清华大学超低能耗示范楼安装的光伏玻璃面积有 30 m^2 左右，峰值发电能力为 5 kW。其发出的电主要用于开启百叶和玻璃幕墙上的窗扇，窗式电池是透光的，可以直接安装在窗框上，不仅是发电设备，而且还可以作为装饰与建筑物融为一体，成为建筑物的一部分。玻璃窗式太阳能单晶硅高效电池，使用两层平板玻璃，中间封有膜状电解液和导电膜，形成夹层结构。电池虽带有颜色但可以透过光线，这样无论室外射入的阳光还是室内照明的光线都可以转化为电能。

（4）相变蓄热地板。清华大学低能耗示范楼的围护结构由玻璃幕墙、轻质保温外墙组成，热容较小，低热惯性容易导致室内温度波动大，尤其是在冬季，昼夜温差会超过 10℃。为增加建筑热惯性，以使室内热环境更加稳定，示范楼采用了相变蓄热地板的设计方案。具体做法是将相变温度为 20～22℃的定型相变材料放置于常规的活动地板内作为部分填充物，由此形成的蓄热体在冬季的白天可蓄存由玻璃幕墙和窗户进入室内的太阳辐射热，晚上材料相变向室内放出蓄存的热量，这样室内温度波动将不超过 6℃。

（5）复合保温铝板。这是一种表面喷涂含 KYNAR-500 达 70%的氟碳聚合物树脂，经过这种氟碳喷涂的铝板表面，能够达到当前国际上建筑界公认的美国 AAMA60.5.2.92 质量标准，抗酸雨、抗腐蚀、抗紫外线能力极强，可保证涂层 20 年以上不褪色、不龟裂、不脱落、不变色。这种保温铝板夏天有良好的隔热作用，冬天又能减少向天空的辐射，降低建筑物因为温度控制而产生的能耗。保温铝板安装可在框架结构完成或轻质墙体砌块完成时，直接干挂，外墙不必抹灰找平，较传统的外保温做法工艺更加简单。保温铝板质轻，每平方米质量约为 7 kg，使建筑结构荷载大大减轻。最重要的是保温铝板是一种可以回收再加工利用的资源，使用到一定年限建筑拆除后仍可经过加工重新制成其他铝型材，可大大节约有限的资源。

5.4.2 中国美术学院低碳建筑群

5.4.2.1 中国美术学院低碳建筑群的概况

中国美术学院（以下简称"中国美院"）低碳简易建筑群位于中国美术学院的象山校区，这一校区环绕高约 50 m 的象山，两条从西侧大山流来的小河从山的南北两侧绕过，在象山东端合并，蜿蜒流入宽阔的钱塘江，整个校区的地形具有典型的江南丘陵山地特征。象山校区的建设分为一期和二期，象山北侧是校园的一期工程，于 2001 年设计，2004 年建成，是由 10 座建筑与两座廊桥组成的建筑群，建筑面积约 7 万 m²；位于象山南侧的二期工程有主体建筑 12 幢，建筑面积近 8 万 m²。象山校园的整体设计成功地将中国传统建筑技巧与低碳环保等理念整合于一体，在形成一种新的景观艺术形式的同时，有效地符合了时代的发展主题——低碳、环保理念，因此我们将象山校区的建筑命名为低碳建筑群。象山校区的总设计师王澍教授也因此获得了素有建筑界诺贝尔奖之称的"普利兹克奖"。

5.4.2.2 低碳建筑理念在中国美院低碳建筑群的体现

作为具有近百年历史的中国美术学院新建校园，象山校区的建筑和景观从校区原始的山水地貌和地形特征入手，建筑群景观设计时顺应地形走势特征，充分发挥自然园林与植被的碳汇、自净功能。在建筑材料的选取和建筑的构形设计中，体现设计者独具匠心的低碳建筑理念，实现了节材降耗的低碳目标。

象山校区除了建筑设计基于生态理念的自然原则之外，在建筑设计和施工过程中还采用了很多低碳理念和原则。

（1）建筑材料选取的低碳理念。以王澍教授为首的设计团队以扎根于土地的生态理念为指导，为了尽量减少建筑施工和制材过程中的碳排放，降低对自然环境的影响，设计师大胆采用被其他专业设计和施工方式抛弃的传统砖瓦，同时为了体现建筑低碳的设计风格，象山校区采用的瓦片是王澍教授用 10 年时间行走神州大地采集的 700 多万片建筑废弃材料，将民间手工和现代施工建筑手法巧妙融合，形成独特的多尺度砖瓦混合砌筑墙面，实现了有效降低建筑物热量损失的目标。正如一位建筑评论家所说的"全球化给我们的生活所带来的负面影响也是现实，有责任和道德感的中国建筑师们在思考，如何通过使用回收的或创造再生性建筑材料，来解决建筑大量消耗和占有自然资源的问题，这种事发生在中国，或许是对位于世界建筑转折点的中国建筑界的一种提醒"，而王澍教授正是在努力实践着这样一种思考。

王澍教授从杭州地区夏热冬冷的季节特征入手，为减少空调等设备的使用，降低降温供热过程中的碳排放问题，采用了一种环保的中空混凝土现浇厚板，构建了一种良好的屋顶隔热层。在象山校区随处可见大量的自然材料被运用于各种建筑中，如在大合院的建筑中采用了自然材料——原色杉木板材，楼道的扶梯和走廊选用当地的材料竹片进行编织。这种简单加工制作的自然建材不仅降低了建筑造价，形成了一种传统建筑所特有的风格，同时还减少了现代建筑材料在制作过程中所带来的能耗和碳排放。

（2）景观设计中的低碳理念。回归自然与传统是整个象山校园景观设计的主要思路，在这种思路的展开过程中采用了很多与自然、传统相符合的低碳理念。王澍教授及其团队将整个校园的建筑群落设计分布在校园边缘，在建筑群落与象山之间保留了很大的原始自然空间，包括溪流、土堤和鱼塘等原生态农林地貌。与以往大刀阔斧的自然景观改造理念所不同的是，象山校园景观的设计者们在自然景观的处理上采用了自然为主和最小干预原则，将部分小建筑布置于山水之中，形成独具特色的山房、水房，最大限度地保留了原始的绿色生态特征，将建筑景观与山水平缓相接，给予自然风景以最大的尊重和最小的改造，巧妙地实现了建筑与自然的契合。同时还对部分农耕土地进行了有机的生态复耕，营造出一种自然的农耕文化气息。在对自然景观的改造过程中，坚持对原生态的农林地貌只进行简单修整的原则，同时将修整过程中产生的淤泥等材料用于建筑内外的人工覆土，实现材料的循环利用，还通过将原始生长在溪流、水塘边的芦苇等植被进行修整和复植，尽力减少额外的景观植物消耗，在降低造价、减少耗材的同时，极大地降低了景观施工与建设过程中的碳排量。

作为享誉国内外的艺术院校，中国美院象山校区的建筑景观设计是近年来低碳理念在校园景观方面的一次成功实践，象山校区"山水园林"和自然和谐的环境也在潜移默化地影响着生活其中的师生们，这种"场所精神"的影响将给国内景观设计界带来一股新的风气，通过人与物的互动，在一代代的师生心里留下传统、自然环境与低碳理念结合的影响。

第6章

低碳建筑与新能源

　　绿色、健康、低碳的人居环境已经成了全球可持续发展的重要目标。在此背景之下，以节约能源、保护环境为中心，用清洁型可再生能源替代传统能源，减少建筑能耗，提高能源系统利用率，开发稳定的新能源就成了发展低碳建筑的重要指标。使用清洁能源，既能满足能源的可持续利用，又能实现低碳环保的社会效益，符合生态设计的要求。我国正处在城镇化高速发展的阶段，全国城镇房屋建筑面积每年以十几亿平方米的速度增长。研究表明，有20%的温室气体排放，是因为森林面积减少和人居建筑的发展。因此，我国城市化的重要路径之一就是发展低碳建筑，以节能和新能源利用作为替代资源。低碳建设应当根据建筑类型、气候特点和可再生能源的可利用性来选择具体的能源利用技术，相关技术主要包括太阳能利用技术、地热开发技术、地源热泵技术等。用清洁能源来代替传统能源，同时提升能源的利用效率，不仅可以使能源消耗大幅降低，而且还可以有效减少有害气体的排放。

6.1　太阳能利用一体化的低碳建筑

　　太阳能与建筑的结合，已经成了当前发展低碳建筑的必然趋势。随着生态危机的出现和化石能源的日益紧缺，如何建设环保低碳的住宅建筑成了一个焦点话题。科学研究表明，太阳能等可再生能源在建筑上的应用，对实现社会可持续发展具有重大意义。太阳能与建筑的结合可以创造低能耗和高舒适度的生存环境，达到绿色低碳的效果。[①]

　　当代世界太阳能科技发展有两大趋势：一是光电与光热的结合；二是太阳能与建筑的结合。太阳能源建筑系统是清洁能源和新型建筑理论两大革新的交汇点。有学者认为，持续稳定的太阳能是未来人类最适合、最安全、最理想的替代能源。

---

① 张志军，曹露春. 可再生能源与建筑节能技术[M]. 北京：中国电力出版社，2012：132.

目前太阳能利用转化率为 10%～12%，仍然具有巨大的开发潜力。在欧洲的能源消费市场中，约有 1/2 用于建筑的施工和运行，而交通运输耗能只占能源消费总量的 1/4。因此，现代建筑利用太阳能已经成为各发达国家政府极力倡导的事业。

6.1.1　太阳能与建筑一体化的基本概念

"太阳能与建筑一体化"是指在建筑规划设计之初，利用屋面构架、建筑平台、阳台、外墙及遮阳等，将太阳能利用引入设计内容，"把太阳能热水系统作为建筑的构件，使其与建筑有机结合"。[①]现阶段的一体化设计主要有两种形式：① 光热建筑一体化，在建筑上安放太阳能热水器、采暖器等，将太阳能转化为热能再加以利用；② 光伏建筑一体化，将太阳能光伏产品集成到建筑上，充分利用建筑外层表面，安装多种光伏发电设备，所产生的电能或供自身使用，或并网输送。太阳能建筑将在调整建筑能耗结构、保障能源安全等方面发挥积极作用。

具体看来，太阳能与建筑光热一体化是将太阳能转化为热能的利用技术，建筑上直接运用的方式有：利用太阳能空气集热器集中供暖，利用太阳能热水器提供生活热水，利用太阳能加热空气产生的热压增强建筑通风，基于集热—储热原理的间接加热式太阳房，目前利用太阳能热水器提供生活热水的技术已经较为成熟。

太阳能与建筑光电一体化，是指利用太阳能电池将太阳能转化为电能，用蓄电池储存起来，晚上在放电控制器的控制下放出来，供室内照明和其他需要。光电池组件由多个单晶硅或多晶硅单体电池串并联组成，其主要作用就是把光能转化为电能。目前，多采用把太阳电池组件发电方阵拼成一个整体屋顶建筑构件的方式来替代传统建筑物的南坡屋顶，实现了太阳能发电和建筑审美的有机结合。

太阳能与建筑一体化的特点体现在：① 把太阳能的利用引入环境的总体设计，把建筑学、科技、美学融为一体，太阳能设施成为建筑的一部分，相互之间相得益彰，取代了传统太阳能设施对房屋结构所造成的影响；② 利用太阳能设施完全取代或部分取代屋顶覆盖层，可以减少成本，提高效益；③ 太阳能设施可用于平屋顶和斜屋顶，一般对平屋顶而言用覆盖式，对斜屋顶用镶嵌式；④ 此项技术属于一项综合性技术，涉及太阳能利用、建筑、流体分布等多种技术领域。

---

① 住房和城乡建设部住宅产业化促进中心. 省地节能环保型住宅成套技术指南[M]. 北京:中国建筑工业出版社, 2009: 125.

6.1.2　太阳能在建筑领域的应用

6.1.2.1　太阳能热水器

太阳能热水器是利用温室原理，将太阳能转变为热能，并向水传递热量，以获得热水的一种装置。它由集热器、循环水泵、储热水箱、管道、支架、控制系统组成。"太阳集热器是吸收太阳辐射，并将产生的热能传递到传热工程的装置"[①]，是太阳能热水器的关键部件，其造价几乎相当于整个热水器的 1/2。根据集热器的结构和集热温度的范围不同，一般太阳能热水器可分为四种工作状况：低温集热，室外温度β+（10～20℃）；中温集热，室外温度β+（20～40℃）；中高温集热，室外温度β+（40～70℃）；高温集热，室外温度β+（70～120℃）。

太阳热水器的用途与它的集热温度有着密切联系。例如，低温和中温热水器主要用于预热锅炉给水，民用生活热水，地下加热除湿、采暖，工农业中低温热水的供应。中高温和高温热水器主要用于采暖、制冷和发电。

6.1.2.2　太阳能供暖

太阳能供暖系统是在太阳能热水系统的基础上发展起来的，一些国家已经将太阳能供暖、供电、热水系统作为建筑的基础体系来发展，形成了太阳能能源利用的复合系统。我国近年来常见的太阳能采暖方式，主要是将太阳能热水系统铺设在地板下，利用热水的温度和地面的散热来为整个房间供暖。地板采暖系统，在热空气由地面上升时，通过与室内空气的交换，对周围建筑结构的反射进行辐射换热，使整个空间内的温度升高，提升人们的舒适感。这种采暖方式，能够使热源分布较为均匀，降低了传统散热器点式散热的温差感，特别是在能耗方面，由于使用的是太阳能热水系统，故而符合清洁能源的环保要求。

太阳能供暖方式可以按照太阳能的利用方式，分为直接利用与间接利用两种方式，最常见的是直接利用，直接利用就是上面提到的主动式太阳能供暖与被动式太阳能供暖；而间接利用相对复杂，在利用过程中还要添加热泵，从而使热能的利用更加高效。

太阳能供暖系统是太阳能热水系统的进一步发展，目前，在十分重视环境保护的欧美地区，已经建成了大批集太阳能热水和供暖于一体的复合供暖系统。低温热水地板辐射采暖系统是近几年在我国开展的一种新型的采暖方式。它以整个地面作为散热面，在地板与室内空气进行对流交换热量的同时，与其他围护结构表面进行辐射换热，从而使围护结构表面的温度升高，减少了四周表面对人体的

---

① 清华大学建筑设计院. 太阳能建筑一体化工程安装指南[M]. 北京：中国建筑工业出版社，2012.

冷辐射，提高了舒适度；地板采暖系统的优势还在于能利用低品位的能源作为热源，并且使室内温度分布比较均匀、温度梯度小，是一种减少建筑能耗，提高热舒适性较为理想的采暖系统。

6.1.2.3 太阳能-空气源热泵组合热水供热系统

由于空气源热泵在能源利用、使用成本等方面具有较大优势，因此得到了越来越广泛的应用，然而，在低温环境下，空气源热泵会产生蒸发器结霜、COP 值降低等问题，这使其在北方地区的应用受到了很大限制，往往需要辅助热源进行配合运行。

基于这一情况，将太阳能利用技术和热泵技术结合起来，形成优势互补的复合热源热泵系统，一般可通过两种集成模式达到稳定供热的目的：① 以太阳能热水器为主，空气源热泵进行辅助加热。在平时晴天，只利用太阳能制取生活热水，从而充分利用太阳能免费制热；在阴雨天或夜间，太阳能集热器无法运行时，通过空气源热泵加热，使水温达到设计温度，满足热水使用的舒适度。② 以空气源热泵为主，太阳能作为辅助热源，主要通过太阳能集热来解决冬季夜晚低温环境下空气源热泵效率低下的问题。其余时间利用空气源热泵单独制热，从而可以通过空气热能来补偿太阳能的不确定性，最大限度地利用可再生能源来实现办公建筑热水需求，减少能源消耗，促进节能减排。

6.1.2.4 太阳能制冷

太阳能制冷系统大体可分为三类：压缩式制冷、喷气式制冷和吸收式制冷。从表面上看，上述三类制冷系统是以完全不同的原理运行的，但从热力学基本原理来看，几乎都是一样的，都是利用太阳能集热器为制冷机提供所需要的热水或蒸汽。太阳能制冷技术的最大优点就在于它有很好的季节匹配性，天气越热，越需要制冷的时候，太阳辐射条件越好，太阳能制冷系统的制冷量也越大。目前，太阳能制冷技术在研究和实验方面已经做了大量的工作，正在日趋完善。一般来说，太阳能制冷有两种方式：① 通过太阳能集热器把太阳能转换成热能，驱动吸附式或吸收式制冷机；② 将太阳能由光电池转换为电能，驱动常规电冰箱制冷。比较以上两种方式，利用热能制冷具有造价低、系统运行费用低、结构简单的特点，特别适合偏远地区使用。

6.1.3 太阳能与建筑一体化的主要形式

6.1.3.1 屋顶型

我国人多地少，住宅大多以高层为主。屋顶位置越高，周围的遮挡物越少，因此，屋顶是热水器安装的首选位置。这种结合形式又可进一步分解为以下两种形式：

（1）屋顶架空构架式。屋顶在建筑造型上是重要处理部位。在中高档住宅小区，开发商和设计者非常注重外部特色的形象塑造。在各种的造型手法中，采用构架是现在最常用的方法。建筑者往往结合楼梯间或者阳台作出各种构架，突出屋面，打破平直的轮廓线，塑造特色的建筑标志。然而，绝大多数的构架只是起纯装饰作用，没有具体的实用功能。如果把构架和太阳能热水器结合起来，不仅能够满足形式的需要，而且具有了实用的功能，使它的存在更具合理性，做到形式和功能的统一。

（2）屋顶结合型。建筑物屋面一般没有遮挡且跟阳光接触面广，因此对太阳能热水设备的采光与集热非常有利。利用太阳能热水器与屋顶的结合，热水器可以替代建筑的保温层和隔热层，使热水器成了建筑屋顶的重要组成部分，完全或部分取代屋顶覆盖层。不仅减少了屋面自重，还可以缩减成本，提高效益。

6.1.3.2　墙面型

墙面型结合方式的实质是将平板集热器作为墙体的一部分。建筑物的南墙往往有较好的光照条件，因此墙面型的结合方式使太阳能热水器在满足结构和建筑功能需求的同时，也能满足自身功能的要求。"集热器墙体"由外到内分别由透光保温涂层、光热转化层、外墙支撑及导热层、集热管、发泡保温层、内墙支撑层、内墙涂抹层等部分组成。当阳光沿着某一角度入射墙面，按照有效投影截面获取的有效光能够透过透光保温涂层，入射至光热转化层，在光热转化层内完全或选择性地转化为热。这种设计中，集热器成为墙体的一部分，所以应使集热装置具有一定的强度，且要满足墙体的保温和美观要求。

6.1.3.3　阳台构架式

阳台构架式指集热器安装在建筑南向阳台。在建筑设计时，阳台不仅是一个重要的功能场所，而且是影响建筑外立面造型非常重要的因素。如何让阳台与热水器结合后成为一种景观，也是低碳建筑设计寻求变化的重点处理部位。

6.1.3.4　遮阳板上设置太阳能集热器

将太阳集热器与门窗上的遮阳篷相结合，这种形式的特征在于将集热器安装在窗口上方的遮阳架上，水箱设在上层窗坎墙处，为用户提供热水的同时，能够起到遮阳作用，充分地利用了空间。

6.1.3.5　光伏组件与建筑墙体一体化

光伏组件在接收太阳能较好的墙面上采用主动式与被动式相结合，集发电、采暖、通风、建筑护围结构等功能于一身。与传统的墙面相比，太阳能设备取代了传统的围护结构，照射在墙面上的太阳能不但被有效利用起来，而且显著改善了围护结构的隔热保温功能。光电幕墙对太阳光的反射率约为 15%，光电幕墙的光电转化率在 17%～35%。冬季，被光电幕墙浪费的太阳能又被集热板吸收，用于空调机组新风的预加热，使新风空气预热到 30℃左右，热效率在 50%～60%，相当于每平方米能够产生多于 500 W 的热量，同时使通过墙体向外界扩散的热量随管道内的热气重新进入空调的新风系统，降低了墙体与室外空气的热交换。夏季，风机停止运转，被加热的热空气在自然对流的作用下从波状金属板与墙体组成的空腔上部流出，一方面使外界的热量不能直接通过墙体传热进入室内，减少了空调的负荷，另一方面空气在空腔内的流通降低了光电幕墙的温度，能够使光电幕墙的光电转换率提升 10%。

6.1.3.6　光伏组件与市政电网系统并网

"城乡建筑领域是太阳能光伏技术应用的主要领域"[①]，基于城乡电网的主要特征，太阳能光伏发电系统产生的电能通过逆变器把直流电转换为交流电，再由控制器对所发的电能进行调控，一方面把整压整流后的电能送往建筑内的用电负载，另一方面白天日照充足时在满足建筑自身用电负荷的同时，将多余的电能并入市政电网系统，假如当晚上或阴天时所发的电能不能满足建筑自身负载需要时，控制器又重新并入市政供电系统，保证用户的正常用电。这样，白天的太阳能光伏发电的发电量充足且电价较高时并网，把多余的电能向外供电出售电能，而晚上太阳能发电装置不能发电且电价较低的时候，又从市政电网中取电买入电能。这样的光伏一体化墙面较传统的墙面在节能上面具有明显的优势，白天用电高峰时段，在满足建筑自身用电的同时，还能向市政电网提供电能，在一定程度上缓解了电力紧张。

6.1.3.7　太阳能热泵集热装置与建筑屋顶一体化

现代建筑顶部采用建筑造型构件与太阳能热泵低温集热技术相结合的手法，在设计上一方面使建筑的正立面结构看起来富有艺术性和现代性，另一方面使安插在建筑构造构件中的集热装置模块可以很好地吸收太阳辐射能。采用太阳能热管模块的集热器可以较好地承受压力，且密封性较好，既能直接吸收太阳辐射能，又能吸收室外环境的热能，即使冬季气温为-20℃时，依然能够进行太阳能低温集热。太阳能热泵吸收式中央空调系统冬天向建筑供暖时，能效比（Cop 值）约为6，即投入 1 kW·h 的电力，可得到约 6 kW·h 的热能；夏天向建筑供冷时能效比（Cop 值）约为 4，即投入 1 kW·h 的电力，可得到约 4 kW·h 的热能。这一

---

① 李现辉，郝斌. 太阳能光伏建筑一体化工程设计与案例[M]. 北京：中国建筑工业出版社，2012.

系统省去了锅炉房，节省了初期投资，也节省了建筑空间，比直接将太阳能转化为电能，再用电能驱动中央空调和热水器节能效果显著得多。

6.1.4　太阳能在其他建筑领域的应用

（1）太阳能楼道照明系统。太阳能电池通过充放电控制器对蓄电池充电，当红外感应开关探测到人体接近时，立即启动 LED 楼道照明器照明。当人体离开一定距离后，红外感应开关自动切断 LED 楼道照明器，以节省能源。

（2）太阳能庭院照明系统。太阳能电池通过充放电控制器对蓄电池充电。晚间黄昏时，充放电控制器自动启动节能型庭院照明器。第二天清晨，充放电控制器自动切断庭院照明。

（3）太阳能道路照明系统。太阳能电池通过充放电控制器对蓄电池进行充电。晚间黄昏时，充放电控制器自动启动节能型照明灯具。第二天清晨，充放电控制器自动切断照明。

（4）太阳能地下车库照明系统。系统具有交流和蓄电池两种并存的供电方式。正常情况下，由太阳能电池通过充放电控制器对蓄电池充电，当蓄电池电压低于额定电压时，市电交流自动启动对地下车库照明供电，并对蓄电池充电。当蓄电池被充到额定电压时，系统自动切断交流供电。

（5）太阳能住宅照明系统。采用太阳能电池网络互补、交流保障补充供电、太阳能光伏板最大功率点自动跟踪技术方案。每户的光伏发电系统设有蓄电池电压检测装置电路，当第一户蓄电池电压达到过充状态时，将饱和电量进入互补网，寻找并对有需求的第二户系统蓄电池进行补充供电。每一户的蓄电池电压检测装置电路检测到蓄电池电压不足时，系统自动启动交流电，保障供电电路给蓄电池充电。

（6）太阳能楼宇对讲系统。系统具有交流和蓄电池两种并存的供电方式。正常情况下，由太阳能电池通过充放电控制器对蓄电池充电，当蓄电池电压降低到接近于楼宇对讲主机所要求的最低工作电压时，交流电自动启动对楼宇对讲主机供电，并对蓄电池充电。

（7）太阳能消防应急系统。具有交流和蓄电池两种并存的供电方式。正常情况下，由太阳能电池通过充放电控制器对蓄电池充电，连续阴雨天造成太阳能对蓄电池充电不足的情况下，系统自动切换至市电交流充电。当发生紧急情况使得市电交流断电时，系统自动启动蓄电池对消防应急照明灯供电。

6.1.5 太阳能与建筑一体化的发展方向

太阳能热水系统与低碳建筑结合，就是把太阳能热水系统作为建筑构件安装，使其与建筑有机结合。不仅是外观、形式的结合，重要的是技术内涵的结合。同时要符合相关的设计、安装、施工、验收标准，从技术标准的高度解决太阳能热水系统与建筑结合的问题。这是太阳能热水系统在建筑领域获得广泛应用，促进太阳能产业全面普及的关键。随着太阳能系统与建筑结合技术的发展，人们需要在外观上和整体上都能与建筑和周围环境协调一致、风格统一、性能稳定、安全可靠、布局合理的太阳能热水系统，这些都构成了太阳能与建筑一体化的未来发展方向。

从未来发展的角度来看，太阳能与建筑设计理论强调设计形态的动态与变化；强调设计的全面性，而不是单一项目的自我表现；强调与环境的和谐关系，而不是孤立的设计建筑物。要求无论在屋面、阳台、墙面上，都要使太阳能热水器融为建筑的一部分，同时，确保建筑物的承重、防水等基本功能不受影响，使太阳能设备具有抵御恶劣天气的能力。设计时，要合理布置太阳能循环管路，保证系统易于安装、检修、维护，运行安全可靠和稳定，尽可能实现系统控制的智能化。

太阳能供能设备对气象条件和辐照条件的依赖性，要求设计者必须对建筑用能负荷进行准确预测，才能在设备与建筑的匹配上作出设备投资和节能效益最佳的选择。从发展趋势来看，低碳建筑室内温度及气流的预测方法和预测软件是太阳能与建筑结合的重要基础，也是世界目前建筑空气调节的重要途径，但是我国目前在该方面的水平和从业人数还远远落后于世界先进国家。

太阳能与建筑的一体化，未来仍然需要多种因素的推动：① 传统的被动太阳能技术与现代的太阳能光伏光热技术的综合利用；② 保温隔热的维护结构技术与自然通风采光遮阳技术的有机结合；③ 传统建筑构造与现代技术和理念的融合；④ 建筑的初投资与生命周期内投资的平衡；⑤ 生态驱动设计理念向常规建筑设计的渗透；⑥ 综合考虑区域气候特征、经济发达程度、建筑特色和人们的生活习惯等多元因素。[①]

简而言之，太阳能光热光伏利用与建筑一体化的不断完善，采用太阳能与建筑一体化设计的现代低碳建筑将来必定成为我国建筑业发展的主流方向之一。随着一批试点工程的全国性普及，太阳能与建筑一体化的大规模涌现已经成了一种时代的必然。

① 张志军，曹露春. 可再生能源与建筑节能技术[M]. 北京：中国电力出版社，2012：135.

6.2　地源热泵和冰蓄冷等建筑节能空调技术

地源热泵和冰蓄冷空调系统在国内建筑项目上已经被较为广泛地采用。其中，冰蓄冷系统在夏季将蓄能空调和电力系统的分时电价相结合，从技术层面可以起到削峰填谷，平衡电网负荷的作用，从客户层面可以使空调用户享受分时电价政策，节省大量运行成本。地源热泵是利用地球表面浅层地热资源作为冷热源，进行能量转换的供暖空调系统，可以同时提供冬季采暖和夏季制冷，不仅提高了设备的利用率，减少了取暖锅炉的投资，而且与传统空调系统相比，运行更加经济环保。

从地源热泵空调系统来看，该系统将大地作为夏季空调的排热源和冬季采暖的取热源，深度可达几十米至上百米，全年温度基本恒定，为室外地埋管式空调系统提供了得天独厚的自然条件。地源热泵系统不直接消耗煤、汽油、天然气等传统能源，不产生环境污染。在不影响地下温度场的情况下，夏季地源热泵系统从土壤中取热，冬季将室内的热量转移到土壤中存放，从源头上消除了空调系统对生活居住环境产生的热岛效应。此外，地源热泵系统采用高智能控制系统，实现了系统能量输出和建筑物能量需求之间的对应平衡，减少了能耗，降低了成本。高效的地源热泵系统可以使空调机组长期处于适宜的工况下运行，输出同等量的能力仅仅消耗 30%～60% 的耗功率，有效实现了地热能的直接利用。[①]

从冰蓄冷空调系统来看，随着现代工业的发展和人民生活水平的提高，中央空调的应用越来越广泛，其耗电量也越来越大，一些大中城市的中央空调用电量已占其高峰用电量的 20% 以上，使得电力系统峰谷负荷差加大，电网负荷率下降，电网不得不实行拉闸限电，严重制约了经济生产，对人们的生活也带来了不少影响。解决该问题的有效办法之一是应用冰蓄冷技术，将空调用电从白天高峰期转移至夜间低谷期，均衡城市电网负荷，达到多峰填谷的目的。蓄冷技术的原理，简而言之，是利用夜间电网多余的谷荷电力继续运转制冷机制冷，以冰的形式储存起来，在白天用电高峰时将冰融化提供空调服务，从而避免与中央空调抢夺高峰电力。

6.2.1　传统中央空调的局限性

传统的户型中央空调又称住宅集中空调，自 20 世纪 90 年代进入中国市场以

---

① 中国建筑节能协会. 中国建筑节能现状与发展报告[M]. 北京：中国建筑工业出版社，2012：299.

来，得到了很快的发展。随着人民生活水平的提高，富裕起来的城乡居民把消费逐渐投向户型中央空调。生产工艺的成熟和市场竞争的激烈，使户型中央空调的造价逐渐为工薪阶层所接受。城市建筑景观和环境的限制，也使城市的一些小型商业用户转而采用小型集中空调。[①]然而，传统户型中央空调存在着一定的局限性：

（1）国内生产的户型中央空调大多是以空气为热源的热泵机组，虽然在使用和安装上较为方便，但在夏季炎热的地区，机组冷凝温度较高，COP 值较低，机组耗电量会增大；在冬季温度较低，湿度较大的地区，机组又需融霜，造成室温波动起伏较大，机组耗电量同样提升。

（2）以空气为热源的热泵机组，受室外空气变化的影响很大。随室外空气温度的变化，热泵机组的制冷和制热量与建筑物的需冷和需热量变化方向正好相反，很难匹配。

（3）目前国内生产的户型中央空调无法做到真正的能量调节。由于室外空气温度变化较大，在整个供冷或供热季节中，热泵机组大多数时间处于部分负荷下 COP 值较低的情况。因此，出现了"中央空调买得起，用不起"的说法。

（4）家用空调，特别是用电量较大的户型中央空调的发展，导致城市高峰负荷快速增长，加剧了城市电网的供需矛盾。

6.2.2　地源热泵空调系统

早在 20 世纪 50 年代，地源热泵技术就已在一些北欧国家的供热中得到应用。随着人民生活水平的提高，以及人们对化石燃料迅速枯竭、大量消耗化石燃料带来了严重的环境污染这一全球性问题的重视，带有显著节能、环保特色的地源热泵系统得到了迅速发展。

20 世纪 70 年代石油危机以后，美国和加拿大等国开始在建筑物的供热和空调中大量采用地源热泵技术，然而，此时主要采用水平埋管的方式。80 年代以来，在北美也形成了利用地源热泵对建筑物进行冷热联供的科学研究和建筑实践活动，技术逐渐趋于成熟。这一阶段的地源热泵主要采用垂直埋管的换热器，埋管的深度通常达 100～200 m，占地面积大为减小，应用范围也从单独的民居空调向较大型的公共建筑拓展。当前，国外地源热泵技术的应用已经趋于产业化，热泵技术已经比较成熟。

"地源热泵技术又称土壤源热泵技术，是一种利用浅层常温土壤中的能量作为能源的高效节能、无污染、低运行成本的，既可供暖，又可供冷的新型空调

---

① 薛一冰，杨倩苗. 建筑节能及节能改造技术[M]. 北京：中国建筑工业出版社，2012：121.

技术。"①地源热泵技术是一种利用地下浅层地热资源来供热和制冷的高效节能空调系统。地源热泵通过输入少量的电能等高品位能源，实现低温热源向高温热源的转移。地源热泵的闭合回路部分由埋入地下的长塑料管组成，该管道埋在地下与土壤耦合，管内的流体与土壤之间进行换热。热泵在闭合回路和室内负荷之间传递热量。地源热泵系统由闭式埋管系统、水源热泵、室内分配系统组成。其中，分配系统用来对加热和冷却的空气和水在房间内进行分配。由于较深的地层常年保持恒定的温度，远高于冬季的室外温度，又低于夏季的室外温度，因此地源热泵可以克服空气源热泵的技术和环境障碍，且能效比大幅提高。地源热泵系统具有以下优点：

（1）节能环保、运行费用低。深层土地资源的温度一年四季相对恒定，冬季比环境空气温度高，夏季比环境空气温度低，是很好的热泵热源和空调冷源。这种温度特性使地源热泵系统比传统空调系统运行效率要高约40%。此外，地源温度较恒定的特性，也使得热泵机组运行更加可靠、稳定，整个系统的维护费用也较传统的锅炉-制冷机系统大大减少，保证了冷暖系统的高效性和经济性。

（2）一机多用，节约设备用房。地源热泵系统可供暖、制冷，还可提供生活热水，一机多用，一套系统可以替换原本的锅炉加空调的两套装置。机组紧凑、节省建筑空间，减少一次性投资。

（3）降低污染物排放。开发推广地源热泵空调技术可彻底废除中小型燃煤锅炉房，热泵装置没有燃烧，没有排烟，也没有废弃物，几乎没有任何污染，不会影响城镇的环境质量。

（4）循环利用可再生能源，可持续发展。地源热泵是利用了地球表面浅层地热资源作为冷热源，进行能量交换的采暖空调系统。地表浅层地热资源量大面广，无处不在，是一种清洁的可再生能源。因此，利用地热的地源热泵，是一种可持续发展的"绿色装置"。

从制冷角度来看，蒸发温度和冷凝温度是影响制冷效率的主要因素，蒸发温度越低或冷凝温度越高，均会使制冷效率下降，尤其是蒸发温度对制冷率影响更大，在不改变热泵机组的机械性能的情况下，提高热泵效率的最有效方法是降低热泵机组的冷凝温度或提高热泵机组的蒸发温度。普通空调的两项参数完全受制于室外空气参数的约束，人们不可能去改变气象条件，因此，普通空调的 COP 值已经很难提升。

---

① 杨维菊. 绿色建筑设计与技术[M]. 南京：东南大学出版社，2011.

表 6-1 地源热泵空调与普通中央空调的对比

参数	地源热泵	风冷热泵	冷水机组+燃油锅炉
制冷	地源热泵机组	风冷热泵机组	冷水机组
供暖	地源热泵机组	热泵机组十辅助热源	燃油锅炉
热水	地源热泵机组	（无）	燃油锅炉
寿命	长	较短	较短
外观	隐式系统，机组可置于封闭空间内	可能需要电或燃油加热作为辅助热源，无附加建筑，但需要有冷却塔	需加建锅炉房和冷却塔，外观较差
维护	基本无需维护	维护较少	需要专人维护
环境	完全洁净，无需专职操作人员	基本无废气污染，无需专职操作人员	有一定的排放需要操作人员
管理	无燃料运输、储存和安全管理等工作	少量工作	需考虑燃料的运输、储存和安全等问题
运行稳定性	最好，与外界环境变化基本没有关系，不受气候影响	最差，最需要制冷或供热时出力最小，系统需要保持较大的安全系数	较好

对于地源热泵系统来说，大地是一个极大的蓄热体，这一点通过井水的温度可以充分展现，井水的温度反映了土壤的温度，地下土壤的温度夏天明显低于室外空气的温度，而冬季则明显高于室外气温。以华东地区为例，该地区的土壤在 3.2 m 深度时，温度全年在 15～20℃。地源热泵正是利用了这个特点，利用土壤进行散热或吸热，使热泵的冷凝温度降低或蒸发温度升高，从而提高热泵的制冷或制热效率。夏季空调开启时，利用地温可使热泵的冷凝温度降至 25～30℃，比风冷热泵低 10～20℃。冬季空调开启时，利用地温可使热泵的蒸发温度升至 10～15℃，比风冷热泵高 15℃以上。由此可看出，地源热泵空调系统的制冷制热效率要大大高于普通空调系统。此外，地源热泵空调系统通常无需冷冻水系统和冷却塔，冬季供暖不需要辅助热源，从而大幅降低了运行费用，其运行费用一般仅为普通空调系统的 40%～60%。

6.2.3 冰蓄冷空调系统

改革开放以来，中国经济迅速发展，社会生产力、综合国力和人民生活水平都有了大幅提高。许多城市新建了大量具有中央空调的宾馆、办公楼、商业中心。与此同时，近几年气候变暖，居民安装空调的比例日益增多，使中央空调和居民空调的制冷负荷用电占据整个城市用电的很高比例，电力供应高峰不足而低谷过剩的矛盾相当突出，电网负荷率急剧下降。政府部门实行了电力供应峰谷电价政策，正是引导用户规避峰用电，鼓励低谷用电的电价措施。

采用电力需求管理的冰蓄冷技术可以达到移峰填谷和减少变电设备的目的，是缓解电网压力和新增用电矛盾的有效途径之一。许多地区也相继出台了各项有关促进蓄冷空调设备发展的政策，尤其是与热泵相结合的蓄能系统给予了鼓励和支持，推进了蓄冷空调技术的发展和应用。电力蓄冷技术不仅是应对当前电力供应紧张局面的有效手段，而且在电力供求平衡时期，与热泵相结合的蓄能技术，仍然是管理电力需求的重要移峰填谷技术措施。

"冰蓄冷空调就是利用夜间电网低谷时的电力来制冷，并以冰的形式把冷量储存起来，在白天用电高峰把冰融化，释放冷量提供给空调负荷"。[1]冰蓄冷中央空调，就是在夜间空调负荷较低时，同时也是电网用电处于低谷、电价较低廉时，开启部分制冷机组制冰，并且将能量以显热和潜热的形式储存于冰蓄冷槽中，等到白天在空调负荷高峰期间（同时也是电网用电处于高峰、电价较贵时），通过融冰技术提供的低温水供冷，将储存的冷量释放出来，从而满足了高峰空调负荷的需求，同时也利用了供电峰谷电价差，有效降低了用电支出。

采用冰蓄冷空调系统，可以有效地达到移峰填谷的目的，有利于整个社会资源的优化配置。同时，也使其因峰谷电价的差异而得到了经济上的实惠，实现了社会效益和经济效益的共同发展。目前，中国此项新技术的应用还处于起步阶段，随着引进国外新技术的步幅逐步加大，电力部门鼓励用户使用低谷电，峰谷电价相关政策的逐步完善，冰蓄冷技术将具有广阔的发展前景和空间，未来必将获得更加广泛的应用。

根据空调系统冷负荷的分布情况，结合当地的电价结构情况，可以将蓄能类别分成下列 3 种形式。部分负荷蓄能，即全天所需要的冷/热量部分由蓄冷与热装置供给；全负荷蓄能，将电力高峰期的冷负荷全部转移到电力低谷期；部分时段蓄能，某些地区对于高峰期的用电量有所限制，这样电力高峰时段的冷量与热量就要由蓄能设备来提供。

冰蓄冷空调的综合效益：

（1）宏观效益。使用冰蓄冷系统，可以转移电力高峰用电量，平衡电网峰谷差，减少新建电厂投资，提高电网负荷效率。进而减少环境污染，有利于生态平衡，充分利用有限的不可再生资源。

（2）微观效益。减少主机的装机容量和功率可达 30%~50%，相应减少冷却

① 薛一冰，等. 建筑节能及节能改造技术[M]. 北京：中国建筑工业出版社，2012：123.

塔的装机容量和功率，设备满负荷运行比例提高，这样可以充分提高设备利用率，减少一次电力投资费用，包括电贴费、变压器、配电柜等投资，利用分时电价，可以节省大量的运行费用。同时，还可作为应急冷源，停电时利用自备电力启动水泵融冰供冷。

（3）利用电网峰谷电费差价，降低空调运行费用。冷水供水温度可降至 1～4℃，可以实现冷水系统的大温差输配、低温送风空调系统的装配，节省水、风输送系统的投资和能耗。

（4）较低的室内相对湿度，提高了空调的品质及舒适度。具有应急冷源的功能，空调的可靠性和稳定性提高。

冰蓄冷空调的适用范围：与高峰负荷比较，在用电低谷时段不用空调或空调负荷较小的建筑，适合采用冰蓄冷空调，如写字楼、综合楼、餐厅、体育馆、影剧院、酒店等。24 小时均使用空调，且空调负荷变化不大的建筑物采用冰蓄冷空调则不能发挥其应当具备的功效。

冰蓄冷与其他空调方式相比各有优缺点，对某一建筑物来说，是否适宜采用冰蓄冷空调，要根据实际情况来决定。可以通过计算常规空调和冰蓄冷空调的初期投资及运行费用，如以冰蓄冷系统的一次投资的回收期，来判断是否适宜采用冰蓄冷系统。

6.2.4　地源热泵和冰蓄冷联合空调系统

地源热泵和冰蓄冷系统在国内建筑项目上已被较广泛地采用，其中，冰蓄冷系统在夏季将蓄能空调和电力系统的分时电价相结合，从宏观上可以起到削峰填谷，平衡电网负荷的效果，微观上可以使空调用户充分分享受分时电价政策，节省大量运行成本。地源热泵则是利用地球表面浅层地热资源作为冷热源，进行能量转换的供暖空调系统，可以同时以廉价的方式提供冬季采暖和夏季制冷，不仅提高了设备利用率，减少了锅炉房的投资，而且与传统空调设备相比，运行更经济环保。

两项新技术均有其局限性，地源热泵技术虽然可以供热制冷，但是无法在夜间电力低谷时蓄冷，进而实现削峰填谷。冰蓄冷技术虽然可以起到削峰填谷的作用，但却无法在冬季供暖。根据国外的发展经验，采用地源热泵与冰蓄冷相结合的综合空调系统正在受到业界的关注，并在国内已有若干成功的建筑工程案例。这一系统具有如下优势：

（1）以土壤为热源，由于全年土壤温度波动小，随着土壤深度的增加，土壤温度变化也相对恒定。冬季土壤温度比空气温度高，夏季又比空气温度低，所以空调系统供热供冷的 COP 值均高，可以大大减少传统中央空调的耗电量，也为用户节省了运行费用。

（2）当室外气温处于极度状态时，用户对冷热量的需求量正处于高峰期，由于土壤温度有延迟，此时它的温度并不处于极端状态，仍然可以提供较小的冷凝温度和较高的蒸发温度，提高机组的制冷或制热能力，尽可能地满足用户要求。

（3）地源热泵的埋地盘管不需要除霜，减少了结霜和除霜的损失及复杂的除霜程序，从而降低了户型中央空调机组的造价。

（4）地源热泵不需要风机，可以减少噪声和热风污染，而且运行状况好于空气源热泵，有较高的稳定性，为用户的长期使用带来很大的方便。

（5）地源热泵的主机可以安装在储藏室或车库内，完全不影响建筑外观。

（6）由于土壤温度的延迟作用，故而可以提升户型中央空调单机的制冷量。加之夜间蓄冰，可以减少白天机组制冷量，使机组压缩机容量减小，降低机组造价，同时还可以满足更多的单相电用户的需要。

（7）炎热的夏季，地源热泵的冷凝温度低于空气源热泵，因而可以减小制冷系统运行时的压缩比，这为户型中央空调利用低谷电蓄冰提供了非常有利的条件。

6.2.5　地源热泵和冰蓄冷联合空调系统的应用前景

（1）随着小型别墅的逐年增多，地源热泵和冰蓄冷联合空调系统是富裕起来的城乡居民家用空调的首选机型。

（2）城市绿化面积扩大，为低层住户和小型商业、办公用户提供了使用地源热泵和冰蓄冷联合空调系统的条件。

（3）工矿企业的办公、计量、化验、检测等房屋建筑也具有使用地源热泵和冰蓄冷联合空调系统的条件。

（4）为解决电力负荷不均衡的问题，我国将进一步拉大峰谷电价比，向国际通行的峰谷电价比例靠拢，以鼓励利用低谷电。随着"峰谷电价"政策的全面实行，地源热泵和冰蓄冷联合空调系统将会拥有更为广阔的市场前景。

6.3　从白炽灯到节能灯、再到 LED 半导体绿色照明技术

LED 照明产业是 21 世纪最具发展前景的高新技术产业之一，各项产业具有技术发展迅速、应用领域广阔、产业带动效应强、节能潜力巨大等特点，被誉为人类照明光源继白炽灯、荧光灯之后的第三次革命，对节能降耗、环境保护、建设节约型社会都具有重要的战略意义。随着生产技术及制造工艺的不断完善，全

球半导体照明产业正以高于微电子等其他产业的发展速度,成为带动电子信息产业高速发展的新兴科技力量。可以认定,谁占据了 LED 产业发展的制高点,谁就能在今后的经济发展竞争中占有一席之地。

国际照明界的学者认为,高亮度的 LED 照明是人类继爱迪生发明白炽灯泡之后最伟大的发明之一。当前,全球正在面临能源危机的威胁,能源短缺是我们未来面临的严峻问题。随着中国国民经济的发展,城市化进程的加速,中国城市照明也得到了长足进步。数据显示,全球总用电量的近 20% 为照明用途,在这个前提下,LED 照明作为一种新型的节能、环保的绿色光源产品,必然引领未来发展的趋势。

进入 21 世纪以来,中国频频遭遇电力短缺的危机,由此也引发了学术界对替代能源和新能源的思考。在全球能源危机的今天,LED 照明产品的节能优势预示了其不可动摇的行业龙头地位。不久的将来,LED 照明产品很可能成为普遍采用的家庭照明,节能环保也将成为照明灯领域的一次革命。LED 节能灯是继紧凑型荧光灯(即普通节能灯)后的新一代照明光源。相比普通节能灯,LED 节能灯更加环保、更加安全,可以回收,循环利用,高光效,长寿命,即开即亮,耐频繁开关,光衰小,色彩丰富,可调光,变幻丰富。

6.3.1 白炽灯、荧光灯、节能灯、LED 照明产品比较

白炽灯是指通过将灯丝通电加热,螺旋状的灯丝不断的蓄积热量,达到2 000℃以上的白炽状态,并进而利用热辐射发出可见光的电光源。灯丝处于白炽状态时,如同铁被烧红一样而发光,灯丝的温度越高,发出的光就越亮,故称为白炽灯。白炽灯在将大量的电能转化为热能的过程中,仅有极少比例可以转化为有用的光能,因此其光效较低。此外,由于白炽灯发出的光是全色光,各种色光的成分比例主要是由发光物质——钨及其温度决定,从而极易造成比例不平衡,并导致光的颜色出现偏色,因此在白炽灯下,通常物体的颜色并不真实。尽管如此,自白炽灯发明以来,由于其光色和集旋光性能较好,一直是产量最大、应用最为广泛的电光源。

最早的白炽灯是 1879 年美国的爱迪生所研制的碳化纤维白炽灯,此后,白炽灯的灯丝材料、结构、填充气体得以不断改进,其发光效率也逐步提升。1959 年,相比于普通的白炽灯,体积和光衰极小的卤钨灯在美国出现。目前,白炽灯的发展趋势主要是节能型灯泡的创新与发展。

荧光灯又可称为日光灯,通俗地讲,日光灯管就是个密闭的气体放电管。管内承载的气体主要是氩气,气压约为大气的 0.3%,同时还包含约占全部气体原子

1‰比例的水银，以形成微量的水银蒸气。日光灯管就是通过汞原子，在气体放电的过程中释放出紫外光，其所消耗的电能约有 60%可以转换为紫外光，其他的部分则转换为热能。

日光灯管内表面的荧光物质在吸收紫外光之后，可释放出可见光，不同类型的荧光物质会发出不同的可见光。通常情况下，紫外光的转换率约为 40%，因此，日光灯的发光效率约为 60%×40%＝24%，这一结果大约为相同功率白炽灯，即钨丝电灯的两倍。

节能灯又被称为紧凑型荧光灯，是由荧光灯与镇流器共同组合而成的一个整体照明设备。节能灯，顾名思义其节能效果非常明显，与白炽灯相比较，同样照明条件下，节能灯所消耗的电能要少得多，而光效则要高得多。有实验证明，在同一功率（瓦数相同）下，一盏节能灯比普通白炽灯能够节能 80%，平均寿命可以延长 8 倍，所产生的热辐射仅为 20%。在普通的家用环境中，5 W 的节能灯光效可等同于 25 W 的白炽灯，7 W 的节能灯光效约等同于 40 W 的白炽灯，而 9 W 的节能灯光效可等同于 60 W 的白炽灯。

目前常见的节能灯除了白色（冷光）的以外，现在还有黄色（暖光）的。由于节能灯的尺寸、与灯座的接口与白炽灯相同，因此可以直接替换传统的白炽灯。同时，节能灯还具有寿命长、体积小、使用方便等优点。但是，节能灯所产生的辐射对人体的危害也非常值得关注。节能灯的电磁辐射主要来自电子与汞气发生的电离反应，同时，节能灯所添加的稀土荧光粉，本身具有放射性，还会产生电磁辐射，尽管电磁辐射的危害性还难以确定，但过量放射线核辐射会对人体造成危害。此外，节能灯的工作原理与日光灯类似，其灯管中汞会成为不可避免的一大污染源。

LED（Light Emitting Diode）即发光二极管，它也是一种节省能源的新型发光照明灯具，但其工作原理与上述的节能灯完全不同。LED 是由含镓（Ga）、砷（As）、磷（P）、氮（N）、硅（Si）等的化合物制成的二极管，是一种能够将电能转化为光能的半导体器件，其基本结构是一个半导体芯片，它也是 LED 的心脏。半导体芯片通过银胶或白胶被固化到一个支架上，一端是负极，另一端连接电源的正极，芯片四周用环氧树脂密封，能够起到保护内部芯线的作用，安装外壳后就成为 LED。

20 世纪 60 年代，基于半导体的 PN 结发光原理研制产生了 LED。简单来说，半导体芯片由两部分组成，一是在里面空穴占主导地位的 P 型半导体，二是作为电子的 N 型半导体，两个部分被连接起来时就形成了一个 P-N 结。[①]LED 灯的发光原理就是，当电流通过导线作用于芯片时，电子会被推向 P 区与空穴复合，然后以光子的形式发出能量。而 LED 等所发出的光的波长即光的颜色，则是由形成 P-N 结的材料所决定的。

最初研制的 LED 发光颜色为红色，在驱动电流为 20 mA 时，光通量只有千分之几个流明，相应的光视效能约 0.1 lm/W。在之后的发展历程中，通过引入不同的元素，逐步形成了能够发出红、橙、黄、绿、蓝等多种色光的 LED，光视效能也不断提高。作为一般照明的白光 LED 于 1998 年研发成功，其通过蓝光 LED 获取白光的技术原理，构造简单、成本低廉、成熟度高，因此，被广泛地应用于日常的生产生活中。

LED 最初主要被用作仪器仪表的指示光源，后来各种光色的 LED 在交通信号灯、汽车信号灯、大面积显示屏中得到了广泛应用，其所具有的较好的节能效果带来了很好的经济效益和社会效益。例如，在美国，红色交通信号灯原本是采用寿命较长的 140 W 白炽灯，它能够产生 2 000 lm 的白光，但是经过红色滤光片过滤后，仅能剩余 200 lm 的红光，光效仅为 10%。之后通过设计改进，采用了 18 个红色 LED 光源，仅仅耗电 14 W 便可产生与白炽灯同样的光效。

将 LED 节能灯与白炽灯相比（表 6-2），单独比较光源，5 W LED 节能灯是白炽灯光效的 5.5 倍。装入灯具后，白炽灯的光线被灯具反射，进而又损失了一部分光线，因此，5 W LED 节能灯的光效能够达到白炽灯的 9 倍，进而说明 LED 节能灯比白炽灯节电实际能达到 90%。

表 6-2　LED 节能灯与白炽灯对比

	功率	光通量	光效	寿命
5 W 普通节能灯	5 W	300 lm	60 lm/W	5 000 h
5 W 普通节能灯装入筒灯		180 lm	36 lm/W	
5 W 大功率 LED 节能灯泡	4.7 W	280 lm	59.2 lm/W	50 000 h

将 LED 节能灯与卤素灯相比（表 6-3），单独比较光源，5 W LED 节能灯是卤素灯光效的 4 倍。装入灯具后，卤素灯的大部分光线被灯具反射，损失一部分光线，故 5 W LED 节能灯的光效是卤素灯的 6.5 倍，说明 LED 节能灯实际比卤素灯节电 85%。

---

① 姚志松，吴军. 工业企业实用节电技术[M]. 北京：中国电力出版社，2010：253.

表 6-3　LED 节能灯与卤素灯对比

	功率	光通量	光效	寿命
35 W 卤素灯	37 W	553 lm	14.5 lm/W	2 000 h
35 W 卤素灯装入筒灯		332 lm	9.0 lm/W	
5 W 大功率 LED 灯泡	4.7 W	280 lm	59.2 lm/W	50 000 h

　　将 LED 节能灯与普通节能灯相比（表 6-4），单独比较光源，5 W 大功率 LED 节能灯泡与 5 W 普通节能灯亮度相当，但装入灯具后，由于普通节能灯光线需经灯具反射出来，会损失一部分光线，故 5 W LED 节能灯实际照明效果的亮度已高于普通节能灯的 50% 左右，节电效果可达到 50% 以上。

表 6-4　LED 节能灯与普通节能灯对比

	功率	光通量	光效	寿命
5 W 普通节能灯	5 W	300 lm	60 lm/W	5 000 h
5 W 普通节能灯装入筒灯		180 lm	36 lm/W	
5 W 大功率 LED 节能灯泡	4.7 W	280 lm	59.2 lm/W	50 000 h

　　综合上述分析，由于 LED 节能灯不存在光线被灯具反射受到损失的情况，因此，能够更为有效地利用光通量，从而实现较之白炽灯泡、卤素灯和普通节能灯非常明显的光效倍数，而且其使用寿命也能够达到普通节能灯的 10 倍之余。[1]众多实验结果表明，LED 节能灯具有节能、长寿、环保等优点，随着其技术成本的日渐降低和发光效率的不断突破，LED 灯具的使用前景将非常广阔。

6.3.2　LED 光源的性能与特点

　　通过综合分析 LED 的技术原理和工作特点，可以总结得出 LED 光源的基本性能，具体分析如下：[2]

　　（1）体积小、坚固耐用。LED 的基本结构是一块很小的半导体芯片被封装在环氧树脂里面，整体体积非常小，而且非常轻。这种固态封装技术使得 LED 在运输和安装过程中都不易损害、不怕震动，灯体内不会出现容易松动的部分，相比于灯泡和荧光灯管都要更为坚固耐用。

---

[1] 广东电网公司. 企业照明设计与节能[M]. 北京：中国电力出版社，2011：151.

[2] 房海明. LED 照明与工程设计实例[M]. 北京：中国电力出版社，2012：11-12.

（2）耗电量低、使用寿命长。LED 的耗电量相当低，常规工作电压是 2～3.6 V，工作电流为 0.02～0.03 A，电光功率转换接近 100%。换句话说，LED 所消耗的电能不超过 0.1 W，这与传统照明光源相比，节能 80%以上。LED 的先进技术也充分保障了其超长的使用寿命，固态封装技术不会产生灯丝烧坏、热沉积和光衰等问题，使用寿命可达到 6 万～10 万 h，是传统光源使用寿命的 10 倍以上，因此，也被称为"长寿灯"。

（3）绿色环保、健康舒适。LED 属于冷光源，制作材料中也不包含汞等有毒有害物质，废弃物还可以回收再利用，不会对环境造成污染。同时，LED 光谱中没有紫外线和红外线，采用冷发光技术实现了高亮度、低热量、低辐射，可以安全触摸，通过配光技术实现了点光源扩展为面光源，眩光小，有助于消除视觉疲劳，使用更为舒适。

（4）光源多变换。LED 光源利用红、绿、蓝三基色原理，可以在计算机的控制下使 3 种颜色具有 256 级灰度并任意混合，即有立方级的效果，可产生 16 777 216 种颜色，形成不同光色的变化与组合，从而实现丰富多彩的动态变化和影像效果。

（5）技术先进。与传统的发光光源相比，LED 光源是低压微电子产品，成功地融合了计算机技术、网络通信技术、图像处理技术、嵌入式控制技术等先进的技术手段，具有在线编程、无限升级、灵活多变等特点，也是一种先进的数字信息化产品。其高新技术使得 LED 光源的应用范围非常广泛，不仅可以制作不同类型的产品而且可以随意调光及实现动态变化效果。因此，被广泛地应用于各种照明设备当中。

基于 LED 光源的上述性能优势，可以进一步概括出 LED 光源多个方面的主要特点：

（1）安全性高。由于 LED 使用的是低压电源，供电电压在 6～24 V，低热电压下仍可稳定工作，因此，使用更为安全，特别适用于家庭和公共场所。

（2）能效高。LED 发光所消耗的能量相较于白炽灯、卤素灯和普通节能灯极低，能够产生较高的使用能效，节能效果非常显著。

（3）适用性强。LED 小片仅为 3～5 mm 的正方形，小巧灵活，可以制作成点、线、面等各种形式的器件和产品，从而对使用环境的适用性和适应能力也大为提升。

（4）颜色。改变电流可以变色，发光二极管方便地通过化学修饰方法，调整材料的能带结构和带隙，实现红、黄、绿、蓝、橙多色发光。例如，小电流时为红色的 LED，随着电流的增加，可以依次变为橙色、黄色，最后为绿色。

（5）价格较高。目前，市场上的 LED 价格仍然相对较高，最接近日光的白光 LED 由于受到价格的制约，在家庭普及使用方面还存在很大的阻碍。

综上所述，目前人类的日常生活当中主要使用白炽灯、荧光灯和 LED 这三大类发光光源，随着 LED 的研发与应用，LED 已经显露出越来越强烈的发展势头，主要应用于 LED 显示屏、LED 背光和 LED 照明等方面，在节约能源的大背景下，LED 取代白炽灯的步伐正越来越快，其未来的市场发展前景也非常令人期待。

6.3.3 LED 照明产业与低碳建筑

随着白光 LED 发光效率的不断提高，以及成本价格的快速下降，显色指数达到 70～90 的白光 LED 被越来越多地应用在低碳建筑的照明领域，可用于低碳建筑泛光照明和装饰彩灯等产品。白光 LED 作为 LED 中的先进技术，具有低压、低能耗、高安全性和长寿命等优点，是一种非常理想的绿色环保照明光源。

我国颁布的《建筑照明设计标准》（GB 50034—2013）等一系列文件对建筑物场所使用灯具在照明数量、质量、节能与安全性能方面都提出了具体的指标要求。随着 LED 照明在低碳建筑领域的逐步推广应用，在更新一层的标准体系中也逐渐引入了 LED 照明，不断提高了标准规范与要求。

从建筑照明应用市场的最新发展趋势来看，LED 所具备的节能环保、安全灵活、数码操控等特点使之正在迅速地获得低碳建筑的青睐，尤其是基于网络、调光及自主控制的 LED 建筑物照明控制方案非常符合低碳建筑的开发理念与使用功能。这些控制方案主要是基于前端的无源红外传感器、定时器或环境光传感器等，降低无人活动时的照明亮度，并通过多种网络技术支持更多的照明网络节点，从而实现建筑本身所具有的一整套的低碳环保照明效果。与此同时，LED 照明也需要在光源的选型设计，以及整体灯具的结构设计上不断改进和提升，从而满足低碳建筑的应用要求。

随着 LED 照明被逐步引入低碳建筑领域，LED 照明产业的发展前景也非常乐观。LED 照明产业科技含量高，能耗降低明显，完全符合低碳建筑的发展路线，已经受到世界各国的广泛关注。目前，全世界的照明工业正进入一个深刻的转型期，许多国家都提出了逐步淘汰白炽灯、推广节能灯的计划，并将半导体照明节能产业作为未来新的经济增长点，同时将其纳入国内的低碳建筑发展规划。从长远发展来看，半导体照明节能产业作为节能减排的重要措施，必将迎来一个新的发展机遇期。当前，我国也正处在一个产业结构调整、发展方式转变的关键时期，在低碳建筑发展过程中，将对 LED 照明技术的发展与应用提出更新的要求，提供更为广阔的发展空间。

6.3.4　中国 LED 照明市场的发展前景

根据中国光学电子协会光电分会的统计，自 2003 年以来，我国的 LED 照明产品正在以每年 25%以上的速度迅速增长，其中超高亮照明 LED 更以每年 50%的速度飞跃发展。在全球推行节能减排计划的大背景下，我国政府也坚决地推行淘汰白炽灯技术，引导并推广 LED 照明节能灯具。例如，2008 年年底，科技部、财政部联合启动了半导体照明应用工程试点工作，并制定了对使用高效节能照明灯具集中场所的财政补贴支持政策。2011 年，国家发改委首次将 LED 照明纳入国家节能计划。2012 年 2 月下旬，交通运输部启动了低碳交通运输体系的试点工程，连同 2011 年国家发改委所启动的低碳省、低碳城市试点工程，都对 LED 照明在建筑、公交车、地铁、城市照明、商业连锁、酒店照明等方面的广泛普及与应用形成了强大的推动力。

LED 照明具有体积小、寿命长、驱动电压低、反应速度快、抗震性强、能耗低、发热低、色彩纯度高、环保无污染等优点，能够满足各种应用设备对照明轻、薄及小型化的需求。并且 LED 照明在室内照明，特别是环境营造等方面，拥有其他任何光源都无可比拟的优势。目前，LED 显示实现全彩化，白光 LED 的推出更是前景广阔，被誉为是下一代照明工业的主流。纵观全球，半导体照明产业已经形成以亚洲、美国、欧洲三大区域为主导，三足鼎立的产业分布格局与竞争态势，各国也纷纷制定了以 LED 照明行业为核心的发展计划。在此背景下，我国先后制定并启动了绿色照明工程、"863"计划、半导体照明工程、十大重点节能工程、高技术产业化示范工程等措施，大力扶持我国 LED 产业的发展，以抢占发展的制高点，获取全球发展优势。

以往，LED 产业上游的绝大部分核心技术都掌握在外国企业手中，国内企业并没有相关的技术优势，从而导致 LED 光源价格昂贵，制约了其广泛地普及应用。在国家政策的强力引导之下，我国的 LED 照明相关企业通过不断开展技术升级和结构调整，半导体照明技术的研发和产业化进程逐步加快，我国的 LED 照明产业链日趋完善。目前，我国已初步形成包括 LED 外延片生产、LED 芯片制备、LED 芯片封装以及 LED 产品应用在内的较为完整的产业链，已经成为世界上重要的中低端封装生产基地，并在下游集成应用方面具备了一定的优势。[1]据统计，国内 LED 行业企业已达到 4 000 多家，从业人员 5 万多人，相关研究机构 20 多家企业。在巨大的市场需求的拉动下，尤其是在"十城万盏"半导体照明应用示范工程等

① 重庆大学科学技术协会. 科技前沿和未来[M]. 北京：科学出版社，2009：43.

政策的带动下，诸如 LED 路灯市场增长迅速，LED 产业发展前景一片光明。

6.4　新能源与低碳建筑的有机统一

从发展低碳建筑的基本路径来看，一方面，要发展清洁能源，用清洁能源替代化石燃料，包括消除化石燃料污染的碳捕获-碳封存技术等；另一方面，要提高能源利用效率，这正是低碳建筑的重要标准。迄今为止，我们所使用的几乎所有耗能设备都还未达到理论上的效率极限，随着科技的进步，各种机器设备、工艺过程、运输工具、照明设备等都存在着提升能源利用效率的可能。通过提高能效，我们可以在维持经济持续发展，改善生活水平的前提下，减缓能源消费的过度增长，从而达到"节能减排"的目的，在这方面，中国的建筑节能确实有着极大的潜力。建筑运行中所需的能源，有很大一部分是低温热能，诸如采暖、制冷和生活热水等能源需求，这种低品位能源在很多行业难以利用，但在建筑系统却非常合适。

需要指出的是，建筑领域不应一味追求低碳标签。近年来，有关"零碳建筑"的讨论日渐热烈，其本质接近于"零能耗建筑"。然而，受到物理学领域热力学定律的限制，世界上任何一座"零碳建筑"或"零能耗建筑"都要附带可再生能源生产装置，不论是太阳能集热器、光伏电板，还是发电风车、沼气发生池等，否则这座建筑是无法实际投入使用的。

零能耗建筑不仅造价昂贵，而且需要更大的占地空间实现能源循环。中国的土地资源保有状况决定了现阶段城市居民的居住形态只能是以高密度集合的建筑为主，这样的建筑形式很难有足够的空间采集、利用可再生能源。因此，刻意追求一般建筑实现零能耗、零碳排放，是一种不切实际的行为，反之，应该针对中国的具体国情，制定低碳建筑发展策略。

从整体和趋势上看，新能源与低碳建筑是一个相互包容的有机整体，但仍需进一步相互整合，需要遵循以下原则：

（1）低碳节能原则。低碳节能是低碳建筑最核心、最重要的设计原则。为遵循低碳节能的原则，建筑设计师在建筑设计阶段应当贯彻低碳、节能的目标，在整个建筑设计过程中，贯彻低碳节能理念。每位建筑设计师都应该走入现场，深入分析建筑所在地的气候及周边环境因素，在合理利用土地的基础上，寻找可再生清洁能源的最佳利用点，完善建筑通风及采光效果，科学配置建筑水电系统，提升能效，实现建筑的低碳节能。

（2）以人为本原则。低碳建筑在设计时，应该贯彻以人为本的原则，尽量满足人们对安全、生态、健康生活的需求。人是社会的主体，如果单纯追求建筑的低碳节能，而忽略建筑的舒适性，这是本末倒置。因此，设计低碳建筑时，要将人排在第一位，不能以牺牲人们的健康和舒适来实现建筑的低碳节能。从另一个层面来讲，低碳节能是一种理念，与建筑整体的舒适度不应该产生矛盾，这也是与人的高层次体验密切相关的。

（3）区别对待原则。由于世界各地的气候、温度、湿度、通风、土地等自然环境存在差异，在进行建筑设计时要因地制宜。我国的纬度跨度相对较大，依据气候温差特点可分为寒冷地区、严寒地区、夏热冬暖地区、夏热冬冷地区等建筑区域。在低碳设计过程中，严寒地区就要首先考虑冬季保温，而在夏热冬暖地区则不需过多考虑。另外，要根据地区特点因地制宜，如内蒙古地区的日照较充足，就可以考虑重点发展太阳能和风能，以充分利用能源。

（4）可持续性原则。可持续发展原则是低碳经济和低碳建筑的基本准则，其内容是指在满足当代人需求的基础上，还必须不会对后代人的需求产生危害。其核心宗旨是强调，当代人与后代人有着平等的发展机会，我们无权剥夺后代人的机会。要合理利用资源，有节制地对不可再生资源进行利用和保护。可持续发展原则的最突出的观点是节约能源，其中，在建筑设计建设中主要包含 3 个方面：① 低碳建筑的设计；② 低碳建筑的施工；③ 低碳建筑的运营。想要真正发展低碳建筑，就必须坚决贯彻可持续发展的设计思路。

第**7**章
低碳建筑装修和装饰

倡导减少二氧化碳的排放，低能量、低消耗、低开支的低碳生活，践行节约、健康、自然的生活态度，是随着人们生活水平和生活质量的提高而越来越多地为人关注的主题，低碳建筑的装修和装饰作为与日常生活息息相关的重要项目也逐渐受到重视。

7.1 建筑装修和装饰的绿色环保化要求

在现代建筑装饰装修中，绿色环保已经成为人们对装修装饰的基本要求，从装修材料的选择、设计理念，到装修过程都注重绿色环保的要求和标准，从而实现健康、安全的居住环境。

7.1.1 装修装饰材料绿色环保化

材料的绿色环保化是室内建筑低碳装修装饰的首要方面。讲究生活品质，追求健康舒适的生活目标，正在逐步成为现代社会的主流认识，因此，在室内建筑装修装饰中注重绿色环保化的材料成为大众关注的焦点。

绿色环保材料主要是指无毒、无害、无污染物、不影响人和环境的安全建筑材料。[①]一般而言，就是向室内空气环境排放污染物低的材料。室内空气质量（IAQ）对人的健康保障、舒适感受和工作学习效率尤为重要。现代人约 90%的时间在室内度过，IAQ 因而备受关注，世界卫生组织（WHO）早在 1974 年 4 月在荷兰召开"室内环境质量与健康"会议中就讨论过室内环境污染的问题，而室内空气质量则主要取决于室内装修装饰是否使用绿色和环保材料，将室内环境污染减少和控制到最低程度。

2000 年年初，建设部立项编制《民用建筑工程室内环境污染控制规范》国家

---

① 刘洪亮，陈学敏. 装修材料释放污染物的研究现状[J]. 职业与健康，2004（10）：11-13.

标准。①2001 年，《民用建筑工程室内环境污染控制规范》（GB 50325—2001）正式颁布。《规范》在 2006 年、2010 年分别进行修订，至 2013 年 6 月 24 日住房和城乡建设部发布第 64 号公告，批准《民用建筑工程室内环境污染控制规范》（GB 50325—2010）局部修订条文，自发布之日起实施。其中，第 5.2.1 条为强制性条文，必须严格执行，经此次修改的原条文同时废止。

节选相关标准条文如下：

4.3.4　I 类民用建筑工程的室内装修，采用的人造木板及饰面人造木板必须达到 E1 级要求。

4.3.5　II 类民用建筑工程的室内装修，采用的人造木板及饰面人造木板宜达到 E1 级要求；当采用 E2 级人造木板时，直接暴露于空气的部位应进行表面涂覆密封处理。

4.3.6　民用建筑工程的室内装修，所采用的涂料、胶黏剂、水性处理剂，其苯、甲苯和二甲苯、游离甲醛、游离甲苯二异氰酸酯（TDI）、挥发性有机化合物（VOC）的含量，应符合本规范的规定。

4.3.7　民用建筑工程室内装修时，不应采用聚乙烯醇水玻璃内墙涂料、聚乙烯醇缩甲醛内墙涂料和树脂以硝化纤维素为主、溶剂以二甲苯为主的水包油型（O/W）多彩内墙涂料。

4.3.8　民用建筑工程室内装修时，不应采用聚乙烯醇缩甲醛类胶黏剂。

4.3.9　民用建筑工程室内装修中所使用的木地板及其他木质材料，严禁采用沥青、煤焦油类防腐、防潮处理剂。

4.3.10　I 类民用建筑工程室内装修粘贴塑料地板时，不应采用溶剂型胶黏剂。

4.3.11　II 类民用建筑工程中地下室及不与室外直接自然通风的房间贴塑料地板时，不宜采用溶剂型胶黏剂。

4.3.12　民用建筑工程中，不应在室内采用脲醛树脂泡沫塑料作为保温、隔热和吸声材料。

5.2.1　民用建筑工程中所采用的无机非金属建筑材料和装修材料必须有放射性指标检测报告，并应符合设计要求和本规范的有关规定。

6.0.4　民用建筑工程验收时，必须进行室内环境污染物浓度检测。其限量应符合表 6.0.4 的规定。

---

① 王喜元. 民用建筑工程室内环境污染控制规范编制过程回顾[EB/OL]. （2002-01-04）[2014-07-15]. http://www.chinajsb.cn/gb/content/2002-01/07/content_40092.htm.

表 6.0.4　民用建筑工程室内环境污染物质量浓度限量

污染物	I 类民用建筑工程	II 类民用建筑工程
氡/（Bq/m³）	≤200	≤400
甲醛/（mg/m³）	≤0.08	≤0.1
苯/（mg/m³）	≤0.09	≤0.09
氨/（mg/m³）	≤0.2	≤0.2
TVOG/（mg/m³）	≤0.5	≤0.6

注：① 表中污染物质量浓度限量，除氡外均指室内测量值扣除同步测定的室外上风向空气测量值（本底值）后的测量值；② 表中污染物质量浓度测量值的极限值判定，采用全数值比较法。

同年，国家质量监督检验检疫总局和国家标准化管理委员会发布"室内装饰装修材料有害物质限量"等 10 项国家标准（表 7-1），自 2002 年 1 月 1 日起正式实施，同年 7 月 1 日起市场上停止销售不符合标准的产品。之后 GB 18581—2001、GB 18582—2001、GB 18583—2001、GB 6566—2001 已分别修订为 GB 18581—2009、GB 18582—2008、GB 18583—2008、GB 6566—2010。

表 7-1　关于"室内装饰装修材料有害物质限量"等 10 项国家标准（2001 年）

序号	国家标准名称
1	《室内装饰装修材料　人造板及其制品中甲醛释放限量》（GB 18580—2001）
2	《室内装饰装修材料　溶剂型木器涂料中有害物质限量》（GB 18581—2001）
3	《室内装饰装修材料　内墙涂料中有害物质限量》（GB 18582—2001）
4	《室内装饰装修材料　胶黏剂中有害物质限量》（GB 18583—2001）
5	《室内装饰装修材料　木家具中有害物质限量》（GB 18584—2001）
6	《室内装饰装修材料　壁纸中有害物质限量》（GB 18585—2001）
7	《室内装饰装修材料　聚氯乙烯卷材地板中有害物质限量》（GB 18586—2001）
8	《室内装饰装修材料　地毯、地毯衬垫及地毯用胶黏剂中有害物质释放限量》（GB 18587—2001）
9	《混凝土外加剂中释放氨的限量》（GB 18588—2001）
10	《建筑材料放射性核素限量》（GB 6566—2001）

2002 年 11 月 19 日，国家质量监督检验检疫总局、卫生部和国家环保总局联合颁布了《室内空气质量标准》（GB/T 18883—2002），并于 2003 年 3 月 1 日起实施。

例如，在建材地板行业中，早前针对人造板及其产品的《室内装饰材料　人造板及其制品中甲醛释放量限值》（GB 18580—2001）规定，地板达到 E1 级（≤ 1.5 mg/L，即要求室内空气内含有的甲醛量不超过 1.5 mg/L）标准即可被称作合格。自 2008 年 5 月 1 日起，新的强化地板国家标准《浸渍纸层压木质地板》（GB/T 18102—2007）开始实施，首次明确了强化木地板的"E0"标准（"E0"是欧洲标准，要求室内空气内含有的甲醛量不超过 0.5 mg/L）。

除了以上的 E0、E1 标准外，目前市场上逐渐开始认可更为严格的是 F4 星标准，即日本的 JAS "F☆☆☆☆认证标准"。"F4 星"源于日本农林省的法律法规，"F4 星"是日本地板标准最高的健康等级，也是国际上公认的最健康的地板标准。符合"F4 星"这个等级的板材甲醛释放限量平均值不能超过 0.3 mg/L。"F4 星"标准为日本国土建设及交通省（MLIT）针对地板、胶合板、黏合剂等 14 种建筑材料制定的甲醛释放标准，分为 F1 星至 F4 星 4 个级别，其中，"F4 星"标准最为严苛，要求甲醛释放量必须小于 0.3 mg/L。如果按照平时的 E1、E0 级标准来看的话，那么"F3 星"相当于国家 E0 级标准，建议限制使用面积，"F4 星"则远高于"F3 星"，在使用面积上无限制。该标准适用于板材、地板、橱柜、家具等木制建材产品。

7.1.2 装修设计绿色环保化

除了上述在选用达标的装修材料，绿色环保化特点还体现在装修设计方面[①]，如：①通风设计。通过设计使室内、外通透，创造出开敞的流动空间，使室内、外一体化，让居住者更多地获得阳光、新鲜空气和景色，尽量使各个角落都能进入新鲜空气，不要在门窗附近设置隔断物，以免阻隔空气流通，对于厨房、卫生间等，要设计排风的强制换气，因为只要装修，室内的污染物总是难免的，只是含量的高低问题。通风有利于降低室内环境中污染物，也可减少呼吸道疾病及空调病的发生机会，尽量通过设计把室内做得如室外一般。②添置绿色植物保护健康。在室内适当摆放一些植物，不仅可以吸收室内有害物质。改善室内空气质量，给人一种深居自然环境中的轻松和谐，而且可以烘托家庭氛围，陶冶生活情趣，提高文化品位，让使用者感知自然材质，回归原始和自然。③采用样板房方法。对于多次重复使用同一设计的情况，应先做样板房装修，然后委托有资质的检测单位进行室内空气中氡、甲醛、氨、苯和总挥发性有机物的检测。如果检测结果符合《室内空气质量标准》的规定，则可以进行其他所有房屋的批量装修施工。否则，应根据超标的污染物及其超标程度修改装修设计方案。

---

① 万云华. 装饰装修工程施工中绿色施工的研究[D]. 昆明：昆明理工大学，2009.

7.1.3　装修过程绿色环保化

建筑装修装饰的绿色环保化需要注意的另一个方面是装修过程，即装修装饰的施工过程。一般的装修装饰过程主要的施工流程如图 7-1 所示，少则 1～2 个月，多则半年，期间的各项施工过程，也需要注意绿色环保的要求。

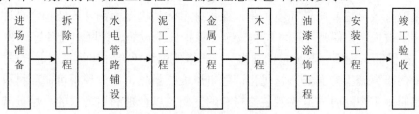

图 7-1　装修装饰工程施工流程

绿色装修要求室内装饰行业针对装修后空气中有害物质的浓度低于国家有关标准，即根据《民用建筑工程室内环境污染控制规范》进行评定和验收。而环保装修主要要求工程的实施需要在保证质量、安全等基本要求的前提下，通过科学管理和技术进步，最大限度地节约资源与减少对环境负面影响的施工活动，实现"四节一环保"。

因此，绿色环保化施工要求运用 ISO 14000 和 ISO 18000 管理体系，将绿色施工有关内容分解到管理体系目标中去，使绿色施工规范化、标准化。绿色施工总体框架由施工管理、环境保护、节材与材料资源利用、节水与水资源利用、节能与能源利用、节地与施工用地保护 6 个方面组成。绿色施工管理主要包括组织管理、规划管理、实施管理、评价管理和人员安全与健康管理 5 个方面。而环境保护技术一般包括扬尘控制、噪声与振动控制、光污染控制、水污染控制、土壤保护、建筑垃圾控制等方面。[①]

在组织管理方面：① 需要成立装饰装修绿色施工管理领导小组和技术分组，架构整体组织和机制运行框架，确定装饰装修工程绿色施工要达到的目标和相应的管理措施，保证施工完成后各项指标符合相关规定，有害物质排放达到《民用建筑工程室内环境污染控制规范》一等室内空气质量标准。② 项目经理为绿色施工第一责任人，负责装修工程绿色施工的组织实施及目标实现，并指定绿色施工管理人员和监督人员，在装修施工过程中严格控制材料使用和现场环境，保证从材料到施工工艺都符合绿色施工标准，最终实现绿色施工。

---

① 唐姊茜，贾彩丽. 室内绿色装修材料与绿色装修[J]. 劳动保障世界，2013（8）：148.

在规划管理方面，需要编制装饰装修工程绿色施工方案。该方案应在施工组织设计中独立成章，由环境专业人员参与施工经验丰富的技术人员不断磋商讨论，确保制定的装饰装修工程绿色施工方案可行，减少与工期、成本等因素的冲突，满足要求后按有关规定进行审批。一般而言，装饰装修工程绿色施工方案应包括以下内容：① 环境保护措施，制定装饰装修施工现场环境管理计划及应急救援预案，采取有效措施，降低环境负荷，保护好主体结构受力构件或结构不允许改变的部位不被损害，保证不破坏结构安全，保护地下设施、管网和设备等。② 节材措施，在保证工程安全与质量的前提下，严格使用绿色装饰建材并制定节材措施。预先专门研究施工方案的节材优化，建筑垃圾减量化，尽量使用可循环材料等，装饰装修施工中随时注意控制装修材料的使用，以合理利用为目的，尽量减少材料浪费。③ 节水措施，根据装饰装修工程的特殊性，严格控制装修施工中的用水量，争取水资源循环利用，并制定相应的节水措施。④ 节能措施，装修施工过程中各种机械使用应优先考虑节约能源为原则，预先进行施工节能策划，确定目标，制定节能措施，使装修施工过程中各种机械、设备的能耗降到最低。⑤ 节地与施工用地保护措施，制定临时用地指标、临时用地节地措施等。

在实施管理方面：① 应对整个施工过程实施动态管理，加强对施工策划、施工准备、材料采购、现场施工、工程验收、绿色施工评价等各阶段的管理和监督，各阶段尽量减少环境负荷，满足绿色施工要求。② 应结合装饰装修工程项目的特点，有针对性地对绿色施工作相应的宣传，通过宣传营造绿色施工的氛围，使施工人员和技术管理人员通过对绿色施工环境的耳濡目染，潜意识地对绿色施工达成共识，一步步向绿色施工迈进。③ 应定期对职工进行绿色施工知识培训，增强职工绿色施工意识，使员工认识到绿色施工的重要性，可适当制定相应奖惩措施来鼓励员工，使其积极主动地进行绿色施工。

在评价管理方面：① 对照装饰装修工程绿色施工评价的指标体系，结合工程特点，对绿色施工的效果及采用的新技术、新设备、新材料与新工艺，进行定期自我评估，评估结果用于施工过程中动态调节，做得不足或不到位的地方加以改正，保证全程实施绿色施工。② 成立专家评估小组，对装饰装修工程绿色施工方案、实施过程至项目竣工，进行综合评估，得出该绿色施工水平得分，加以总结讨论，逐步完善。

在人员安全与健康管理方面：① 制订施工防尘、防毒、防辐射等职业危害的措施，装饰装修材料采购时以满足有毒物质最小排放量的要求，严格控制装饰装修施工现场空气有害气体含量，保障施工人员的职业健康。② 合理布置施工场地，保证装饰装修施工中不产生大量空气污染物和有毒气体而影响生活及办公区的正常活动。施工现场建立卫生急救、保健防疫制度，在安全事故和疾病疫情出现时提供及时救助。③ 为装饰装修施工人员提供良好的生活环境，保障施工人员的健康，同时加强对施工人员的住宿、膳食、饮用水等生活卫生管理，做好生活区卫生防疫工作。

在装修过程中常遇到的绿色环保问题主要集中在以下几个方面：

（1）扬尘控制问题。运送垃圾、设备及建筑材料等时，应采取一定的措施，保证不污损场外道路。特别在运输容易散落、飞扬、流漏的材料及垃圾时，应对车辆采取密封处理，保证车辆和道路清洁，有条件时，施工现场应设置洗车槽，及时清洗进出车辆。装饰装修施工阶段，作业区目测扬尘高度小于 0.5 m。做到施工场地硬地化，要定期向地面洒水，减少灰尘对周围环境的污染。出场的车辆派专人在大门外的洗车池值班，监督出场汽车清洗轮胎。建筑垃圾的出场需用帆布覆盖，现场使用的水泥、白灰存入于仓库内，用塑料布覆盖，装卸有粉状类材料时，应洒水湿润或在仓库内进行材料运输进出场时堆放整齐，捆绑结实，散碎材料防止散落，并设专人负责卫生工作拆除临时设施时，及时洒水，减少扬尘污染施工现场非作业区达到目测无扬尘的要求。除了在装饰装修施工现场制定相应的扬尘控制措施之外，还应在非施工现场采取有效措施，如洒水、围挡、密网覆盖、封闭等，防止扬尘产生。保证在装饰装修施工场地四周隔挡高度位置测得的大气总悬浮颗粒物月平均浓度与城市背景值的差值不大于 0.08 mg/m³。

（2）噪声与振动控制问题。装饰装修施工现场严格控制施工噪声，噪声排放不得超过《建筑施工场界环境噪声排放标准》（GB 12523—2011）的规定，以免影响周围居民正常的生活和工作。在施工场界对噪声进行实时监测与控制应执行《建筑施工场界环境噪声排放标准》（GB 12523—2011）。使用低噪声、低振动的机具，对噪声较大的机具设备采取控制作业，尽量选择性能良好、噪声小的机械进场。木工圆锯安排在楼面时，应垫平垫实，减少引起楼面板共振的声响。必要时采取隔声与隔振措施，避免或减少施工噪声和振动。

（3）光污染控制问题。尽量避免或减少装饰装修施工过程中的光污染，在安装玻璃幕墙等反光装修材料时采取适当的遮挡措施，防止光线反射。夜间施工照明时，灯具需加设灯罩，使透光方向集中在施工范围。电焊作业采取遮挡措施，避免电焊弧光外泄。

（4）水污染控制问题。严格控制装饰装修施工现场污水排放，经过处理的污水应达到《污水综合排放标准》的要求方可允许对外排放。在装饰装修施工现场应针对不同的污水，设置相应的处理设施，如隔油池、沉淀池等，防止施工污水不经处理直接排入地面或地下，污染环境或危害人体健康。污水排放应委托有资质的单位进行废水水质检测，并提供相应的污水检测报告，检测合格后经相关部门批准，方可排放。对于化学品等有毒材料、油料、装饰涂料、溶剂等的储存，应制定严格的处理措施，做好隔离设计，并做好渗漏液收集和处理工作。

（5）建筑垃圾控制问题。应制定建筑垃圾减量化计划，制定合理的建筑垃圾量化指标，保证装饰装修施工中产生的建筑垃圾，每 $100\ m^2$ 的建筑垃圾不宜超过 2 t。同时，加强建筑垃圾的回收再利用，力争建筑垃圾的再利用和回收率达到 30%，装饰装修材料的废料或切割剩下的角料等应专门分类收集，有条件时再循环利用，有时也能达到一定的艺术效果且节约了资源。装饰装修施工现场建筑垃圾进行分类，做好垃圾收集及处理工作，堆放垃圾处进行相应的遮挡及密封，外运时尽量一次集中运出。生活区设置封闭式垃圾容器，施工场地生活垃圾实行袋装化，及时清运。

7.2 建筑装修和装饰的节能低碳化趋势

在现代建筑装饰装修中，除了绿色环保的基本要求外，人们越来越关注低碳装修，在居住、商务、休闲等选择上更倾向于低碳建筑。作为现代建筑的重要组成部分，装修装饰应当以可持续发展为指导，通过创新产品和方法，尽可能地做到低消耗、低排放、高质量环境的标准，达到经济、建筑与生态环境保护相互协调发展。[①]

7.2.1 简约减量化

装修装饰低碳化趋势的第一个特征是简约减量化，即采用简约的风格减少和节约装修材料的使用，同时减少装修垃圾的产生。

7.2.1.1 简约设计

就理念而言，现代简约设计注重外形简洁、功能强，比较强调室内空间形态的单一性和抽象性，并且尽力实现所有细节的简洁性。因此，简洁和实用是简约设计风格的两个特点。通过简约设计及其风格的实现，不必要的装修和装饰项目被简化和减少，建材的使用合理而无浪费、工程周期也相应缩短，在满足功能需求的同时减少装修材料的过度使用。

因此，通过简约设计控制各种材料的用量。在房屋装修前的装潢设计时，应考虑少用易造成室内环境污染的特别是污染严重的材料，如胶黏剂、夹层板、细木工板和中密度纤维板等人造木板，应尽量少用贴面工艺及油漆工艺。同时，应

---

① 沈粤湘. 绿色装修，低碳生活[J]. 中国建筑装饰装修，2012（6）：154-155.

注意遵循简洁、实用原则。如果装修设计、施工越复杂，各种功能空间和造型越多，工程量也就越大，使用的主材和辅材就越多，即便是全部使用符合室内装饰装修材料有害物质限量标准的装修材料，施工后装修的成品也可能因为各种有害物释放积累总量超标而造成室内环境污染。因此，房屋装饰装修，应遵循简洁、实用原则，尽可能删除不必要的吊顶、墙面造型，简化门框、窗框，室内装修应力求简洁，不要过于复杂。

7.2.1.2 节约材料

在实际的装修装饰过程中应注重材料节约管理：

（1）装饰装修施工前应制定材料节约方案，严格按照设计计算材料使用量，在进行图纸会审时，应审核节材与材料资源利用的相关内容，力争达到施工过程中材料损耗率比定额损耗率降低 30%。为了避免施工中建筑材料大量堆积而影响施工操作，应根据施工进度、库存情况等制定合理的材料采购计划，合理安排材料进场时间和批次，减少库存。保证现场材料堆放有序。储存环境适宜，措施得当。保管制度健全，责任落实。材料运输时，针对不同材料选择相应的运输机械，装卸时应采取保护和控制措施，合理制定装卸方案，防止损坏和遗撒。材料装卸和运输应尽量避免和减少二次搬运。优化安装工程的预留、预埋、管线路径等方案，使得线路最短，节约材料。就地取材优先原则。

（2）在围护材料中，墙体材料、门窗等围护结构应优先选用耐火性及耐久性良好的绿色装饰装修材料，施工确保密封性、防水性和保温隔热性。门窗材料应采用保温隔热性能好、隔声的型材和玻璃等材料，施工中做到良好的接缝处理，保证门窗密封性好。

（3）在装饰装修材料贴面类材料施工前，应检查材料检验报告单，确定其有害物质含量在国家标准允许范围内，施工时应进行总体板材策划，减少非整块板材的数量，争取节约材料。采用非木质的新材料或人造板材代替天然木质板材，为我国节约森林资源，减少一次性使用资源的浪费。防水卷材、壁纸、油漆及各类涂料基层必须符合质量和环境要求，避免起皮、脱落、挥发有害物质等。各类油漆及黏结剂应随用随开启，不用时及时封闭。幕墙及各类预留预埋应与结构施工同步，避免装修过程中触动主体结构，影响建筑整体安全。木制品及木装饰用料、玻璃等各类板材等宜在工厂采购或定制，采购时应检查生产厂商的绿色建材生产资质，保证其生产的装修材料满足国家环保标准，材料采购到场也应抽样检测，满足限量排放要求方可用于施工。采用自黏类片材，减少现场液态黏结剂的使用量，避免有害气体和刺激气味大量挥发扩散，影响环境。

（4）对于周转材料，选择周转材料时应优先选用耐用、维护与拆卸方便的材料和机具，周转材料以节约自然资源为原则。施工队伍选择时应选择制作、安装、拆除一体化的专业队伍进行装修工程施工。为了最大限度地节约自然资源，装修施工现场办公和生活应采用周转式活动房。现场围挡应最大限度地利用已有围墙，或采用装配式可重复使用围挡封闭。力争工地临时房、临时围挡材料的可重复使用率达到 70%。

以上节约材料措施总结分类如表 7-2 所示。

表 7-2　装修装饰的节材措施

项目	主要措施
节材管理	① 图纸会审时，应审核节材与材料资源利用的相关内容，达到材料损耗率比定额损耗率降低 30% ② 根据施工进度、库存情况等合理安排材料的采购、进场时间和批次，减少库存 ③ 现场材料堆放有序。储存环境适宜，措施得当。保管制度健全，责任落实 ④ 材料运输工具适宜，装卸方法得当，防止损坏和遗撒。根据现场平面布置情况就近卸载，避免和减少二次搬运 ⑤ 采取技术和管理措施提高模板、脚手架等的周转次数 ⑥ 优化安装工程的预留、预埋、管线路径等方案 ⑦ 应就地取材，施工现场 500 km 以内生产的建筑材料用量占建筑材料总重量的70%以上
结构材料	① 推广使用预拌混凝土和商品砂浆。准确计算采购数量、供应频率、施工速度等，在施工过程中动态控制。结构工程使用散装水泥 ② 推广使用高强钢筋和高性能混凝土，减少资源消耗 ③ 推广钢筋专业化加工和配送 ④ 优化钢筋配料和钢构件下料方案。钢筋及钢结构制作前应对下料单及样品进行复核，无误后方可批量下料 ⑤ 优化钢结构制作和安装方法。大型钢结构宜采用工厂制作，现场拼装；宜采用分段吊装、整体提升、滑移、顶升等安装方法，减少方案的措施用材量 ⑥ 采取数字化技术，对大体积混凝土、大跨度结构等专项施工方案进行优化
围护材料	① 门窗、屋面、外墙等围护结构选用耐候性及耐久性良好的材料，施工确保密封性、防水性和保温隔热性 ② 门窗采用密封性、保温隔热性能、隔声性能良好的型材和玻璃等材料 ③ 屋面材料、外墙材料具有良好的防水性能和保温隔热性能 ④ 当屋面或墙体等部位采用基层加设保温隔热系统的方式施工时，应选择高效节能、耐久性好的保温隔热材料，以减小保温隔热层的厚度及材料用量 ⑤ 屋面或墙体等部位的保温隔热系统采用专用的配套材料，以加强各层次之间的黏结或连接强度，确保系统的安全性和耐久性 ⑥ 根据建筑物的实际特点，优选屋面或外墙的保温隔热材料系统和施工方式，例

项目	主要措施
围护材料	如保温板粘贴、保温板干挂、聚氨酯硬泡喷涂、保温浆料涂抹等，以保证保温隔热效果，并减少材料浪费 ⑦ 加强保温隔热系统与围护结构的节点处理，尽量降低热桥效应。针对建筑物的不同部位保温隔热特点，选用不同的保温隔热材料及系统，以做到经济适用
装饰装修材料	① 贴面类材料在施工前，应进行总体板材策划，减少非整块板材的数量 ② 采用非木质的新材料或人造板材代替木质板材 ③ 防水卷材、壁纸、油漆及各类涂料基层必须符合要求，避免起皮、脱落。各类油漆及黏结剂应随用随开启，不用时及时封闭 ④ 幕墙及各类预留预埋应与结构施工同步 ⑤ 木制品及木装饰用料、玻璃等各类板材等宜在工厂采购或定制 ⑥ 采用自黏类片材，减少现场液态黏结剂的使用量
周转材料	① 应选用耐用、维护与拆卸方便的周转材料和机具 ② 优先选用制作、安装、拆除一体化的专业队伍进行模板工程施工 ③ 模板应以节约自然资源为原则，推广使用定型钢模、钢框竹模、竹胶板 ④ 施工前应对模板工程的方案进行优化。多层、高层建筑使用可重复利用的模板体系，模板支撑宜采用工具式支撑 ⑤ 优化高层建筑的外脚手架方案，采用整体提升、分段悬挑等方案 ⑥ 推广采用外墙保温板替代混凝土施工模板的技术 ⑦ 现场办公和生活用房采用周转式活动房。现场围挡应最大限度地利用已有围墙，或采用装配式可重复使用围挡封闭。力争工地临房、临时围挡材料的可重复使用率达到 70%

节水与水资源利用是装修装饰过程中需要重点注意的资源节约项目，节约措施有：① 提高用水效率，装饰装修施工中制定切实可行的节水施工方案和技术措施，采用先进的节水施工工艺，加强施工用水管理。装饰装修施工现场和生活区用水应采用节水系统和节水器具型产品，安装计量装置，并采取有效措施减少管网和用水器具的漏损，制定有针对性的节水措施。施工现场加强节水控制，机具、设备、车辆冲洗用水必须设立循环用水装置，最大限度地节约水资源。装饰装修施工现场应建立雨水、中水或可再利用水的收集利用系统，使水资源得到梯级循环利用。并分别对生活用水与工程用水确定用水定额指标，采取分别计量管理，保证用水量均衡，避免浪费。② 对于非传统水源利用的问题，可以在装饰装修施工时，为节约成本，可优先采用中水搅拌、中水养护，现场机具、设备、车辆冲洗、喷洒路面、绿化浇灌等用水，优先采用非传统水源，尽量不使用市政自来水。有条件的地区和工程应收集大量雨水并用于施工生产和生活环节，这样就能大大节约水资源及用水成本。研究开发水循环利用系统，力争施工中非传统水源和循

环水的再利用量大于30%。

7.2.1.3 减少装修垃圾

装修垃圾目前一般纳入"居民住宅装饰装修废弃物管理"体系之中，将包括居民住宅装饰装修、修缮产生的渣土、木料木屑、废塑料、石膏板、玻璃、金属以及其他混合废弃物。对于装修垃圾应采用"谁产生、谁承担处置责任"的原则，要求装修废弃物需要像生活垃圾般"实行袋装收集、定点投放、集中清运的作业模式"。

在装修过程中应关注装修垃圾的减量化，通过简约设计和节约管理，实现装修材料的物尽其用，减少废料和垃圾的产生，同时考虑废弃物的综合利用。

而要实现减少装修垃圾，可以考虑并设计如下减量化措施：① 控制住宅装修频率。在我国，虽然有关部门对装修的质量以及装修对建筑物的影响方面有严格的规定，但是对是否允许装修及装修的频率、程度等并无要求。相比之下，如新加坡规定政府出售的公共住宅，室内装修规定在领到钥匙之日起 3 个月内完成，此后 3 年内不准再进行第二次装修。同时规定住户装修须向建屋发展局申请装修许可证，由领有建屋发展局施工执照的承包商承包。装修户与承包商一起前往物业管理单位办理装修手续，并且缴纳一笔建筑材料搬运费和废物清理费。在北欧，对购买的公寓进行修缮前也应向有关部门报告，对产生的垃圾管理更为严格。这些制度在客观上限制了装修频率，因而减少垃圾的产生量。② 推进商品房装修的一次到位。商品房装修一次到位对减少装修垃圾的产量、集中收运和处理装修垃圾都有极大的好处。住户零星装修，垃圾不仅分散、难以收运，而且不能实施处理和回收的规模化操作。如果居住者对原装修风格不满意，尽量在建筑软装方面用心设计，在考虑自身的满意度、舒适度的同时，兼顾社会责任，为社会节省物资，减轻垃圾处理负担。

7.2.2 低耗节能化

装修装饰低碳化趋势的第二个特征是低耗节能化，即采用低耗节能的建材、电器产品，以及减少装修过程中能源的使用。

我国建筑行业的能耗非常大，并且随着建筑需求和规模的扩大，能耗也随之增加，目前，每年建筑行业能耗已经占据全国能耗的28%左右，且建筑用能的增加对全国温室气体排放的比例已达 25%左右。装饰设计是建筑的重要组成部分，良好的装修设计有利于降低能耗和温室气体的排放，实现建筑的可持续发展。具体来说，建筑装饰材料、建筑设备、建筑材料等都是建筑所不可或缺的重要组成部分，这些部分或多或少都存在一些环境问题，进而影响低碳的实现。

7.2.2.1　节能技术和产品

节能产品有助于降低建筑内能源消耗，从而有效实现低碳减排。建设部为了加强民用建筑节能管理，提高能源利用效率，改善室内热环境质量，于 2005 年 11 月 10 日发布《民用建筑节能管理规定》，自 2006 年 1 月 1 日起施行。《民用建筑节能管理规定》鼓励发展下列建筑节能技术和产品：① 新型节能墙体和屋面的保温、隔热技术与材料；② 节能门窗的保温隔热和密闭技术；③ 集中供热和热、电、冷联产联供技术；④ 供热采暖系统温度调控和分户热量计量技术与装置；⑤ 太阳能、地热等可再生能源应用技术及设备；⑥ 建筑照明节能技术与产品；⑦ 空调制冷节能技术与产品。

7.2.2.2　节能施工

装修装饰工程中的施工过程也需要节能管理，节能施工的主要措施有：

（1）在装修施工前制订合理的施工能耗指标，优化施工能源利用方案，提高能源利用率。优先使用国家、行业推荐的节能、高效、环保的施工设备和机具，优先选用国家、行业推荐的保温性好、隔热性强、低有害物质挥发的有绿色标志的装饰装修材料。装饰装修施工现场应做好用电控制措施，分别设定生产、生活、办公和施工设备的用电控制指标，定期进行计量、核算、对比分析，并有预防与纠正措施，随时对用电损耗情况进行检查修正，最大限度地节省生活、施工用电。根据当地气候和自然资源条件，充分利用太阳能、地热等可再生能源。

（2）在机械设备与机具使用方面，应建立施工机械设备管理制度，严格控制机械耗能，施工现场开展用电、用油计量，及时做好机械维修保养工作，使机械设备随时保持低耗、高效的状态。选择施工机械时，可选用节电型机械设备，如逆变式电焊机和能耗低、效率高的手持电动工具等，以利节电。机械设备宜使用节能型油料添加剂，在可能的情况下，考虑回收利用，节约油量。合理安排施工工序，提高各种机械的使用率和满载率，降低各种设备的单位耗能。而对于生产、生活及办公临时设施，应合理利用场地自然条件，根据场地合理规划生产、生活及办公临时设施，使其获得良好的日照、通风和采光，节约电能及热能。临时设施宜采用节能材料，尽量减少能源消耗。制定严格的用电设备使用制度，合理配置采暖、空调、风扇数量，实行分段分时使用和采用定时控制器控制，尽量节约用电。

（3）施工用电及照明制定施工临时用电节约制度，用电线路设计合理、优化布置，使用节能电线和节能灯具，如声控、光控等节能照明灯具。临时用电设备宜采用自动控制装置。最大限度地节约用电成本，节约电源。照明设计以满足最低照度为原则，照度不应超过最低照度的 20%。

从一般节能管理到具体项目节能建立节能施工过程可参考表 7-3。

表 7-3　装修装饰工程中的节能措施

项目	主要节能措施
节能措施	① 制订合理施工能耗指标，提高施工能源利用率 ② 优先使用国家、行业推荐的节能、高效、环保的施工设备和机具，如选用变频技术的节能施工设备等 ③ 施工现场分别设定生产、生活、办公和施工设备的用电控制指标，定期进行计量、核算、对比分析，并有预防与纠正措施 ④ 在施工组织设计中，合理安排施工顺序、工作面，以减少作业区域的机具数量，相邻作业区充分利用共有的机具资源。安排施工工艺时，应优先考虑耗用电能或其他能耗较少的施工工艺。避免设备额定功率远大于使用功率或超负荷使用设备的现象 ⑤ 根据当地气候和自然资源条件，充分利用太阳能、地热等可再生能源
机械设备与机具	① 建立施工机械设备管理制度，开展用电、用油计量，完善设备档案，及时做好维修保养工作，使机械设备保持低耗、高效的状态 ② 选择功率与负载相匹配的施工机械设备，避免大功率施工机械设备低负载长时间运行。机电安装可采用节电型机械设备，如逆变式电焊机和能耗低、效率高的手持电动工具等，以利节电。机械设备宜使用节能型油料添加剂，在可能的情况下，考虑回收利用，节约油量 ③ 合理安排工序，提高各种机械的使用率和满载率，降低各种设备的单位耗能
生产、生活及办公临时设施	① 利用场地自然条件，合理设计生产、生活及办公临时设施的体形、朝向、间距和窗墙面积比，使其获得良好的日照、通风和采光。南方地区可根据需要在其外墙窗设遮阳设施 ② 临时设施宜采用节能材料，墙体、屋面使用隔热性能好的材料，减少夏天空调、冬天取暖设备的使用时间及耗能量 ③ 合理配置采暖、空调、风扇数量，规定使用时间，实行分段分时使用，节约用电
施工用电及照明	① 临时用电优先选用节能电线和节能灯具，临电线路合理设计、布置，临电设备宜采用自动控制装置。采用声控、光控等节能照明灯具 ② 照明设计以满足最低照度为原则，照度不应超过最低照度的20%

7.3　建筑装修和装饰材料的绿色低碳选择

低碳建筑的装修、装饰需要把握绿色环保化、简约减量化、低耗节能化等发展趋势，具体而言，就是注重选择绿色低碳的装修和装饰材料，同时强调对低碳软装饰的用心设计。

7.3.1 健康安全的绿色环保材料

7.3.1.1 绿色环保材料的定义

室内建筑的装修装饰采用绿色环保材料已经是当前社会普遍共识，近年来在市场上也出现了大量的以绿色冠名的"绿色装饰材料"，然而是否属于绿色环保材料是根据装饰装修材料的一些特定指标和标准来衡定的，如材料中有害物质含量或释放量应低于国家颁布的"室内装饰装修材料有害物质限量"十项标准。因此，凡用于室内的装饰装修材料有害物质含量低于国家标准的装饰材料一般可以称为绿色环保材料。例如，在涂料中的有害物质"总挥发性有机物"（TVOC）规定的指标限量值是 200 g/L，人造板中的有害物质"甲醛"规定的指标限值是 0.5 mg/L 等，绿色环保材料应达到或优于这些国家标准。

7.3.1.2 绿色环保材料的区分与选择

一般在常用的装修装饰材料中，金属材料和常见无机材料如金属天花板、铝塑板、材料 PVC 板、硅钙板、石膏制品等不会导致环境污染和损害人体健康。

人造木板、饰面人造木板（包括夹板、细木工板、中密度纤维板、刨花板等）、胶黏剂、内墙涂料、水性处理剂、溶剂型涂料油漆、墙纸、水泥外加剂、地毯、地毯胶、地毯垫、聚氯乙烯卷材地板，以及木器家具则往往容易造成室内环境的化学污染。石材、砖或砌块、水泥、石灰、地砖、面砖、台盆、坐便器等易造成室内放射性污染。

因此，需要注意这些材料的绿色环保要求，在材料的采购过程中应充分了解生产商或供应商的情况，采购来的材料是否是正规厂家生产的，应有有效的有害物质含量或其释放量的检测报告，并符合《民用建筑工程室内环境污染控制规范》（GB 50325—2010，2013 年版）的规定、室内装饰装修材料有害物质限量的十项标准、《建筑材料放射性核素限量》（GB 6566—2010）的规定。

7.3.2 引领趋势的低碳节能材料

建筑装修装饰除了选择绿色环保材料外，也应该注意节能建筑材料的选择和使用，此类材料作为节能建筑的重要物质基础，是建筑节能的根本途径。在建筑中使用各种节能建材，一方面可提高建筑物的隔热保温效果，降低采暖空调能源损耗；另一方面又可以极大地改善建筑使用者的生活、工作环境，对节约能源、降低能耗、保护生态环境的可持续发展有着现实和深远的意义。

7.3.2.1 新型墙体及保温节能材料

墙体材料在房屋建材中约占 70%，是建筑材料的重要组成部分。传统的墙体材料产业大都属"窑业"，自然与高能耗、高排放相关联。墙体材料产业直接关联着建筑行业，而建筑节能又在社会总节能中占有相当大的比重。因此，提供新型建筑节能墙体及保温材料产品是引领低碳建筑发展的重点内容。

新型墙体材料如综合利用粉煤灰及其他工业废渣（煤矸石、矿渣等），取代黏土生产粉煤灰烧结砖，煤矸石烧结砖、矿渣砖）生产墙体材料制取轻质、高强、利废的黏土空心砖、掺废料的黏土砖、非黏土砖、建筑砌块、加气混凝土、轻质板材、复合板材等，从而达到节能、保护耕地、利用工业废渣、促进建筑技术发展的综合目的，当前主要新型墙体材料如表 7-4 所示。

表 7-4　各类装修装饰材料的绿色环保标准

项目		注释
板材类	介绍	人造木板是目前室内装修装饰中的常用产品,受限于加工工艺及胶黏剂品质差异影响，人造木板中容易出现甲醛释放量超标的情况
	标准	《室内装饰装修材料　人造板及其制品中甲醛释放限量》（GB 18580—2001）
	说明	该标准规定了室内装饰装修用人造板及其制品（包括地板和墙板等）中的甲醛释放量的指标值
	排放限量	① 中密度纤维板、高密度纤维板、刨花板、定向刨花板等甲醛释放量：E1 级≤9 mg/100 g；E2 级≤30 mg/100 g ② 胶合板、装饰单板贴面胶合板、细木工板等甲醛释放量：E1 级≤1.5 mg/L；E2 级≤5 mg/L ③ 饰面人造板等≤1.5 mg/L
涂料类	介绍	合格的内墙涂料、木制品涂料应是安全无毒的建筑材料,不合格的涂料中很可能含有有害物质，是室内主要的污染源
	标准 1	《室内装饰装修材料　内墙涂料中有害物质限量》（GB 18582—2008）
	说明	该标准规定了室内装饰装修用水性墙面涂料和水性墙面腻子中对人体有害物质的容许限量
	排放限量	① 挥发性有机化合物（VOC）含量：涂料≤120 g/L；腻子≤15 g/kg ② 苯系物含量（苯、甲苯、乙苯和二甲苯总和）：涂料≤300 mg/kg；腻子≤300 mg/kg ③ 游离甲醛含量：涂料≤100 mg/kg；腻子≤100 mg/kg ④ 可溶性重金属含量： 铅：涂料≤90 mg/kg；腻子≤90 mg/kg 镉：涂料≤75 mg/kg；腻子≤75 mg/kg 铬：涂料≤60 mg/kg；腻子≤60 mg/kg 汞：涂料≤60 mg/kg；腻子≤60 mg/kg

项目		注释
涂料类	标准 2	《室内装饰装修用天然树脂木器涂料》（GB/T 27811—2011）
	说明	该标准中规定了室内装饰装修用天然树脂木器涂料产品的污染排放限制水平
	排放限量	室内装饰装修用天然树脂木器涂料的污染物排放必须达到： ① 挥发性有机化合物（VOC）含量≤450 g/L ② 苯质量分数≤0.1% ③ 甲苯、二甲苯、乙苯质量分数总和≤1.0% ④ 卤代烃质量分数≤0.1% ⑤ 可溶性重金属含量：铅≤90 mg/kg、镉≤75 mg/kg、铬≤60 mg/kg、汞≤60 mg/kg
	标准 3	《室内装饰装修材料　溶剂型木器涂料中有害物质限量》（GB 18581—2009）
	说明	该标准中规定了室内装饰装修用聚氨酯类、硝基类和醇酸类溶剂型木器涂料以及木器用溶剂型腻子中对人体和环境有害物质的容许限值
	排放限量	① 挥发性有机化合物（VOC）含量： 光泽（60°）大于等于 80 的面漆≤580 g/L、光泽（60°）小于 80 的面漆≤670 g/L；底漆≤670 g/L；硝基类涂料≤720 g/L；醇酸类涂料≤500 g/L；腻子≤550 g/L ② 苯质量分数： 光泽（60°）大于等于 80 的面漆≤0.3%、光泽（60°）小于 80 的面漆≤0.3%；底漆≤0.3%；硝基类涂料≤0.3%；醇酸类涂料≤0.3%；腻子≤0.3% ③ 甲苯、二甲苯、乙苯质量分数总和：光泽（60°）大于等于 80 的面漆≤30%、光泽（60°）小于 80 的面漆≤30%；底漆≤30%；硝基类涂料≤30%；醇酸类涂料≤5%；腻子≤30% ④ 可溶性重金属含量： 铅：光泽（60°）大于等于 80 的面漆≤90 mg/kg、光泽（60°）小于 80 的面漆≤90 mg/kg；底漆≤90 mg/kg；硝基类涂料≤90 mg/kg；醇酸类涂料≤90 mg/kg；腻子≤90 mg/kg 镉：光泽（60°）大于等于 80 的面漆≤75 mg/kg、光泽（60°）小于 80 的面漆≤75 mg/kg；底漆≤75 mg/kg；硝基类涂料≤75 mg/kg；醇酸类涂料≤75 mg/kg；腻子≤75 mg/kg 铬：光泽（60°）大于等于 80 的面漆≤60 mg/kg、光泽（60°）小于 80 的面漆≤60 mg/kg；底漆≤60 mg/kg；硝基类涂料≤60 mg/kg；醇酸类涂料≤60 mg/kg；腻子≤60 mg/kg 汞：光泽（60°）大于等于 80 的面漆≤60 mg/kg、光泽（60°）小于 80 的面漆≤60 mg/kg；底漆≤60 mg/kg；硝基类涂料≤60 mg/kg；醇酸类涂料≤60 mg/kg；腻子≤60 mg/kg
	标准 4	《室内装饰装修材料　水性木器涂料中有害物质限量》（GB 24410—2009）
	说明	该标准中规定了室内装饰装修材料、水性木器涂料和木器用水性腻子中对人体和环境有害物质的容许限量

项目		注释
涂料类	排放限量	① 挥发性有机化合物（VOC）含量：涂料≤300 g/L；腻子≤60 g/kg ② 苯系物含量（苯、甲苯、乙苯和二甲苯综合）：涂料≤300 mg/kg；腻子≤300 mg/kg ③ 乙二醇醚及其酯类含量：涂料≤300 mg/kg；腻子≤300 mg/kg ④ 游离甲醛含量：涂料≤100 mg/kg；腻子≤100 mg/kg ⑤ 卤代烃质量分数：光泽（60°）大于等于80的面漆≤0.1%、光泽（60°）小于80的面漆≤0.1%；底漆≤0.1%；硝基类涂料≤0.1%；醇酸类涂料≤0.1%；腻子≤0.1% ⑥ 可溶性重金属含量： 铅：涂料≤90 mg/kg；腻子≤90 mg/kg 镉：涂料≤75 mg/kg；腻子≤75 mg/kg 铬：涂料≤60 mg/kg；腻子≤60 mg/kg 汞：涂料≤60 mg/kg；腻子≤60 mg/kg
	标准5	《室内装饰装修材料　内墙涂料中有害物质限量》（GB 18582—2008）
	说明	该标准规定了室内装饰装修用水性墙面涂料和水性墙面腻子中对人体有害物质的容许限量
	排放限量	① 挥发性有机化合物含量：水性墙面涂料≤120 g/L；水性墙面腻子≤15 g/kg ② 苯、甲苯、乙苯、二甲苯总和：水性墙面涂料≤300 mg/kg；水性墙面腻子≤300 mg/kg ③ 游离甲醛：水性墙面涂料≤100 mg/kg；水性墙面腻子≤100 mg/kg ④ 可溶性重金属含量： 铅：涂料≤90 mg/kg；腻子≤90 mg/kg 镉：涂料≤75 mg/kg；腻子≤75 mg/kg 铬：涂料≤60 mg/kg；腻子≤60 mg/kg 汞：涂料≤60 mg/kg；腻子≤60 mg/kg
胶黏剂类	介绍	胶黏剂虽然不如涂料使用量大，但是往往使用在材料内部接口，散发困难，不合格的产品更容易释放过量的有害物质，构成室内污染源
	标准1	《室内装饰装修材料　胶黏剂中有害物质限量》（GB 18583—2008）
	说明	该标准规定了室内建筑装饰装修用胶黏剂中有害物质限量
	排放限量	① 游离甲醛：氯丁橡胶胶黏剂≤0.5 g/kg；SBS 胶黏剂≤0.5 g/kg；聚氨酯类胶黏剂；其他胶黏剂 ② 苯：氯丁橡胶胶黏剂≤5 g/kg；SBS 胶黏剂≤5 g/kg；聚氨酯类胶黏剂≤5 g/kg；其他胶黏剂≤5 g/kg ③ 甲苯、二甲苯总量：氯丁橡胶胶黏剂≤200 g/kg；SBS 胶黏剂≤150 g/kg；聚氨酯类胶黏剂≤150 g/kg；其他胶黏剂≤150 g/kg ④ 总挥发性有机物： 氯丁橡胶胶黏剂≤700 g/L；SBS 胶黏剂≤650 g/L；聚氨酯类胶黏剂≤700 g/L；其他胶黏剂≤700 g/L

项目		注释
胶黏剂类	标准 2	《室内装饰装修材料 地毯、地毯衬垫及地毯胶黏剂有害物质释放限量》（GB 18587—2001）
	说明	该标准规定了地毯、地毯衬垫及地毯胶黏剂中有害物质释放限量
	排放限量	① 总挥发性有机物：A 级：地毯≤0.5 mg/（m^2·h），衬垫≤1 mg/（m^2·h），胶黏剂≤10 mg/（m^2·h）；B 级：地毯≤0.6 mg/（m^2·h），衬垫≤1.2 mg/（m^2·h），胶黏剂≤12 mg/（m^2·h） ② 甲醛：A 级：地毯、衬垫、胶黏剂≤0.05 mg/（m^2·h）；B 级：地毯、衬垫、胶黏剂≤0.05 mg/（m^2·h）
	标准 3	《室内装饰装修材料 聚氯乙烯卷材地板中有害物质限量》（GB 18586—2001）
	说明	该标准规定了聚氯乙烯卷材地板中氯乙烯单体、可溶性重金属和其他挥发物的限量
	排放限量	① 氯乙烯单体含量≤5 mg/kg ② 可溶性铅含量≤20 mg/m^2；可溶性镉≤20 mg/m^2 ③ 挥发物限量：玻璃纤维基材的发泡类卷材≤75 g/m^2；其他基材发泡类卷材≤35 g/m^2；玻璃纤维基材非发泡类卷材≤40 g/m^2；其他基材非发泡类卷材≤10 g/m^2
	标准 4	《室内装饰装修材料 壁纸中有害物质限量》（GB 18585—2001）
	说明	该标准规定了壁纸中的重金属元素、氯乙烯单体及甲醛三种有害物质的限量
	排放限量	① 钡≤1000 mg/kg；镉≤25 mg/kg；铬≤60 mg/kg；铅≤90 mg/kg；砷≤8 mg/kg；汞≤20 mg/kg；钡≤1000 mg/kg；硒≤165 mg/kg；锑≤20 mg/kg ② 氯乙烯单体≤1 mg/kg ③ 甲醛≤120 mg/kg
石材类	介绍	作为传统的建筑装饰材料具有独到的功能作用和饰面效果，是建筑装饰消费主要导产品
	标准	《建筑材料放射性核素限量》（GB 6566—2010）
	说明	该标准规定了建筑材料放射性核素限量
	排放限量	① A 类装饰装修材料中天然放射性核素镭-226、钍-232、钾-40 的放射性比活度同时满足 I_{Ra}≤1 和 I_r≤1；该类的产销与使用范围不受限制 ② B 类装饰装修材料中天然放射性核素镭-226、钍-232、钾-40 的放射性比活度达不到 A 类要求但同时满足 I_{Ra}≤1.3 和 I_r≤1.9；不可用于 I 类民用建筑的内饰面，但可用于 II 类民用建筑、工业建筑内饰面及其他以前建筑外饰面 ③ C 类装饰装修材料中天然放射性核素镭-226、钍-232、钾-40 的放射性比活度达不到 A、B 类要求但满足 I_r≤2.8；只可用于建筑物外饰面和室外其他用途

表 7-5　主要的新型墙体材料

项目	分类	制作与特点
墙体板材	石膏制的墙体板材	以建筑石膏为主要原料，掺入适量添加剂与纤维做板芯，以特制的板纸为护面，经加工制成的板材。具有重量轻、隔声、隔热、加工性强、装饰性好、施工方法简便等特点
	发泡水泥复合板	是由钢边框或顶应力混凝土边框、钢筋桁架、发泡水泥芯材、下水泥面层含玻纤网复合而成的新型节能、绿色、环保型建筑板材。承重、保温、轻质、隔热、隔声、耐火等性能优良
	轻骨料混凝土条板	是以普通硅酸盐水泥为胶结料，陶粒、工业灰渣等轻质材料为骨料，加水搅拌成为料浆，内配钢筋网片制成的实心或空心条形板材。主要用作居住与公共建筑的非承重内隔墙，也可用作阳台分户板、阳台栏板与管道井等
	GRC 空心复合墙板	是以耐碱玻璃纤维作增强材料，硫铝酸盐低碱度水泥为胶结材并掺入适宜集料构成基材，通过喷射、立模浇注、挤出、流浆等生产工艺而制成的轻质、高强高韧、多功能的新型无机墙体材料。具有较为理想的物理力学性能以及产品易于成型与制造
	钢丝网架夹芯复合板	采用一张平行的钢丝网片，中间填以半硬质岩棉或聚苯乙烯，并用横穿钢丝焊接制成。具有重量轻、强度高、保温隔热、防火抗震性好等优点
	阳光板	主要由 PC/PET/PMMA/PP 料制作而成。高强度、透光、隔声、节能的新型优质装饰板材
墙体板材	硬质/发泡 PVC 板材	是以聚氯乙烯（PVC）为主要原料，经特殊的发泡工艺制成。易造型，高强度，有极好的耐腐蚀性、电绝缘性能、隔声、隔热性能
	蜂巢夹芯板	是由表层材料、蜂巢夹芯材料及黏结剂黏合而成的复合板材。轻质、刚性大、隔热性佳、平整性好
	水泥刨花板	以木材刨花为主要原材料，用水泥为胶结制成的建筑板材。兼有水泥和木材二者的优点，强度高、自重轻，耐水、防火，保温、隔声、板面光滑，并具有可以锯、切、粘、钉等良好的可加工性能
	泡沫混凝土板材	采用全水泥基的凝胶材料，复合粉煤灰、矿渣、建筑垃圾等，利用物理发泡技术而制备成的一种轻质、隔热、隔声、吸声的墙体板材
墙体砌块	空心砌块	多排扁孔空心砌块对保温较有利，如砌块空心内填聚苯板、泡沫混凝土等则更加高效节能
现浇墙体	现浇泡沫混凝土墙体	机械化程度高发泡，混合、输送一体化；具有免拆模板技术免去了繁琐的支模拆模工序，提高了墙体表面的平整度；密度小重量轻，降低建设成本；同时保温性好，并有无机不燃、隔声、吸声等特性

注：本表根据文献整理[1]、[2]。

[1] 李良，朱恒杰. 我国部分建筑墙体材料现状及其发展前景[J]. 混凝土世界，2010（8）：16-19.
[2] 张红. 低碳墙体材料的两大使命[N]. 中国建材报，2010-10-21（002）.

7.3.2.2　节能门窗和节能玻璃

目前节能门窗的制造材料从单一的木、钢、铝合金等发展到了复合材料，如铝合金-木材复合、铝合金-塑料复合、玻璃钢等。目前我国市场主要的节能门窗有：PVC 门窗、铝木复合门窗、铝塑复合门窗、玻璃钢门窗等。

国内外研究并推广使用的节能玻璃主要有：中空玻璃、真空玻璃和镀膜玻璃等。① 中空玻璃在发达国家已经是新建住宅法定的节能玻璃，但我国中空玻璃的使用普及率还不到 1%，从国内外的实践来看，推广使用中空玻璃将是实现门窗节能的一个重要途径。② 真空玻璃在节能方面要优于中空玻璃，从节能性能比较，真空玻璃比中空玻璃节电 16%～18%。③ 热反射镀膜玻璃的使用不仅具有节能和装饰效果，可起到防眩、单面透视和提高舒适度等效果，还可大量节约能源，有效降低空调的运营经费。④ 镀膜低辐射玻璃，是近年来发展起来的新型节能玻璃，采用真空磁控溅射法在玻璃表面镀上多层金属或其他化合物组成的膜，对 380～780 nm 的可见光具有较高的透射率，同时对红外光（特别是中远红外光）具有较高的反射率，既可以保证室内的能见度，又能减少冬季室内热量的向外发散，还能控制夏季户外热量过多地进入室内，提供舒适的居住生活环境，将是未来节能玻璃主要的应用品种。

7.3.2.3　水泥和粉煤灰的利用

水泥工业在我国建材行业中能耗最大，因此要大力发展生态水泥。所谓生态水泥就是广泛利用各种废弃物，包括各种工业废料、废渣及城市垃圾为原料制造的一种生态建材。这种水泥能够降低废弃物处理的压力，既解决了废弃物造成的污染，又把生活垃圾和工业废弃物作为原材料，变成了有用的建材资源，从而降低了生产成本。生态水泥的主要品种有：环保型高性能贝利特水泥、低钙型新型水硬性胶凝材料、碱矿渣水泥等。

粉煤灰是燃煤发电厂的废弃物，由于其具有轻质多孔的特点和潜在的水硬性，可以作为多种建材的生产原料。开发粉煤灰建材不仅可以解决能源和资源问题，同时解决了这种工业废弃物造成的污染问题。

7.3.2.4　其他节能建筑材料

太阳能是人类可以利用的最丰富、最洁净、最理想的能源，随着太阳能光电转换技术的不断突破，在建筑中利用太阳能成了可能。因此，美国、日本、欧盟等工业发达国家非常重视太阳能的利用，纷纷推出开发"太阳屋计划"。我国太阳能的利用如建材化太阳能集热器，成为国内建材太阳能技术发展的先行者。可以设想，采用光能转换技术与建筑的屋顶、外墙、窗户等集结而成的复合产品，很可能成为重要的新型建材，既可作为优良的建筑材料，又可以进行太阳能发电，开辟未来建筑节能的新景象。

7.3.3 透射品位的低碳软装饰

低碳建筑是低碳生活的载体，低碳装修是实现低碳建筑的第一步，而低碳软装饰不仅仅是低碳建筑的深化，也是低碳生活在居住者和使用者的文化和品位体现，通过低能量、低消耗、低开支的低碳生活方式，折射人们健康、自然、安全的生活态度和文化品位。而软装饰是相对于建筑本身的基本结构空间提出来的，是视觉室内空间的延伸和发展[①]，是赋予室内空间生机与精神价值的重要元素，同时对现代室内空间也起到烘托家居气氛、营造环境意境、丰富空间层次、强化室内装饰风格、营造文化品位等作用。

（1）要对空间的整体装饰风格有清晰的定位。在对传统装饰风格及观念进行提炼的基础上，突出简洁实用性从而达到舒适、美观的装饰效果。因此，低碳软装饰不是大量低碳材料和装备的简单堆砌，而是通过以实用为原则、以人性化的舒适为宗旨的优秀设计来实现既富有简洁性、适用性，同时又体现较高的艺术、文化品位的生活方式。

软装饰由于施工工艺的简便，方便拆洗和更换，所以对于"软装饰"而言，只需改动室内的工艺品、装饰品、布艺品、家具等就能呈现出全新的面貌，通过色彩、形状、图案等各种元素的搭配，表现居住者的生活方式和审美情趣，营造具有独特、个性、舒适、健康、安全的高品位的空间环境，在审美上给人以愉悦感和良好的精神状态。

（2）要科学利用空间。科学、合理地规划室内空间，使空间的利用率发挥到最大，并从长远角度考虑，适当增加可变性空间，如住宅设计中的支撑体空间、适应性空间等新的空间设计形式，为后期的空间转型提供可能，使空间利用达到可持续性，这是低碳化建筑、低碳化装饰装修的有效途径。[②]

（3）随着时代的发展和生活质量的迅速提高，人类的环保意识逐渐重视起来，软装饰也体现出绿色设计的理念。如家具、布艺纺织品、床上用品等室内配饰物采用的材料大多都是以碳元素为主的天然纤维材料，并用相对较少的能源来生产和加工这些材料。这些天然的纤维材料比较环保，有利于人体的身心健康。另外，精心软装、崇尚自己创意和自己动手的创作，有助于充分体现出个性和文化修养，简约朴实的取材、充满创意的节约和再利用各类生活材料、注重功能而不可以追

---

① 董琪珺，朱妍林. 住宅装修低碳趋势——软装饰[J]. 大众文艺，2011（3）：66-67.

② 高祥生. 用低碳理念控制建筑装饰装修全过程[J]. 中国建筑装饰装修，2011（5）：178-181.

求华丽，充分展示生活和家居的艺术①。

在软装饰中，选用的布艺纺织品，图案设计多选用自然界中的动物、植物、各类花卉以及带有装饰性的自然纹理、艺术图案，通过古今文化的融合，将过去、现在、未来联系在一起。这反映了人们崇尚自然、复古，追求宁静、古典优雅的情趣。

（4）良好的光源及照明设计也是低碳装饰的重要环节。设计自然光或白日光益于健康，经济节能又宜人美观，因此要充分利用自然光源。在照明灯具、光源的选择上要注重实用并充分考虑节能和高效，尽可能选用节能灯具，如 LED 灯。有文献指出：白炽灯、节能灯、LED 灯的节能效果依次递增。以 1 W 的功率光源为例它们所发出的光通量分别为：15 lm、70 lm、120 lm 左右。所以节能灯、LED 灯相对白炽灯的节电效率是成倍率的。②另外光源的安装位置，如在顶部或墙面造型处设置暗藏式灯光带从而形成间接的慢射照明方式会造成大量光源的浪费，所以不合理地过量设置光源会造成能源的浪费和室内光源污染，增加二氧化碳的排放。

因此，顺应当下"轻装修、重装饰"的潮流，简约时尚的低碳软装逐步获得中青年消费群体的认可，在家居生活中实现材料、色彩、造型等要素的简约实用，并有助于提高人们生活质量、保护身心健康、创造一个舒适和健康的居住环境，将城市中那些快节奏、高频率、满负荷的工作群体从繁忙的工作压力中解放出来，转换到低碳环保而又有品位的家居生活空间。

7.4　室内有害物质的排放源分析与控制

在装修装饰过程中，如果不注意简约设计和绿色低碳装修，而大量使用各类装修材料进行过度装修，则容易造成室内环境有害物质污染情形的加剧。因此，需要认真分析这些有害物质污染排放的相关情况，从而讨论如何进行有害物质排放的控制。

7.4.1　室内环境污染排放源

《民用建筑工程室内环境污染控制规范》规定室内环境污染是由建筑材料和装修材料引起的室内环境污染。住宅在装修过程中，因为引入的装修材料和装修工

---

① 尚磊. 室内设计中的绿色装修[J]. 中国建筑装饰装修，2013（1）：214-215.

② 邓寒松. 家居室内环境的"低碳"设计思考[J]. 艺术与设计：理论版，2012（3）：82-83.

艺而产生大量住宅内本来不存在的空气污染物，其中对人体危害严重的有害物质主要有甲醛、苯、氨、酚和总挥发有机化合物等，以及噪声、装修垃圾等。

　　室内环境污染排放源主要指在装修装饰过程排放出上述污染物的各类建材和装饰材。目前我国的建材等材料由于市场行业不规范、施工设计不规范以及制造工艺和技术本身不够先进等诸多原因，造成材料排放或释放有害物质较难全部达到国家标准和规范要求，消费者也难以完全识别绿色环保材料而选择和使用一般建材，从而形成室内环境空气污染的排放源。

　　为了全面加强建筑装饰材料使用的安全性，控制室内环境的污染，国家质量监督检验检疫总局于 2001 年年底组织专家专门制定了 10 种室内装修材料的污染物控制标准，这 10 种材料为：人造板、内墙涂料、木器涂料、胶黏剂、地毯、壁纸、家具、地板革、混凝土添加剂、有放射性的建筑装饰材料。

7.4.2　常见的有害物质

　　根据我国建筑、装饰和家具材料的使用情况和相关标准及规范的要求，本节主要介绍以下几类室内家装污染物。

7.4.2.1　甲醛

　　甲醛是一种无色易溶的刺激性气体。经呼吸道吸入，可造成肝肺功能、免疫系统下降，甲醛还被国际癌症研究机构（IARC，1995）确定为可疑致癌物。

　　甲醛主要来源于人造板材、胶黏剂和涂料等，如：① 用作护墙板、天花板等装饰材料的各类脲醛树脂胶人造板，如胶合板、细木工板、中密度纤维板和刨花板等；② 含有甲醛成分并有可能向外界散发的各类装饰材料，如贴墙布、贴墙纸、油漆和涂料管；③ 有可能散发甲醛的室内陈列及生活用品，如家具、化纤地毯和泡沫塑料等；④ 燃烧后会散发甲醛的某些材料，如香烟及一些有机材料。上述有可能散发甲醛的材料在高温、高湿、负压和高负载条件下会加剧散发的力度。其中，各类人造板的甲醛散发是形成室内空气中甲醛的主体。

7.4.2.2　苯系物

　　苯系物（包括苯、甲苯、二甲苯等）为无色具有特殊芳香气味的气体。经皮肤接触和吸收引起中毒，会造成嗜睡、头痛、呕吐等，在通风不良的环境中，短时间吸入高浓度苯蒸气可引起以中枢神经系统抑制作用为主的急性苯中毒，轻者头昏、恶心、胸闷等，严重的会出现昏迷以致呼吸衰竭而死。苯系物被国际癌症研究机构确认为有毒致癌物质。

　　苯系物主要来源于油漆稀料、防水涂料、乳胶漆等。

7.4.2.3　总挥发性有机化合物（TVOC）

TVOC 是常温下能够挥发成气体的各种有机化合物的统称，其中主要气体成分有烷、芳烃、烯、卤、酯、醛等。刺激眼睛和呼吸道，可伤害人的肝、肾、大脑和神经系统。

TVOC 主要来源于油漆、乳胶漆等。

7.4.2.4　游离甲苯二异氰酸脂（TDI）

TDI 是具有强烈刺激性气味的有机化合物，对皮肤、眼睛和呼吸道有强烈刺激作用，长期接触或吸入高浓度的 TDI 可引起支气管炎、过敏性哮喘、肺炎、肺水肿等。

TDI 主要来源于聚氨酯涂料。

7.4.2.5　可溶性重金属元素

可溶性重金属元素包括铅、镉、汞、砷等。皮肤长期接触此类有害物质可引起接触性皮炎或湿疹，并对人体神经、内脏系统造成危害，特别对儿童发育影响较大。

重金属污染材料主要来源于油漆、胶黏剂等。

以上造成室内环境污染的有毒物质具有以下特点：① 污染多样性，随着我国房地产建设规模的扩大，每年进行装修的建筑也大为增加，耗费大量装修材料，并且由于现代生活造就丰富多彩的审美观念，因此在装修装饰中所使用的材料种类也随着生产技术水平的提高和居住者的需求日趋多样化，导致室内空气污染物种类和污染量大大增多，并且污染物来源广泛、种类繁多、成分复杂，甚至造成二次污染，导致居室内空气质量严重恶化。② 长时间作用于人体。由于人们几乎80%以上的时间都是在室内环境中度过，因此装修活动一旦完成，人们就要长期暴露在这样的环境中，不断排放出的有害物质长时间侵害人体健康。

7.4.3　室内有害物质控制要点

（1）绿色选材。要做到环保装修，首先要杜绝有害材料。消费者无论是亲历亲为还是委托装修公司，都应该认真把关所使用的材料，在选购装饰装修材料时应向供应商索要产品的全项检验报告。例如，在购买大理石和花岗岩时，供应商应提供产品的放射性指标，以供消费者选择。

（2）绿色设计和施工。在确定设计方案时，要注意各种建筑装饰材料的合理搭配、房屋空间承载量的计算和室内通风量的计算等。在施工时，要选择符合室内环境要求而且不会造成室内环境污染的施工工艺。例如，在实木地板和复合地板下铺装人造板，或者在墙面处理时采取了不合理的工艺等，这些都会导致环境污染。

要做到科学设计，首先要提高设计队伍的整体素质，这也是最关键的，因为他们是家装设计中的主体，他们设计水平的高低会直接影响到家庭装修的整体布局和风格，他们的设计也会影响到整体的装修费用和室内的环境质量。

（3）通风后入住。装修后的居室不宜立即迁入，应当有一定时间让材料中的有害气体充分散发，同时保持室内空气流通，有利于有害气体的排出，且有条件的情况下装修后最好能空置通风半年左右的时间，最短不能少于两个月。因为无论是甲醛、苯，还是放射性气体氡，只要新居保持通风，就能得到很好的散发，能使其浓度迅速降低。此外，甲醛的挥发受温度影响，温度越高挥发越快，装修后，尽量避开夏天入住。

同时，有针对性地多养花种草，如龟背竹、天竺葵、仙人掌等，有吸收甲醛、苯，分解二氧化碳释放氧气的功能。

第8章

低碳建筑与智慧建筑[①]

据 IPCC 调查显示，在工业化国家碳排放中，建筑物所产生的碳排放约占 30%；我国以"三高（高层、高密度、高容积率）建筑"为主，建筑碳排放更是几乎占到了 50%，其中空调、照明、信息机房等领域的电力消耗为关键排放源。信息机房的电耗情况约占楼宇用电的 25%，信息机房用电量中，服务器等业务设备用电约占一半，空调系统用电约占另一半。此外，据专家测算，一个家庭平均每天会产生 1.28 kg 二氧化碳、200 kg 废水和 20 g 的化学废品。以上数据表明，建筑节能减碳势在必行，同时也存在着巨大潜力，而推动建筑节能低碳标准的研究与制定，结合物联网、云计算等高科技手段，通过建设自动化、信息化的垃圾废水智能处理与循环利用系统，打造低碳智慧建筑是推动建筑节能减碳的基本途径和出路。

8.1 低碳建筑与智慧建筑的互动发展

21 世纪人类共同的主题是可持续发展、科学发展、低碳发展，对于城市建筑来说必须由传统能耗高碳排放发展模式转向低能耗低碳排放发展模式，低碳建筑正是实施这一转变的必由之路，是当今世界建筑发展的必然趋势之一。同时，智慧建筑是建筑艺术与现代控制技术、通信技术和计算机技术有机结合的产物，通过智慧化，提高信息管理和对信息综合利用的能力，给人提供完美舒适的工作和居住环境，实现了能源合理利用与人体舒适度的和谐统一，因此可以说，智慧建筑是世界建筑发展的另一必然趋势；由此可见，低碳建筑与智慧建筑发展必将逐渐融合，两者的交互发展将成为未来建筑发展的主题。

[①] "智慧建筑"和"智能建筑"是两个相似的概念，诸多专家学者和智慧建筑（智能建筑）解决方案提供商（如 IBM）都是在同一意义上使用这两个概念的。文中的混用，实属无奈之举：一方面，引用他人已有研究成果，为保持原汁原味，不敢妄作修改；另一方面，两个概念虽基本一致，但仍有些许区别，因为使用情境和语境的不同，无法做到完全统一。以上说明或文中对两个概念的使用若有不当之处，敬请各位读者批评指正。（著者）

8.1.1 智慧建筑的兴起

8.1.1.1 智慧建筑的内涵

智慧建筑是以建筑为基础平台，利用数据采集及控制系统以及系统集成技术控制优化各种机电设备运行，利用计算机及网络技术搭建信息交互平台，实现建筑系统的高度智慧化，能够使得各个子系统集中联动控制，实现办公及信息自动化，集结构、系统、服务、管理于一体并使其实现相互之间的最优化组合，为建筑的整体监控，合理分配资源等提供了便捷条件，为人们提供一个安全、高效、舒适、便利的建筑环境。

信息产业的发展是智慧建筑产业发展的原动力，计算机技术奠定了智慧建筑的基础。随着智慧建筑的观念逐渐发展，便利、安心、安全的生活出现在我们随手可得的居住空间之间，正因为如此，必须加强倡导智能建筑的系统整合理念，才能促进未来建筑物的发展得以提供健全完善的智慧化发展环境，进而达成生活智慧化、防灾安防智慧化、设备与环境管理合理化、信息通信网络化与兼具人性化管理的目标，智慧化的技术与概念不仅提高了建筑物的附加价值，增加消费者的购买意愿，也使得各产业对智慧建筑产业的开发更加深入，有设备自动化系统、监控门禁系统、智能建材、节能系统，甚而影音娱乐、健康护理等服务型的运行模式也竞相加入智能化建筑行列之中。

8.1.1.2 国外智慧建筑发展的历史

智慧建筑的概念源于 20 世纪 70 年代末的美国，智慧建筑的兴起和发展主要是适应社会信息化与经济国际化的需要。随着科学技术的迅猛发展，信息化浪潮正在席卷全球，为适应激烈的国际竞争的需要，集各种现代高新技术于一体的智慧建筑应运而生。

1984 年 1 月，美国康涅狄格州（Connecticut）哈特福德市（Hartford）所建成的"城市广场"，被公认为是第一座智能建筑物，该建筑物以当时最先进的技术来管理语音通讯、文字处理、电子邮件、市场行情查询、情报资料检索、科学计算、控制空调设备、照明设备、消防和防盗报警系统、电梯设备、变配电系统等，实现了大楼设备自动化综合管理。

日本在 1986 年建造的东京本田青山大厦和 NTT 品川大厦等都属于大公司建造的自用办公大楼。因此，对其设备自动化、通讯网络的建设等就更有针对性。由于目的明确，所以在大楼建设中同时将其内部的办公网络系统以及相应的应用系统一起建设起来。在这个基础上形成了后来所说的智能建筑的"3A"体系，即所谓"BA（楼宇自动化）、0A（办公自动化）、CA（通信自动化）"就是这么来的。

这些智能大楼多数是一些大公司，特别是大型电子公司，如"NEC""N17""松下""三井""东芝"等办公大楼，它们具有很完善的设备系统，设备与建筑设计配合融洽。这些大公司建设这些系统主要是为了自己使用，提高工作效率，同时也是为了改善企业形象。但由此促进了智能建筑向更高的水平发展。

20 世纪 80 年代后期，智能建筑业风靡全球。这主要是由于电子技术，特别是计算机、通讯、控制三项技术在建筑物自动化、通讯网络以及它们的系统集成方面有了飞跃的发展。无论从硬件、软件到集成技术都有显著的进步。90 年代初期，国际互联网在全世界迅速普及和应用，人们对建筑物功能的要求越来越高，同时高新技术能为人们提供一个更安全、高效、舒适、便捷的环境。另外随着家用电器的普及，电脑进入家庭以及互联网联系千家万户，智能化的住宅和网络化的小区也提到日程上来。一个蓬蓬勃勃的建筑物智能化普及高潮业已在全球形成。

目前，国外智能建筑正朝两个方面发展，一方面智能建筑不限于智能化办公楼，正在向公寓、酒店、商场、高速公路、现代化桥梁等建筑领域扩展，特别是向住宅扩展，即所谓智能化小区。智能化系统能根据天气、温度湿度、风力等的情况自动调节窗户的开闭、空调器的开关，以保持房间的最佳状态。例如，天要刮风下雨，窗户便立即关闭，空调器开始工作；如果看电视时电话铃响了，则电视机音量会自动降低，夜间的立体声音响过大，房间的窗户会自动关闭，以免影响他人等。另一方面，智能建筑已从单一建造到成片规划，成片开发，它最终会导致"智能广场""智能社区"的出现。①

8.1.1.3　国内智慧建筑发展的历史

智能建筑这个概念进入中国并不算晚，大体上在 20 世纪 80 年代中期以后，中国科学院计算技术研究所就曾进行了智能化办公大楼的可行性研究，对智能办公楼的发展进行了探讨。在此期间，一些报刊上也曾出现一些介绍智能建筑的论文。80 年代后几年出现了较早的一批智能设施和系统较为完备的建筑物。尽管那时在一些建筑物中已有了一些功能先进的系统，但鉴于当时"智能建筑"这个名词还未风行，很少有人称它们为"智能建筑"。

中国大陆上智能建筑的真正普及和推广是在 1992 年改革开放的大潮中。当时房地产热潮的兴起和一大批高标准办公楼项目的提出，导致一系列先进的设施和系统以及技术得以开发。我国首先打出"智能建筑"旗号的是房地产开发商，他们并不真正懂得智能建筑，而更多地看到的是在这个标签下可以使他建造的房地产商品有所增值；另一类较早进入这个市场的是计算机系统集成商，他们原来多

---

① 杜东良. 南京智能建筑业发展战略研究[D]. 南京：东南大学，2003.

半是搞电子通信或是承担网络、电子工程项目的。

从区域上看，我国智能建筑的兴起首先是在经济发达的沿海特区和北京，而后迅速向内地推广，形成了加速发展的趋势。如此巨大的建造工程量，形成了一个广大和具有巨大潜力的智能建筑市场，同时，在实践中培养和锻炼出一支宏大的技术群体。这支技术队伍不仅存在于建筑单位和安装公司以及系统集成企业之中，同时也存在于纷纷进入我国智能建筑市场的国外企业。

我国智能建筑的类型，早期以办公楼和旅馆酒店为主，后来也建造了一些设施完备、系统齐全的智能型医院、机场航站楼、大型火车站、博物馆、展览馆、体育馆以及专业性很强的建筑（如邮电枢纽、电力调度中心、天然气调配中心、110 指挥中心、银行等）。[①]

近些年来，智能建筑的发展已经带动和促进了相关行业的发展，成为高新技术产业的重要组成部分。其巨大的经济效益也将成为 21 世纪的主要高新技术产业之一。"智慧城市"是"智能建筑"概念的一个具有特殊意义的扩展。可以设想，未来在将住宅、社区、写字楼、医院、银行、学校、超市、购物中心等各具特色的"智能建筑""智能小区""智能住宅"通过"物联网"技术，让信息网络连接起来，加上市政公用领域的智能控制、城市管理领域的数字城管、城市交通领域的智能交通等，更大地发挥它们的功能和作用，会将整个城市推向现代化、信息化和智能化，"智慧城市"自然是实至名归。这些可以预见的前景，也预示着"智能建筑"将给人类宜居生活做出巨大贡献，具有极其广阔的发展领域。21 世纪是信息社会、知识经济的一个世纪，同时也是生态文明、人与社会和谐共处的一个世纪，现代科技的迅速发展，缩小了地球上的时空距离，国际交往日益频繁便利，通过信息互联，整个地球就如同是茫茫宇宙中的一个小村落。智慧建筑目前已成为各国综合实力的具体象征，也是各大跨国企业集团国际竞争力的形象标志，因而建设智慧建筑已成为 21 世纪的开发热点。21 世纪的新建筑无不绞尽脑汁朝向智慧化建筑构思来赢得消费者的青睐。

8.1.2 智慧建筑和低碳建筑融合发展

8.1.2.1 价值理念的一致性

现今我国建筑能耗约占全社会总能耗的 30%，而这 30% 指的仅是建筑物在建造和使用过程中消耗的能源比例，如果再加上建材生产过程中消耗的能源（占全社会总能耗的 16.7%），与建筑相关的能耗将占社会总能耗的 46.7%。在约 430 亿 m² 既

---

① 杜东良. 南京智能建筑业发展战略研究[D]. 南京：东南大学，2003.

有建筑中，只有 4%采取了能源效率措施，单位建筑面积采暖能耗为发达国家新建建筑能耗的 3 倍以上。如果不采取有效措施，2020 年中国建筑的能耗将是现在的 3 倍以上。按目前的趋势发展，2020 年我国的建筑能耗将达 10.9 亿 t 标煤。

低碳建筑的目标是，通过低碳建筑技术的应用，有效地保护整个自然生态环境系统的完整性及生物多样化；保护自然资源，积极利用可再生资源，使人类的发展保持在地球的承载力之内；积极预防和控制环境破坏和污染，治理和恢复已遭破坏和污染的环境。智慧建筑的目标则是，通过智能化技术的运用为人们提供现实的物质工具，一方面要创造有益于人类健康的工作环境，另一方面提高建筑物的可居住性、安全性和实用性。

低碳建筑理念在于，在建筑材料与设备制造、施工建造和建筑物使用的整个生命周期内，减少化石能源的使用，降低二氧化碳排放量，加大新能源和可再生能源的利用，注重节约能源和循环使用各种建筑材料，减少建筑施工过程中的生态破坏和环境污染，实现节约资源、减少废物、降低消耗、提高效率、增加效益。而智慧建筑的理念则在于，通过智能系统，如智能化管理和决策，智能化技术手段，打造低碳建筑，并促进低碳城市的发展。与传统建筑相比，低碳建筑和智慧建筑的理念更具有前瞻性和预见性，比较符合当前经济发展的需要，两者最根本的目的都在于优化人类的生存环境与生存目标。因此，低碳建筑和智慧建筑具有一致的价值理念，两者的融合已成为建筑行业未来发展的必然方向。

8.1.2.2　科技手段的共通性

从根本上说，智慧建筑就是信息时代的建筑，其目的是最好地利用有效信息，提高建筑性能、增加建筑价值。它与低碳建筑是紧密结合的，低碳建筑设计理念是节约能源，建筑物内的空调、供热、照明等系统的管理与控制是通过智能系统来实现的，低碳建筑要兼顾智能。在低碳建筑的建设中，我们可以做到保护环境减少污染，节约资源和能源，最大限度地利用自然光，采用节能的建筑围护结构以及采暖和空调设备，设置自然通风的风冷系统，安装智能照明系统，创造一个健康安全、适用和经济的活动空间，从产业链到生态链创造一个天人合一的环境，与周边环境融合、和谐一致，动静互补，做到保护自然生态环境。

低碳建筑的专业领域甚广，从规划、设计、施工到管理，从市政、园林、物业到经济，从建工建材、化工到轻工、从建筑、结构、机电到给排水，都与低碳建筑休戚相关。这是一个庞大的系统工程，既要全民动员为其添砖加瓦，反过来，她又造福于全球民众。我们可以清楚地看到越来越多的建筑供应商和使用者正日益关注和挖掘智慧建筑的优点，服务于低碳建筑。随着对基于网络通讯协议的新型开放标准的广泛应用，现在的定位是对智能建筑使用和建造的全球快速推广。

通过建设智慧建筑，可以监控整个建筑物的健康状态，从而形成低功耗、低排放、低污染、高效率、良性循环的现代化建筑，极大地降低能耗，也同时给业主和物业公司带来更多的便利和实惠。

　　新兴的技术科学如环保生态学、生物工程学、生物电子学、仿生学、生物气候学、新材料学等都逐步渗入建筑智能化领域中。目前，欧洲、美国、日本等发达国家也正在开发利用这些高新技术去处理垃圾、污水、废气、公害，消除电磁污染，节能、节水，资源可持续利用，建筑人工生态环境等，也正在尝试运用高新技术有规模地建设智能型低碳建筑，智能型生态建筑，即低碳智慧建筑。可以说，低碳建筑技术与智慧建筑技术，正在同一个建筑理念指导下，逐渐走向融合。建筑技术不仅要智能，还要低碳，低碳建筑通过智能技术得以实现，智能技术必须服务低碳建筑得以应用。

8.1.2.3　发展路径的一体性

　　低碳建筑主要包括建筑材料节能、新能源节能和建筑智能化节能，建筑智能化节能则包括机电设备节能改造和优化运行、能源监测以及建筑设备监控系统等。建筑材料节能、新能源节能和建筑智能化节能不是彼此孤立的 3 个方面，而是一个有机联系与互动的系统。建筑智能化节能是实现建筑材料节能、新能源节能的智能手段，而建筑材料节能与新能源节能也是实现建筑智能化节能物质载体。图8-1 为低碳建筑与智能建筑的互动关系示意图。可以看出，低碳建筑推动智能建筑，智能建筑服务于低碳建筑。

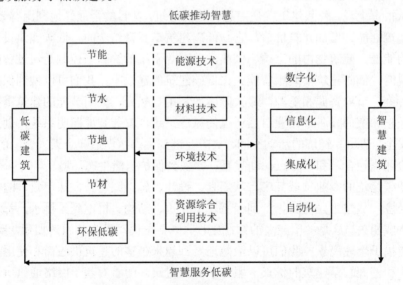

图 8-1　低碳建筑与智慧建筑互动关系示意

　　建筑智能化有利于控制建筑自身的运营成本。低碳建筑要求建筑在满足建筑功能的同时，最大限度地节能、节地、节水、节材与保护环境。处理不当时这几者会存在彼此矛盾的现象，如为片面要求小区景观而过多地用水，为达到节能的单项指标而过多地消耗材料，这些都是不符合低碳建筑理念的；而降低建筑的功能要求、降低适用性，虽然消耗资源少，也不是低碳建筑所提倡的，节能、节地、节水、节材、保护环境及建筑功能之间的矛盾，必须放在建筑全生命周期内统筹考虑与正确处理。而智能化技术的运用可以减少建筑自身的运营开销，所以建筑智能化是发展低碳建筑的必然要求。通过信息技术、智能技术和低碳建筑的新技术、新产品、新材料与新工艺的应用，低碳建筑最终实现经济效益、社会效益和环境效益的统一。因此，低碳建筑必须植入智能化基因，低碳建筑是一个系统工程，在设计、运行、管理、维护过程中综合考虑因素特别多，从设计开始一直到施工运转，都与智能化密切相关，如果不能科学维护，那么低碳建筑反倒可能消耗能量。"节能减排"与"低碳建筑"已成为现代建筑设计和建造的目标，也是建筑智能化发展的主要动力。大量的新增建筑也将为建筑电气、楼宇自动化及智能化的家居控制系统和产品带来巨大的市场。建筑智能化提高客户工作效率，提升建筑适用性，降低使用成本，减少了能源消耗，已经成为发展趋势。将节能环保的技术、理念与建筑融为一体，再加上自动化控制的智能基因，这样的建筑就有了一个更加响亮的名字——低碳智慧建筑。

8.1.3　实现低碳建筑与智慧建筑互动发展的核心技术

8.1.3.1　智能建筑集成技术

　　《智能建筑设计标准》（GB/T 50314—2006）提出了智能化集成系统这个新概念。智能化集成系统（IIS）将各种不同的建筑智能化系统，通过统一的信息平台实现集成，以形成具有信息汇集、资源共享及优化管理等综合功能的系统。

　　当前智能化建筑直接利用的技术是建筑技术、计算机技术、网络体系技术、自动化技术。智能建筑是高技术的结晶，建筑物的各种自动化控制系统不断地更新，而在这些新的控制管理系统中，则依建筑物内的设施用途而建置了不同的应用系统，如能源管理系统、空调与门禁的管控系统、公共设施管理系统以及各种警报通讯的传递等，也正因为各种应用控制系统的不同，在设备资源及各子系统的信息传递方面无法综合应用与相互沟通的情形时有发生，而要想避免此种情形的发生，就需要通过系统整合技术，才能达到建筑物内的信息共享与综合应用的目标。

　　智能建筑利用计算机技术、网络通讯技术及自动控制技术，经过系统综合开发，将楼宇设备自动化系统（BAS）、通信自动化系统（CAS）、办公自动化系统

（OAS）与建筑和结构有机地集成为一体，为人们提供了一个理想的安全、舒适、节能、高效的工作和生活空间。一个成功的智能建筑应该是合理运用系统集成技术，将建筑中分离的各子系统的设备、功能、信息通过计算机网络集成为一个相互关联的协同工作的系统，实现信息、资源、任务的重组和共享，为人们提供一个安全、高效、便利的工作和生活环境。系统集成程度决定了智能建筑的智能化程度。目前，我国虽有很多建筑号称"智能"建筑，但真正意义上的智能建筑却很少。绝大部分智能建筑工程不是将各子系统进行简单的堆砌，就是在技术条件及其他条件未成熟的情况下一味追求系统的集成程度，从而带来巨大的资金投入和系统的不可靠性，甚至使系统难以全面开通运行。由此可见，建筑的智能化是建立在系统集成基础之上的。国内外在智能楼宇系统集成技术实现方面主要有两种模式：基于 BA 系统的楼宇管理系统（Building Management System，BMS）模式和基于 Internet/Intranet 的智能楼宇管理系统（Intelligent Building Management System，IBMS）模式。[1]

8.1.3.2　智能建筑控制技术

智慧建筑，包括通过建筑自动化系统实现建筑物或是建筑群内设备与建筑环境的全面监控与管理，并通过优化设备运行与管理以降低运营费用。这样看来，建筑控制相当于智慧建筑的 CPU——是提高建筑智慧水平的关键所在。随着智能控制技术整体水平的不断提高，有效地推动了智能建筑的发展。智能建筑作为智能控制技术和现代化建筑技术相结合而成的产物，不但有效提高了建筑行业的管理水平和工作效率，也大大满足了人们对生活质量的要求。人们生活水平的提高是促进智能建筑的建设和发展的重要因素。[2]

低碳智能建筑的控制技术是以计算机和计算机网络、自动控制、通信技术为基础的，是一种高水平实现自动化的综合技术，包括能源管理和测量、节能优化（SSTO）控制和峰值需求限制（PDL）。建筑的自动控制技术中的一个关键部分就是运用现代计算机技术对整个建筑系统进行监管与控制，如建筑中的照明系统、空调系统、消防系统、设备系统以及保安系统等，这一自动控制的实现对现场的分布式自动控制技术以及信息集成技术提出了很高的要求。如今的现场设备已经不再是由单一的传感器和控制器组成，能够实现自主性控制、对数据进行管理，还具有一定的通信功能，由此可见，现代化的现场设备俨然发展成了一个完善的智能自主体。

---

[1] 刘静纨. 智能建筑系统集成技术分析[J]. 北京建筑工程学院学报，2003，4（4）：12，61-63.
[2] 车华，周东良. 论智能控制技术在智能建筑中的应用研究[J]. 新材料新装饰，2013（4）：53-54.

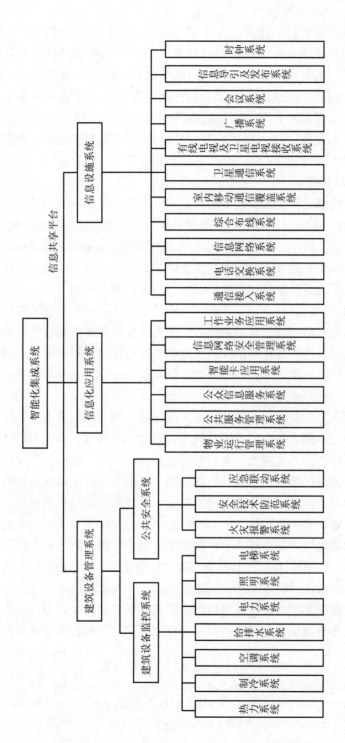

图 8-2 智能建筑系统结构示意

低碳建筑的智能控制技术，有区域热电冷三联供系统等的智能控制；有利用峰谷电价差的冰蓄冷系统的控制；有采用最优控制技术，充分利用自然能量来采光、通风，进行照明控制与室内通风空调控制，实现低能耗建筑；有可以随环境温度、湿度、照度而自动调节的智能呼吸墙；有应用变频调速装置对所有泵类设备的最佳能量控制；有自动收集雨水、处理污废水，提供循环使用的水处理设备控制系统。这些最优控制、智能控制等策略正在低碳建筑中得到广泛的应用。[①]

8.1.3.3 低碳能源技术

低碳能源技术又可分为低碳节能技术和低碳能源开发与利用技术。对于建筑空间，通过低碳节能技术的运用，从而从设计角度和改造过程中进行相应的应用，达到环保、宜居的目的。建筑的空间部分，包括中庭、通廊、地下空间等，这些都是可以进行低碳节能技术应用的建筑空间，并且导入建筑的设计、建造和改造过程中来。低碳节能技术包括对外墙部分、门窗部分、遮阳效果、屋面以及过渡空间的设计和改造。另外，对于建筑热电冷联供技术、输配系统节能技术、空调冷热源节能技术和溶液除湿新风系统技术等为主要内容的，是建筑能源设备系统的低碳节能技术。在建筑环境的控制系统中进行低碳节能技术的应用和改造过程中，一般还包括了自然通风、自然采光、低碳照明和空调末端节能等主要技术类别和层次。[②]

低碳能源开发与利用技术则包括太阳能光伏发电技术、风力发电技术和地源热泵技术等。太阳能光伏发电系统是利用太阳电池半导体材料的光伏效应，将太阳光辐射能直接转换为电能的一种新型发电系统。风力发电就是利用风力带动风车叶片旋转，再通过增速机将旋转的速度提升，把风的动能转变成机械能，再把机械能转化为电力动能，来促使发电机发电。地源热泵是一种利用地下浅层地热资源（也称地能，包括地下水、土壤或地表水等），既可供热又可制冷的高效节能空调系统。通常地源热泵消耗 1 kW 的能量，用户可以得到 5 kW 以上的热量或 4 kW 以上的冷量，所以我们将其称为节能型空调系统。地源热泵可利用的低位热源水有地下水、海水、城市污水、洗浴废热水、江河湖水等。[③]

此外，低碳能源利用技术还包括对太阳能、风能的直接利用，如太阳光照明导入系统。太阳光照明导入系统的基本工作原理：这一独特的系统带入密闭室内

① 程大章. 低碳城市与智能建筑电气[J]. 现代建筑电气，2010，1（1）：1-3，23.
② 白晓明. 绿色节能技术正在建筑设计及改造中的应用[J]. 中国房地产业，2013（4）：368.
③ 刘照华. 我国地源热泵空调系统发展前景分析[J]. 江苏建筑，2013（1）：101-103.

的是健康自然的阳光，而非将太阳能转换为电能再以电灯照明。阳光是通过在户外的太阳能面板聚集，经光纤线传入室内，紫外线和红外线等射线在传递过程中都已被过滤。特殊设计的泛光灯将源自光纤线的阳光照明室内。其太阳能面板采用定位追踪阳光的技术，引导涅耳透镜全方位跟踪阳光的位置。安装面板时，它已扫描空中最佳光线位置，并能记忆太阳走过的最佳光线路径，以最大限度聚焦光线。正常日照下一套设备能有效照明 $60 m^2$。太阳能面板是一块面积为 $1 m^2$，宽度为 $0.18 m$ 的正方形板块，固定在屋顶和建筑物正面。在太阳能面板中，64 个涅耳透镜随着中心轴移动，追踪并聚焦阳光。通过这个过程，可将阳光直接带入室内。[①]

8.1.3.4　低碳机房技术

低碳机房应该包括节能和环境友好两个方面。降低能源消耗，减少有害建筑装修材料的使用，采用防辐射、静音设备，降低运行维护人员的健康威胁等都是低碳机房建设的必要措施。但一般情况下提到低碳机房建设，都会突出强调节能。这是因为机房是建筑电力消耗的大户，机房内的配电和 UPS 设备、大量的服务器、存储等，以及为达到标准机房温度所配备的大功率空调，电力消耗量非常巨大。根据国内数据中心机房运行状况的有关调研数据显示，$1 m^2$ 的机房面积每年所支付的电费开支为 0.4 万～1 万元。国外很多数据中心甚至都配有电厂专门为其供电。根据 2013 年 6 月发布的 Top500 的数据，前十名中能源消耗最大的功率达到 17 808 kW，最小的也达到 1 972 kW，因此对于机房，能耗是运行维护过程中不可忽视的成本因素。

低碳机房指机房各系统均遵循最大能源节约及最低环境影响的设计原则，同时采用先进的技术与策略。例如，针对机房制冷排热和 IT 设备选型部署，采取了多种低碳节能措施和手段。在降低机房制冷能耗方面，采用精确送风的封闭热通道技术将机房内冷、热气流分离，使热空气不在机房停留。同时，在空调外机加装雾化喷淋技术来降低空调能源消耗。在服务器选型及部署上，采用高性能、低功耗的服务器并运用虚拟化和云计算技术打造了一个低碳节能的数据中心机房。[②]

机房的冷却系统作为机房能耗大户越来越成为关注的焦点，如何提高冷量利用率，如何降低空调使用频率也开始尝试深入探讨。以机房冷池技术为例，冷池可以有效地提高机房冷通道内的冷风利用效率，提高机柜进风效率，防止冷热风

---

① 太阳光照明导入系统. 杭州智嘉慧建筑设计有限公司内部资料，2014-09-16.
② 张超. 现代信息技术对图书馆管理的利弊研究[J]. 办公室业务，2013（4）：134，136.

混合，最终提高机房能效，降低 PUE 值①。据测算，冷池可以比不封闭通道给客户带来至少 4%的综合节能率。即若按 1 000 kW 负载，电费 0.75 元/（kW·h）计算，数据中心 1 000 kW/3×24×365×0.75=2 190 000 元。那么冷池每年可带来 87 600 元的电费节能，相当于减少 91 t 碳排放。冷池技术的特点之一就是智能化，冷通道内设置温湿度监测仪，每个机柜内设置一个温度传感器，冷池进门处设置一台 12 in（30.48 cm）触摸屏，可以查看冷池内的微环境。每个机柜顶部设置 3 in（7.62 cm）号码显示屏。冷通道内设置一台高清摄像机，冷通道门采用门禁系统，通道门及顶棚可与消防联动，消防报警时自动开启。

8.2　大数据时代的低碳智慧建筑

地球村已经进入大数据时代，这是信息化时代、互联网时代的升级版。研究表明：建筑业是数据量最大、业务规模最大的大数据行业，但同样是当前各行业中最没有数据的行业，就同等规模的企业来讲，也是最没有数据的企业。这样的行业就是典型的等待被革命的行业，但行业近 30 年一直被约 25%的行业增速（与互联网产业增速相当）麻痹着，行业管理创新能力十分微弱，企业与行业的转型升级步履艰难。信息化、互联网、大数据与建筑行业隔得较远。与此同时，中国的低碳智慧建筑发展却正处在一个黄金机遇期，有经济转型、城镇化、节能减排、智慧城市、物联网的五大发展机遇，同时结合广电、通信、电信、移动的三网融合，包括云计算、大数据这样的网络系统信息，物联网和云计算是托起并支撑智慧建筑的关键，而大数据既是物联网的结果，也是云计算的基础，它们将使低碳智慧建筑得到实质性的发展。

8.2.1　现代信息技术与低碳智慧建筑

8.2.1.1　现代信息技术的概念与内涵

现代信息技术是借助以微电子学为基础的计算机技术和电信技术的结合而形成的手段，对声音的、图像的、文字的、数字的和各种传感信号的信息进行获取、加工、处理、储存、传播和使用的能动技术。它的核心是信息学。现代信息技术包括 ERP、GPS、RFID 等，可以从 ERP 知识与应用、GPS 知识与应用、EDI 知

---

① Power Usage Effectiveness 的简写，是评价数据中心能源效率的指标，是数据中心消耗的所有能源与 IT 负载使用的能源之比，是 DCIE（data center infrastructure efficiency）的反比。PUE = 数据中心总设备能耗/IT 设备能耗，PUE 是一个比值，基准是 2，越接近 1 表明能效水平越好。PUE 值已经成为国际上比较通行的数据中心电力使用效率的衡量指标。

识与应用中了解和学习。现代信息技术是一个内容十分广泛的技术群，它包括微电子技术、光电子技术、通信技术、网络技术、感测技术、控制技术、显示技术等。

从技术的角度看，相对传统建筑，低碳智慧建筑主要是广泛采用"3C"高新技术，即现代计算机技术、现代通信技术和现代控制技术。由于现代控制技术是以计算机技术、信息传感技术和人工智能技术为基础的，现代通信技术也是基于计算机技术发展起来的，所以"3C"技术的核心是信息技术。现代信息技术，具有对空调、给排水、变配电、照明及其他建筑设施等纳入监控的机电设备使用及管理等运行信息，予以采集、接收、交换、传输、存储、检索和显示等综合处理的通信功能，确保建筑设备用能信息通信网的互联及信息畅通。

低碳智能建筑是人类建筑的现在进行时与将来时，它已成为世界技术创新和经济发展的新增长点。网络技术、通信技术等现代信息技术的飞速发展，必将推动未来智能建筑朝着集约化、系统化、标准化的方向发展。利用现代信息技术，建造绿色、环保、节能的智能建筑是未来建筑业发展的主流方向。

8.2.1.2　现代信息技术在低碳智慧建筑中的应用

（1）信息通信技术。信息通信技术在建筑中主要的使用功能包括为互联网络的接入提供端口、在使用过程中逐渐与移动通信系统实现交互式结合、可以同时进行远程的多方电视会议，并可以实现远程的医疗与教学等。在智能建筑中，信息通信技术的出现，实现了将通信的终端直接连接到办公室和家庭中的目的，并且也已经得到了广泛的应用。办公自动化的技术应用主要包括多媒体电子邮件、远程会议电视、无线遥控等，办公自动化在一定程度上说就是为建筑的各项电气设备提供信息和网络化的服务，促使其可以保障整个建筑的高效快捷的商业活动。现阶段，通过 E-mail 智能传真等方式可以发送多种形式的信息，包括声音信息、图像信息、音视频信息、格式化文本等，实现远程控制，节约了很多管理方面的成本支出。①

（2）互联网技术。智能建筑中互联网技术的应用范围非常广泛，并取得了很好的实际效果。利用互联网技术可以对系统实行远程的监控和操作，还可以对数据库的信息进行适时监控、查看相关的访问记录，以便及时发现问题并采取有效的解决措施。互联网技术的使用在一定程度上可以逐渐提高智能建筑中人们合理利用资源与能源的意识。互联网技术在实际的使用过程中如果使用的是开放式的网络传输协议，就可以极大地提高控制系统的各项功能，而系统之间的数据交换

① 吴奕奇. 智能建筑的主要特征与电气系统的设计[J]. 江西建材，2012（5）：55-56.

的能力也会越来越强。

（3）无线局域网技术。无线局域网络技术的使用给智能建筑的网络化提供了更大的空间，并打破了传统的有线局域网的布线限制，降低了工程的消耗程度。传统的网络使用需要在建筑中预留一定的线路，在布线的过程中还容易造成线路的损坏等，无形中增加了网络使用的成本。移动通信技术和卫星通讯技术不断发展，这给无线局域网的产生奠定了良好的基础。此项技术的主要应用特点是将微波、激光、红外线作为网络传输的媒介，提高了线缆端接的可靠程度。一台计算机可以在特定的网络使用范围之内任意更换地理位置，为用户的使用提供了便利的条件。在智能建筑中，很多领域都实现了无线局域网的连接，可以随时随地实现信号的传输、交互接入服务等功能，为人们的生活与生产提供便捷化和高效化的服务，满足了人们的各种需求。[①]

8.2.2　物联网技术与低碳智慧建筑

8.2.2.1　物联网的内涵与特征

（1）物联网的概念。物联网（Internet of Things），顾名思义就是"物物相连的互联网"。物联网的概念最早由 Auto-ID 实验室（Auto-ID Labs）于 1999 年提出，指将所有物品通过信息传感设备与 Internet 连接起来，形成智能化识别并可管理的网络。随后，国际电信联盟（ITU）对物联网的含义进行了扩展，指出信息与通信技术应用所要达到的目标已经从任何时间、地点连接到人，发展到连接任何物品的阶段，而万物的连接就构成了物联网。工信部 2011 年 5 月发布的《物联网白皮书》，指出 "物联网是通信网和互联网的拓展应用和网络延伸，它利用感知技术和智能装置对物理世界进行感知识别，通过网络传输互联，进行计算和处理，实现人与物、物与物的信息交互和无缝连接，达到对物理世界实时控制、精确管理和科学决策的目的。"

（2）物联网的网络架构与关键技术。物联网具有三层网络架构，即感知层、网络层和应用层。感知层主要实现对物理世界进行智能感知与识别、信息采集处理和自动控制，进而通过通信模块将物理实体通过网络层连接到应用层。网络层主要实现信息的传递、路由和控制，包括核心网、接入网和延伸网，网络层可依托于公众电信网和互联网，也可依托于行业专用通信网络。应用层包括各种物联网应用和应用基础设施及中间件。应用基础设施及中间件为物联网应用提供基本的信息处理、计算等通用处理的基础服务设施及资源调用接口，以此为基础开发

---

① 吴奕奇. 智能建筑的主要特征与电气系统的设计[J]. 江西建材，2012（5）：55-56.

在众多领域的各种物联网应用。物联网所涵盖的关键技术也非常多，简单划分为感知层技术、网络层关键技术和应用层技术，涉及感知、控制物联网、控制计算机、微电子、网络通信、微机电系统、软件、嵌入式软件、嵌入式系统等诸多技术领域。[①]

（3）物联网的基本特征。物联网具有以下特征：① 物联网充分利用多种感知技术，集成了多类型传感器，如温度传感器、光照度传感器等，这些传感器周期性地采集各种信息和数据，并不断更新，具有一定的实时性。② 物联网以互联网技术为基础，其核心依然是互联网技术，它利用有线网络和无线网络实现与互联网的融合，将各种信息准确无误地进行传递。物联网系统中传感器采集的信息数量庞大，构成了海量数据，在对其进行传输时，为了确保传输的及时性和可靠性，必须能够适应各种协议和异构网络。③ 物联网具有智能处理功能，不仅是简单地将各种传感器进行连接，还可以对接入网的"物"进行智能控制。它利用各种技术（数据融合、模式识别、神经网络、云计算等）对获取的信息和数据进行智能处理，应用广泛。可从传感器获取的海量数据中分析、处理出有意义的信息，进而适应用户的多种需求，发现其新的应用模式和领域等。[②]

（4）物联网的基本应用。物联网的提出体现了大融合理念，突破了将物理基础设施和信息基础设施分开的传统思维，具有很大的战略意义。当前，物联网的应用涉及各行各业，如工控、智能医院、城市交通、环境管理与治理、智能建筑等，并取得了一定的成就，积累了不少的成功经验，其行业特性在不同领域得到了充分的体现。从通信的角度，现有通信主要是人与人的通信，目前全球已经有60 多亿用户，离总人口数已经相差不远，发展空间有限。而物联网涉及的通信对象更多的是"物"，仅仅就目前涉及的物联网行业应用而言，就至少有交通、教育、医疗、物流、能源、环保、安全等。涉及的个人电子设备，至少可能有电子书阅读器、音乐播放器、DVD 播放器、游戏机、数码相机、家用电器等。如果这些所谓的"物"都纳入智能物联网通信应用范畴，其潜在可能涉及的通信连接数可达数百亿个，为通信领域的扩展提供了巨大的想象空间。物联网与低碳智慧建筑的结合，从根本上来讲，既是低碳智慧建筑中各种信息的整合，也是建筑智能化系统向上集成到物联网的应用平台，从而形成一个"系统的系统"，为政府部门、企业单位以及用户等提供相关服务。

---

① 王少伟. 智能建筑与物联网结合的研究[D]. 西安：长安大学，2012.
② 邵珠虹. 物联网环境下建筑用电设备的故障诊断与节能研究[D]. 济南：山东建筑大学，2012.

8.2.2.2　低碳智慧建筑与物联网结合的应用需求

低碳智慧建筑与物联网结合的意义在于顺应时代的发展，以满足社会发展需求，从而通过带动相关产业的发展推动社会经济。然而，按低碳智慧建筑设计规范，不同的建筑类型需要配备的智能化系统略有不同，其中涉及一些特殊用途。以下从 6 个方面，就智能建筑与物联网结合的社会发展需求进行分析。

（1）建筑智能化系统集成。早期低碳智慧建筑系统中，大多数子系统独立运行，后期或有进一步做系统集成，但是由于已有的一些子系统接口非标准，造成系统集成困难，或者还需上新的系统。以往智能建筑系统集成也存在定制集成，但通用性差，需求和实施效果脱节，存在智能化系统运行可靠性和可维护性不佳等问题。应用物联网技术，不仅可以将底层的"物"直接接入系统，而且将智能建筑子系统接入系统，搭建数字化管理门户，实时监测各类建筑设备的运行状态，提供物联网系统集成服务，最终实现子系统信息融合，便于管理。

（2）能耗监测与能源管理。目前全球面临能源与环境危机，而建筑能耗占社会总能耗的比例却逐年上升，已经与交通耗能、工业耗能并列，成为我国三大"耗能大户"之一。目前节约能源已成为我国的国策，建筑节能是节能的重点，能耗监测与累计分析是重要内容，节能降耗统计监测是各级政府对国家机关办公建筑和大型公共建筑的强制要求。应用物联网技术，可以实施对建筑供热（水）、供暖、水、电、气等用量的分类、分项计量，为建筑物业主提供能耗数据；进一步，通过对建筑中的各类能耗监测、累计、分析可以为政府相关部门、园区管理方或城市管理方提供对能耗的监测和管理。例如，物联网技术在建筑楼宇中的节能应用，解决了空调远端节能控制的问题。通过安装智能温控设备，实现了远端监测办公室内的温度情况，并根据设定值自动调节空调温度。例如，人出去了不在办公室，空调和电灯可自动调节关闭；后台监控软件提供了可视化界面，便于管理人员集中控制管理。[①]

（3）设备管理。建筑中机电设备种类繁多，如供配电设备、暖通空调设备、给排水设备、电梯、停车场设备、智能化系统设备等，设备采买时均签有售后服务，但设备故障不能及时反映至设备厂商，有些厂商本可远程解决的问题但因现场状况不明，还要维修人员往返，耗费人力财力，耽误时间，影响设备使用，给用户造成不便。而建筑设备监控或管理系统的一个重要功能就是设备运行状态监视、自动检测、显示各种设备的运行参数及变化趋势或数据，累计运行时间，提示并记录保养次数和时间等。应用物联网技术，通过建筑设备远程监控和故障诊

---

① 王少伟. 智能建筑与物联网结合的研究[D]. 西安：长安大学，2012.

断，可以为建筑物业主和设备供应商上传设备运行状态、运行记录等设备资料，或通过监视设备现场的摄像机上传现场视频信号，为建筑物业主和设备厂商提供设备运行状况监视和查询。例如，通过物联网技术，可以构建建筑用电设备物联网系统数据库，实现了对传感器采集的环境数据（包括温度、湿度、二氧化碳浓度、光照度等）、人员和设备运行状态及参数等信息的存储和管理。提取数据库中的各种信息，如环境温度、湿度等数据，人员信息、设备状态和参数等，综合这些信息进行数据处理、比较和分析，进行设备故障诊断和节能控制。[①]

（4）安全管理。低碳智慧建筑公共安全系统，既包括以防盗、防劫破坏、防入侵为主要内容的狭义"安全防范"，也包括通信安全、防火安全、信息安全、医疗救助、人体防护、防煤气泄漏等诸多内容的广义"安全防范"。智能建筑公共安全系统是社会综合防控。智能建筑公共安全系统是社会综合防控技术系统的有机组成部分，需要得到社会公共安全信息资源的大力支持。应用物联网技术，可以使建筑物公共安全报警信息（报警地点、报警类型、现场音视频信号、监听监视信息）及时上传至城市公共安全部门，根据警情启动社会公共安全保障的各种预案，为建筑内各种警情的控制与处理提供支持。

（5）环境质量监测。环境质量监测主要监测环境中污染物的浓度和分布情况，以确定环境质量状况。定点、定时的环境质量监测历史数据可以为环境影响评价和环境质量评价提供必要的依据；也可为污染物迁移转化规律的研究提供基础数据。环境质量监测主要包括水、气、声的质量监测，而智能建筑中设备控系统不仅有对水、气、声环境的监测，还有对热、湿、光环境的监测，不仅可以监测室内也可以监测室外，故而可提供环境质量监测所需的各类数据，为改善支持。应用物联网技术，可以实现建筑物内外或建筑园区环境质量监测（包括水环境、声环境、气环境等），为建筑物业主上传环境监测数据，并为环境保护部门提供监视、查询环境监测信息。

（6）智能化系统管理与维护。建筑智能化系统运行管理的目的是为保证智能化系统的正常运行，智能化系统只有在正常运行中才能发挥其功能效果，实现智能化的真正内涵。目前智能化系统的管理模式主要有两种：一是建筑智能化系统承建方（智能化系统集成公司）对建筑智能化系统使用方（建设单位）进行培训，由使用方自己管理，这种方式要求使用方管理人员具有一定的文化基础和技术水平；二是由承建方代管的管理方式，这种方式在专业技术上具有优势，但因为目前服务尚未专业化，因而在实施中缺乏时间和服务的保障。应用物联网技术，可

① 邵珠虹. 物联网环境下建筑用电设备的故障诊断与节能研究[D]. 济南：山东建筑大学，2012.

以实现建筑智能化子系统或集成运行状态的远程监视和故障诊断，为建筑使用者或拥有上传智能化系统运行状态、记录监控权利的一方提供建筑运行的监视、查询维护和管理。

物联网对智能建筑技术影响无处不在，设备经过传感器联网技术遍及大部分子系统，可以说：很多子系统已经是准物联网形态或已经是物联网形态。[①]低碳智慧建筑是构建智慧城市的基本单元，许多行业如智能交通、市政管理、应急指挥、安防消防、环保监测等业务中，低碳智能建筑都是其"物联"的基本单元。推进建筑节能，发展低碳智慧建筑不仅是中国建设资源节约型、环境友好型社会的重大任务，也是保护全球生态环境，实现可持续发展的必然选择。随着科技的发展，物联网与建筑的结合越来越紧密，并逐渐渗透到智能家居、安全防范等领域，成为智能建筑行业发展的新亮点。随着科技的发展，物联网与建筑的结合越来越紧密，成为低碳智能建筑行业发展的新亮点。[②]

8.2.3 云计算与低碳智慧建筑

8.2.3.1 云计算的内涵与特征

（1）云计算的基本概念。云计算是一种 IT 资源的交付和使用模式，指通过网络（包括互联网 Internet 和企业内部网 Intranet）以按需、易扩展的方式获得所需的软件、应用平台及基础设施等资源。云计算从服务模式上来讲主要包括基础设施即服务（LaaS）、平台即服务（PaaS）、软件即服务（SaaS）等内容，是互联网上相关服务的增加，它在使用和交付上面，一般会涉及互联网提供的一些动态扩展，并且是经常用到的虚拟化资源。其实它是一种比喻的说法。狭义是指通过网络付费获取资源。广义是指服务的缴费和使用模式，通常是指网络以按需和易扩展的方式来获取所需求的资源。它意味着计算能力也可以作为商品，通过网络的平台进行流通。

云计算的基础架构技术帮助系统管理提高运行的速度和灵活性，实现快速交付最新产品与服务。其中，平台即服务（PaaS）是一套"云"交付服务，为"云"应用开发、部署、管理及整合创造环境。PaaS 借助"云"工具和服务，并将应用生命周期中的关键应用开发任务标准化，从而降低成本和复杂性，并加速创造价值。软件即服务（SaaS）是一种软件交付模式，集中托管于云计算环境中，用户通过互联网访问。很多应用利用其作为公共交付模式，以减少成本，并简化部署。

---

① 王建康. 对计算机审计的初步探讨[J]. 科技信息，2012（13）：129-130.
② 王少伟. 智能建筑与物联网结合的研究[D]. 西安：长安大学，2012.

SaaS 可以释放各类部门用于存放、运行、维护设备的资源，尤其适合开发与测试等资源密集型活动。[①]

（2）云计算的基本特征。

云计算技术具有资源池化、弹性扩展、自助服务、按需提供、宽带接入等关键特征。将云计算技术应用于低碳智慧建筑系统，具有以下技术特点：

- ☞ 服务虚拟化。使客户在云计算平台上运行各子系统时与传统单独的服务器完全相同。
- ☞ 资源弹性伸缩。可实时自动根据各子系统的运行及存贮能力的需求进行资源的灵活配置，使系统的应用负荷率较高。
- ☞ 集成便利。在云计算平台下，采用相关的集成技术对各子系统进行集成，有更好的数据共享及联动处理的能力，便于各子系统之间的数据共享和集成。
- ☞ 快速部署。借助于云管理平台，可以构建易于管理、动态高效、灵活扩展、稳定可靠、按需使用的新一代建筑智能节能管理中心。中心可根据各子系统的扩展或调整要求进行快速的调整，增加或减少子系统，较适合应用于要求系统可扩展性强、功能需求可能发生变化的大厦中。
- ☞ 桌面虚拟化。通过云计算系统的中瘦客户端，授权进行各管理人员的定制桌面，可方便在任何地方登录时都进入自己的桌面，对系统进行管理。
- ☞ 管理业务统一部署。可以将已有的应用系统统一部署在云平台中，系统的升级调整均可统一进行，提高系统的可靠性。[②]

8.2.3.2　云计算实现低碳智慧建筑服务和资源的共享

（1）云计算可整合低碳智慧建筑系统资源。低碳智慧建筑系统因子系统多、IT 设备多，所带来的电源供应、空调消耗都较大，采用云计算技术对传统建筑的系统进行改造，对系统服务器进行弹性部署，能够提高 IT 设备的负载率，减少服务器的空置率，提高了系统资源利用率，并通过镜像等技术提高系统的可靠性，其可行性和效果均较理想，是一种较有意义的探索。经过在某建筑中进行试验性的应用，其服务器硬件的数量减少在 20%~40%，建筑管理机房的能耗降低约20%，是一种较好的降低能耗的有效途径。通过这些技术手段，可使建筑运行效率更高，达到低碳智慧建筑中所要求的相关节能指标和智能化要求。未来，随着

① 王昊，董杰. 用云计算和物联网技术对建筑能源管理的思路[J]. 能源与节能，2012，8（8）：1-2.

② 吴品垫. 基于云计算技术的节能型建筑智能化系统的设计和应用[C]. 中国建筑业协会智能建筑分会成立 10 周年暨 2013 智能建筑行业发展高峰论坛论文集，2013：171-177.

云计算技术的发展和在建筑中运用的不断成熟，其造价也会不断降低，相信这项技术会在行业中有广阔的应用前景。

现代低碳智慧建筑系统的部署，一般围绕着楼宇自动化系统（包括安防、消防系统）（BAS）、办公自动化系统（OAS）、通信自动化系统（CAS）进行，通过这些智能化系统，达到安全、舒适、便捷、节能、环保等方面的目的。以高星级的酒店为例，一个较完整的低碳智慧高星级酒店，主要应包括以下子系统：建筑集成管理系统、建筑设备自动化系统、建筑能耗计量分析系统、智能照明系统、安防视频监控与防盗报警系统、电子巡更系统、酒店管理信息化系统、办公自动化系统、客房智能控制及紧急求助系统、酒店一卡通（门禁、速通门、电梯控制、访客管理、停车场管理、消费系统等）系统、酒店高清互动电视信息系统、计算机网络系统、程控电话网络系统、远程数字多媒体会议系统、综合布线系统、数字紧急广播系统及背景音乐系统、酒店数字音视频系统、信息发布显示系统、无线对讲系统、机房工程。以上系统除部分的无源系统（如综合布线系统）或非信息化的电子系统（如无线对讲、机房工程等）之外，绝大部分都是由计算机系统进行管理的，每个系统均需配备至少一台系统的服务器，对一个约 10 万 m^2 的酒店项目而言，服务器数量约有 30 台。而且，每个系统的服务器运行及负载情况是根据系统的运行情况而不断变化的，如监控系统，在发生报警时立即进行联动高分辨率录像，此时，存储服务器的负载率急剧上升，当报警处理完成以后，其负载率又马上回到较低状态。其他如建筑集成管理、建筑设备自动化、建筑能耗的计量分析、远程数字多媒体会议等系统的情况均是如此，根据系统的这种特点，采用云计算技术对系统服务器进行弹性部署，对负载进行均衡，减少服务器的空置率，提高系统资源利用率，是一个有效的解决方案。

（2）能源管理是云计算在建筑中的重要应用领域。云计算在智能建筑里面用得比较多的是建筑群能耗计量与节能管理系统，没必要每个楼里面都设置建筑群能耗计量与节能管理系统，只要用一个云计算平台，把这些统一起来，形成一个总的能耗计量与节能管理系统。低碳智慧建筑的目标是"四节一环保"——节能、节水、节地、节材及环境保护。有效的能源管理是非常重要的，中国是耗能大国，必须要有能源管理，通过虚拟化技术解决高可靠性、高附加性、远程的能源管理系统，采取云计算架构来进行远程的能源管理，可以解决海量存储及数据中心能源消耗的问题。因为云计算实际上是互联网上的一种公共服务，它是针对互联网架构，也针对物联网架构。智能建筑综合是集成、维护、管理系统。如果建筑维护管理都走物联网道路的话，我们的建筑用不到每个楼里面都设置一套低碳智慧建筑维护管理班子，用一个云架构就可以实现，统一管理，非常方便。

目前，大部分建筑智能化的设计和建设一般都采用各系统独立设计的方式，建筑智能化系统包括监控、楼宇自控、门禁、信息发布等多个子系统，各子系统均采用独立的系统服务器和管理系统软件进行系统监控和管理，这样，系统的服务器数量较多，各服务器的运算、存储能力使用不均衡，能源的消耗也较大。随着云计算技术的日渐发展和我国对建筑节能要求的逐步提升，很多的建筑设计都需达到低碳建筑的要求，也对系统的节能提出了更高的要求，采用云计算技术结合建筑智能化技术对智能建筑进行新型的节能设计，是一种具有较广阔前景的新技术。①

随着资源的日益紧张和世界性节能运动的开展，节能意识已经深入人心。建筑能耗计量与监测已经成为低碳智慧建筑的基础工作，云计算为此项基础工作提供了更加便利和经济的技术平台。以中国北方实施分户热计量举措为例。当前分户热计量改革正在我国北方逐步推广开来，预计到 2020 年，将实现对北方地区的全面改造。传统的 C/S 架构模式的管理系统要求用户在客户端安装定制的软件，这就限定了软件的使用范围，即只能为供热公司服务，不能为广大的用热家庭提供便利，更谈不上实现远程控制和查询了。B/S 架构的管理系统虽然较 C/S 模式有了较大的改进，但是却需要供热公司自己建设和维护服务器，这就需要聘请专业的网管人员，无疑给供热单位增加了运营成本，尤其是对规模较小，效益不好的供热公司来说，更是一笔不小的开支。供热时间大都集中在每年的 10 月中旬到次年的 3 月中旬，也就是说，只有这一段时间才使用服务器，其他时间服务器均处于闲置状态，如果每个供热公司都建立自己的服务器，就会造成资源浪费。显而易见，站在企业的角度来看，这是很不划算的。受地理位置等因素的影响，在居民小区中存在供热不均衡的现象，这往往会引起供热纠纷，其根本原因在于供热管理人员无法及时获得用户家的实际温度。云计算和云软件的出现，很好地解决了这一矛盾。只要我们将管理软件发布在云服务器上，就可以让多家供热公司通过互联网同时使用这一软件。这样，多家供热公司就可以不用建设和维护自己的服务器，而是共同租用一个云服务器，就像用水、用电一样，只是购买服务。更重要的是能够使供热管理人员实时获得用户家的实际温度，从而为制定合理的供热策略提供依据，在最大限度上节约资源。②

---

① 吴品埜. 基于云计算技术的节能型建筑智能化系统的设计和应用[C]. 中国建筑业协会智能建筑分会成立 10 周年暨 2013 智能建筑行业发展高峰论坛论文集，2013：171-177.
② 贾广根. 基于云计算的分户热计量管理系统的设计[J]. 山东建筑大学学报，2014，2（1）：93-97.

8.2.4　大数据与低碳智慧建筑

8.2.4.1　大数据的概念与内涵

（1）大数据的概念。大数据（Big data），或称巨量数据、海量数据、大数据，指的是所涉及的数据量规模巨大到无法通过人工在合理时间内达到截取、管理、处理并整理成为人类所能解读的信息。在总数据量相同的情况下，与个别分析独立的小型数据集（data set）相比，将各个小型数据集合并后进行分析可得出许多额外的信息和数据关系性，可用来察觉商业趋势、判定研究质量、避免疾病扩散、打击犯罪或测定实时交通路况等；这样的用途正是大型数据集盛行的原因。大数据的4个特点：数据体量巨大；数据类型繁多；价值密度低，商业价值高；处理速度快。

（2）大数据、物联网与云技术三者之间的关系。大数据是信息化社会无形的生产资料。大数据的发展源于物联网技术的应用，并用于支撑智慧城市及智慧建筑的发展。物联网技术作为互联网应用的拓展，正处于大发展阶段。物联网是智慧城市的基础，但智慧城市的范畴相比物联网而言更为广泛；智慧城市的衡量指标由大数据来体现，大数据促进智慧城市的发展；物联网是大数据产生的催化剂，大数据源于物联网应用。正因为有了物联网，大数据的数据获取点越来越多，自然而然就要会去分析实时数据。数据的挖掘，原本是对于历史数据的挖掘，现在对于实时数据的挖掘也是一种趋势，说明物联网的技术在推进着大数据相关技术的发展。大数据和云计算有着密不可分的关系，大数据的核心之一便是云计算，没有云计算的支撑，大数据也会有很多方面难以实现。云计算技术，使大数据的分析和整合能力大大提高，从而降低大数据的管理成本；云计算为大数据的处理提供了一个快速、便捷、高效的一个系统环境，也发挥了云计算本身的优势，同时也会给大数据带来更好的发展。[①]

（3）大数据应用的5个步骤。大数据经过数据源分析挖掘到最终获得价值包括数据准备、数据存储与管理、计算处理、数据分析和知识展现5个步骤。

  ☞ 数据准备。由于大数据的来源复杂、数量庞大、格式不一，质量良莠不齐，在进行存储和处理之前，需要对数据进行清洗、整理。

  ☞ 数据存储与管理。大数据存储系统不仅需要以极低的成本存储海量数据，还要适应多样化的非结构化数据管理需求，具备数据格式上的可扩展性。

---

① 曾梦琴，王明宇. 互联网时代大数据的机遇和挑战探究[J]. 电子商务，2014，3（3）：12-13.

☞ 计算处理。根据处理的数据类型和分析目标，采用适当的算法模型，快速处理数据。海量数据处理要消耗大量的计算资源，因此分布式计算成为大数据的主流计算架构。

☞ 数据分析。这个是大数据价值挖掘的关键环节。传统数据挖掘对象多是结构化、单一对象的小数据集，可依据既定模型进行分析。对于非结构化、多源异构的大数据集的分析，需要发展智能的数据挖掘技术。

☞ 知识展现。大数据应用是服务于决策，以直观、易懂的方式将分析结果呈现给决策者，是大数据分析的重要环节。

8.2.4.2　建筑大数据

（1）建筑大数据的概念和内涵。建筑是人类的一项基本活动，其目的通过对自然的改造为人类身提供更加适宜的生存环境。建筑本身作为一个系统，在其内部以及与外界之间会不断进行物质、能量和信息交换，因而是一个开放的人工系统。但建筑并不是独立于整个社会系统之外的，因此建筑还受到其他各种不同约束。它通过物质流、能量流、信息流作为建筑运行的内在机制。大数据时代，各种"流"最终都通过物联网技术、现代信息技术、互联网技术转化为数据，最终成为数据流。因此，低碳建筑的一个十分重要的核心问题就是大数据搜集和分析。美国的 LEED 体系对建筑的跟踪做得是非常成熟的，它会告诉你在使用了它的标准建筑之后在整个建筑生命周期内，你将会获得百分之多少的回报，虽然你付出了一定的增量成本，但是它会告诉你所付出的成本会提高舒适度百分之多少，提高实际租金是多少，这些在 LEED 体系下都是可以直接量化成直观数据的。而这些数据会对普通的购房者产生最直观的影响。通过这一体系可以看到，购买这样的建筑我可能多付出了 3 000 元，但是未来的收益可能是 6 万元；如果是商业，虽然我的运营成本高了 5%，但是客流量会提高 10%～18%，这都是非常有意义的。

☞ 建筑基本情况数据：建筑基本情况数据是指依据建筑功能、规模及用能等特点的不同，所区分的建筑基本情况数据，如建筑名称、建设年代、建筑地址、建筑功能、建筑层数、建筑总面积、采暖面积、空调面积、建筑采暖系统形式、建筑空调系统形式等。另外，根据建筑的功能与用能特点，建筑基本情况数据还可以有附加项，如办公建筑中人员数量，商场建筑中每天的平均客流量、运营时间，宾馆建筑星级、入住率，饭店档次，文化教育建筑的参观人数、学校学生人数，医疗卫生建筑等级，体育馆建筑的上座率或客流量等。

☞ 能量数据：能量数据包括能源数据、能耗数据以及能耗指标。能源数据包括建筑通过新能源开发利用获得的电力等能源数据，通过被动式技术获得的自然供冷供热量，以及利用冰蓄冷技术、电池蓄能技术利用峰谷电价差获得的电力成本节省数据等。能耗数据包括建筑的分类能耗数据及电量分项能耗数据。分类能耗数据根据建筑用能类别的不同，可以分为 6 种，分别为：电量、水耗量、燃气量、集中供冷耗冷量、集中供热耗热量、其他能源使用量。分项能耗数据是指对应电量分类下的 4 个用电分项能耗数据，分别为：照明插座用电、空调用电、动力用电和特殊用电。大型公共建筑电量的 4 项分项是必分项。能耗指标则是进行大型公共建筑能耗分析的基础。根据《国家机关办公建筑和大型公共建筑能耗监测系统分项能耗数据采集技术导则》，大型公共建筑的能耗指标主要有：建筑总能耗、分类能耗量、分项用电量、单位面积用电量、单位空调面积用电量、单位面积分类用电量、单位面积分项能耗量、单位空调面积分类能耗量、单位面积分项用电量、单位空调面积分项用电量等。①

☞ 物流人流数据：建筑大数据还包括建筑物流数据和人流数据。人流物流数据包括：通过视频监测，实时准确计算通道双向的进出人流与物流数据（断面式），统计视频画面中用户指定任意区域内的人流与物流数据（区域式）；通过综合统计一个逻辑封闭区域所有进入及离开通道的人流与物流数据，准确计算任何时段该封闭区域内的人流与物流数据（断面式）。通过数据分析，能够实现处理多人通过检测口的复杂情况，能适应现场复杂的背景环境；能够对不同角度的视频画面进行准确统计；提供灵活可靠的数据传输功能，实时向后端发送人流与物流统计数据和记录的视频图像；提供灵活的统计报表选择，包括时报、日报、周报、月报或年报表等。另外，通过对人流与物流数据的实时监控、统计与分析，还可实现低碳智慧建筑系统内部设备和功能调节，做到智能、低碳、节能。例如，根据人流量的实时统计与分析，实现空调系统与照明系统的及时调节。

（2）建筑能耗大数据是建筑大数据的核心。国家对公共建筑的节能要求不断提高和发展，能耗监测系统是基于大数据分析的，是智慧城智能化系统之一。2008年住建部发布了《关于加强国家机关办公建筑和大型公共建筑节能管理的实施意见》《国家机关办公建筑和大型公共建筑能耗监测系统建设实施方案》等系列技术导则，要求公共建筑应当安装用电分项计量装置，建立能耗监测系统，并确保能源消费统计数据真实、完整。上海市政府也出台相关方案办法，目标为到 2015年建成基本覆盖本市国家机关办公建筑和大型公共建筑的能耗监测系统。

---

① 苏晓峰. 大型公共建筑能耗监测、模型及管理信息系统研究[D]. 西安：西安建筑科技大学，2013.

以大数据实现建筑能耗监测系统的跨越式发展，是新一代建筑能源管理系统的任务。建筑能耗监测平台只能获取能耗和资源数据，可做宏观分析，不能直接节能；而建筑能源管理系统除了采集用能数据，还能监测用能的设备状态，分类更细更广，实现能耗决策反馈和优化控制。能耗监测平台强大的自动化控制可帮助节能 30%，而因缺乏合理的监测和维护措施而流失 8%，因此技术节能增效还需加上管理节能增效的解决方案，才能持续节能。建筑大数据的收集和分析将成为低碳智慧建筑的关键技术。

一方面，可以极大地推动"用建筑能耗数据说话"的观念在建筑节能领域的普及，有利于建筑节能工作的原则由"单纯罗列节能技术"向"以能耗数据为导向"的转移，促使建筑节能工作真正落实在实际建筑运行能耗的减少上；另一方面，通过对大型公共建筑能耗数据的分析，可以全面掌握大型公共建筑的能耗水平和能耗特征，挖掘其节能潜力，为大型公共建筑的节能运行和改造提供科学的依据，从而有力地促进大型公共建筑节能潜力向现实节能的转化。

（3）建筑能耗大数据的一般特征。

☞ 体量大。以电力数据为例，发电侧，电力生产自动化控制程度的提高，对指标的监测精度、频度和准确度更高，对海量数据采集处理提出了更高的要求。而用电侧，一次采集频度的提升带来数据体量的指数级变化。

☞ 精度高。能耗监测数据颗粒度将日趋精细，将细化至每一个用能端甚至用能端不同的耗能模块的能耗数据和用能趋势。

☞ 类型多。公共建筑能耗大数据涉及多种类型的数据，能源品种按电、水、燃气、燃油、集中供冷、集中供热、再生能源分为 7 类；能耗按用途分项，水、电、燃气、再生能源至少 40 个分子项进行数据归类。此外，公共建筑能耗大数据应用过程中还存在着对行业内外能源数据、天气数据等多类型数据的大量关联分析需求，极大地增加了公共建筑能耗大数据的复杂度。

☞ 速度快。主要指对能耗数据采集、处理、分析的速度。这是公共建筑能耗大数据与传统的事后处理型的商业智能、数据挖掘间的最大区别。

☞ 数据即交互。公共建筑能耗大数据的价值不只局限在公共建筑内部，更能体现在社会进步以及各行各业创新发展中，而其发挥更大价值的前提和关键是智慧城市的构建始于智能系统。其中整合系统必须使系统支持数据采集、共享和分析功能，从而提升系统性能。自下而上地收集系统数据，通过软件的仪表盘自上而下进行整理分析，帮助管理者在知情的情况下作出正确的决策。

☞ 数据即共赢。企业的根本目的在于创造客户、创造需求。五步走实施方案：设定目标→运用合适技术→整合系统→利用创新业务模式→推动协作共赢。

8.2.4.3 大数据时代低碳智慧建筑的四大特征

（1）以节能为中心的建筑智能监控。表现在基于建筑智能化集成系统之上的能源管理，以及对已有建筑的节能改造管理。通过对水、电、气能耗进行实时监控、重点设备监控、费率分析、分户项统计分析等多种手段，促使管理者对发展趋势和能源成本比重有准确的掌握，制定针对性的节能策略，从而将节能指标分解到各个部门，以使节能工作责任明确。在建筑电气工程中，虽然高效与节能型用能设备的选用已成为规范的技术措施，但其实际效果需要有运行数据的分析评价。因此，无论是新建建筑还是既有建筑，通过能耗监测的实时与历史数据，可以对建筑物的设备运行状态进行诊断，对能耗水平进行评估，从而调整设备的运行参数，变更用能方式，杜绝能源浪费的现象，进而由能耗数据形成对既有建筑及其设备系统改造的方案，不断提升建筑物的能效。低碳建筑中的"控制"包罗万象，有区域热、电、冷三联供系统等的控制；有利用峰谷电价差的冰蓄冷系统的控制；有采用最优控制技术，充分利用自然能量来采光、通风，进行照明控制与室内通风空调控制，实现低能耗建筑；有可以随环境温度、湿度、照度而自动调节的智能呼吸墙；有应用变频调速装置对所有泵类设备的最佳能量控制；有自动收集雨水、处理污废水，提供循环使用的水处理设备控制系统。这些最优控制、智能控制等策略正在低碳建筑中得到广泛的应用。将风力发电、太阳能光伏发电、太阳能光热发电、燃料电池等可再生能源与建筑物的供配电系统乃至城市电网融为一体已是国内外业内人士努力的方向。尽管规模化的发电系统是城市最有效的能源，但智能微电网试图将分布在城区建筑物内小规模的可再生能源装置与规模化发电系统进行融合，以逐步提高城市电网的安全性与可再生能源的使用比例。总之，在建筑物的电气工程中，智能监控的主要目标就是节省用能，降低不可再生能源消耗。每节省 $1\,kW \cdot h$ 电，就是减少了约 $0.8\,kg$ 的 CO_2 排放量。[①]

（2）以三网融合与物联网应用为核心的信息服务。其一表现在建筑智能化系统的发展趋于以基于 Web 技术架构，并采用开放标准的建筑智能化集成系统为核心，各个建筑智能化子系统优化组合、协同工作的架构体；信息通信不仅支撑着社会与经济的发展，更是节能减排的重要手段。发达的通信改变着人们的生活习惯，形成新兴的交流模式。如远程视频会议系统可以使几千位人员在全世界各地

---

① 程大章，沈晔. 楼宇自动化系统的技术与发展[J]. 低压电器，2012（15）：66-71.

汇聚在一个系统中研讨共同关心的问题，而无须乘坐飞机、火车、汽车等交通工具，耗费大量的时间与石油燃料，其工作效率的提高与对减排的贡献是巨大的。近年来，通信网络技术发展迅速，IPv6 以及移动通信 3G、4G 后的 LTE 都趋于普及应用，与光通信同步发展的 EPON 与 GPON 的应用更推动了电话网、广播电视网与互联网的融合。因此，移动通信无所不至，信息服务无所不能，已经成为强劲的发展方向。在一些新建的建筑物中甚至以全光通信与无线通信的方式，摒弃了传统的综合布线系统。同时，以计算机、无线通信、RFID 等技术支撑的物联网，正在渗入社会、经济与日常生活，以分布式智能处理的形式改变着社会交流、经营管理与生活方式。由于物联网把大量的事务交由人工智能自动处理，人们的家电、各类生活用品、办公用品所在区域及建筑物都需要密布物联网的节点。尽管智能建筑电气行业在过去的 10 年已开始面对以三网融合与物联网应用为核心的信息服务，但是今后这些技术与应用的发展将更为迅猛。

（3）以智能处理为手段的安全事务管理。在全球反恐的大气候下，中国的安全防范工作要求日益提高。公共建筑、工业建筑与住宅建筑中消防工程和安防工程的实施已成为常规建设内容。由于建筑物数量的不断增大，在多功能的综合性大型建筑物中，大流量的人群集聚更增大了安全风险，因而提升消防与安防装备的技术水平，应对可能出现的各类突发事件是智能建筑电气工作者面临的重大挑战。

传统的安防系统主要是应用视频监控系统与防盗报警系统。为了提升这些系统的性能，就必须采用智能传感技术，如可在超低照度环境下工作的 CCD，采集生物特征的探测器及微量元素探测器等。不仅如此，由于大量乃至海量的探测信息已不是靠人工的视觉、听觉可以处理，于是各类智能图像分析系统应运而生。已投运的有移动人体分析、面容比对分析、街景分析、区域防范分析、车辆牌照识别、人流密度分析、人物分离分析、人数统计等各类应用。为了提升火灾自动报警系统的性能与工作效率，传统的火灾探测器也进行了变革。一是改变火灾探测器的机理，如采用视频遥感、光纤传感等方式采集火灾信息；二是在传统的火灾探测器中植入 CPU，增加智能识别程序，使之成为具有智能的探测器，从而提升火灾自动报警系统的可靠性与效率。

建筑物和城市区域一般都设有消控中心，设置的火灾自动报警系统和安防系统传统方式都为各自独立工作。随着信息技术的广泛应用和国家对突发事件的应急处置要求的提高，消控中心的职能发生了跃迁，即它在常态下协调消防、安防、物业设施等各项业务，进行正常运营；在突发事件时则自动构成应急指挥中心，根据现场情况与应急预案对各项业务资源进行应急调度、联动控制。于是，综合运用信息交换平台、多种通信手段的综合通信平台、信息集成管理平台、综合显示平台等应运而生，构成了一个较为完整的应急指挥系统。①

（4）以云计算、物联网为技术架构的智能管控平台。大数据时代的低碳智能建筑将通过以云计算、物联网为技术架构的智能管控平台的构建，满足跨区域城市级别建筑群的管控需求，实现无限量用户登录，后台存储采用云存储方式满足随需随加的无限量后台存储空间，从社会节能大角度入手，减少并降低后台投入、维护、管理等成本。②基于云计算技术构建的大数据平台，能够给一些比较分散的数据进行系统的存储和处理，同时以快速、稳定、灵活、可靠、透明的形式提供给上层平台，也会提供一些海量多格式、多模式数据的跨系统、跨平台、跨应用的统一管理手段，同时也会快速、有效地来响应这些机制体系变化的功能目标、系统环境和应用配置。③采用物联网技术对能耗采集和传输设备进行改进，每台设备具有全球唯一身份识别的 IP 地址码，便于使被其管理的相关设备及数据具有身份识别功能。数据采集和传输设备除具有应有的数据发送和传输功能外，应同时具有数据分层存储、处理和分析功能，便于智能管控平台做数据校验和核准，保证数据的准确度。在未来的建筑智能化领域中，将会出现以物联网技术为核心、通讯兼容、功能完善为主要特点的建筑"智慧化"大控制集成系统。例如，将物联网技术应用于建筑的消防系统中去，当建筑中出现灾情时，还会向城市相关部门（公安局、消防、医疗中心等）发出报警信号，相关部门根据具体信息就近做出人力物力的配置，迅速及时地解决危情。④

（5）以智慧城市为终极目标的低碳智慧建筑发展。随着我国城市化步伐的加速，城市的生态文明建设与可持续发展显得越来越重要，如何在城市建设中"推进绿色发展、循环发展、低碳发展"和"建设美丽城市"乃至美丽中国都对城市建设提出了新的考验。智慧城市是加强现代科学技术在城市规划、建设、管理和运行中的综合应用，整合信息资源，提升城市管理能力和服务水平，促进产业转型，让人们的生活更美好。作为城市重要组成部分的基础设施和建筑，如何做到智慧，是城市能否智慧化和人们在城市中生活能否更美好的关键环节。因此智慧城市要求以"绿色、智能、宜居"的智慧建筑来满足整个城市的可持续发展和智慧运行。

① 程大章. 低碳城市与智能建筑电气[J]. 现代建筑电气，2010，1（1）：1-3，23.
② 王昊，董杰. 用云计算和物联网技术对建筑能源管理的思路[J]. 能源与节能，2012，8（8）：1-2.
③ 曾梦琴，王明宇. 互联网时代大数据的机遇和挑战探究[J]. 电子商务，2014，3（3）：12-13.
④ 姜永东. 云计算和物联网 IT 新技术对建筑能源管理控制平台的影响[C]. 绿色医院解决方案国际研讨会论文集，2012：301-303.

☞ 智慧城市要求绿色的建筑。发展绿色建筑，倡导节能减排，集约低碳对于发展节能型社会与城市的可持续发展具有重要意义。绿色建筑是指在建筑的全生命周期内，最大限度地节约资源（节能、节地、节水、节材）、保护环境和减少污染，为人们提供健康、适用和高效的使用空间，与自然和谐共生的建筑。

☞ 智慧城市要求智能的建筑。在信息社会中，人们对于建筑的概念也在发生变化，传统建筑提供的服务和功能已远远不能满足现代社会和工作环境等方面的要求。这就需要把建筑物的结构、系统、服务和管理等基本要素以及它们之间内在联系进行优化组合，结合通讯技术、网络技术、信息技术、自动化控制技术、物联网技术等先进科技手段，从而提供一个投资合理、高效、智能、便利的环境。

☞ 智慧城市要求舒适宜居的建筑。舒适宜居的建筑是我国发展"宜居城市"的要求。宜居的建筑是指安全、舒适、健康、美观等功能健全，能满足节能、生态、环保及可持续发展要求，符合人的生理及心理舒适性需求的时代型建筑。它是城市及世界可持续发展的动力源，是提升居住品质的重要载体。①

8.3　第三次工业革命与建筑能源互联网

8.3.1　第三次工业革命

8.3.1.1　第三次工业革命的提出

世界范围正在经历新一轮工业革命，这似乎已成为广泛共识。但是新型工业革命的特征是什么？历史上每次工业革命划分的标准是什么？其驱动力又是什么？不同学者从不同视角有着不同的理解和解释。有人把重大技术范式转变作为工业革命阶段划分的标准，认为当前生物技术、信息技术、新能源技术和新材料技术的突破性进展将带来第三次工业革命。也有人认为对工业革命阶段划分的依据是生产方式的根本性转变。比较有代表性的是英国《经济学人》刊发的特别报告中的观点："第一次工业革命是 18 世纪晚期制造业的'机械化'所催生的'工厂制'，彻底荡涤了家庭作坊式的生产组织方式；第二次工业革命是 20 世纪早期制造业的'自动化'所创造的'福特制'流水生产线，使得'大规模生产'成为

---

① 汪子涵，石小波，杨李宁. 宜居建筑策划理念初探[J]. 山西建筑，2010，12（34）：28-29.

制造业的主导生产组织方式，产品的同质化程度和产量实现'双高'。而人类正在迎接的第三次工业革命是制造业的'数字化'，以此为基础的'大规模定制'可能成为未来的主流生产方式。"也有人认为人类社会已经历了蒸汽机革命、运输革命、科技革命和计算机革命四次重大的工业革命，当前智能制造、互联制造、定制制造和绿色制造将成为新工业革命的特征。[①]

美国未来学家杰里米•里夫金的《第三次工业革命》（中信出版社出版）一书，鉴于 18 世纪以来两次工业革命带来的经济快速发展，预言一种建立在互联网和新能源相结合基础上的新经济模式即将到来。早在 2007 年，作者提出的第三次工业革命概念就得到欧洲议会的肯定。目前，相应计划已在欧盟 27 个成员国中实施。他认为"在化石能源经济时代日渐衰退，第二次工业革命日薄西山，第三次工业革命日渐兴起之际，如果中国选择了第三次工业革命这条道路，那么中国极有可能成为亚洲的龙头，引领亚洲进入下一个伟大的经济时代。"国家电网公司董事长刘振亚不久前在《科技日报》发表的署名文章中也指出，"能否牢牢把握第三次工业革命的历史机遇，将很大程度上决定我国在未来全球竞争中的地位。"可见，当前，新一轮能源变革与新一轮工业革命再次相伴发生，谁能牢牢把握能源变革这个根本，谁就能在第三次工业革命中抢占先机。

8.3.1.2 第三次工业革命引领"后碳"发展时代

（1）第三次工业革命的兴起。新型通讯技术和新型能源系统的结合，通常预示着重大经济转型时代的来临。当今互联网技术和可再生能源系统的紧密结合，将为第三次工业革命创造强大的新型基础设施。历史上，蒸汽机作为动力机的广泛使用，引发了第一次工业革命；电信技术与燃油内燃机的结合，引发了第二次工业革命。而广义的互联网技术、数字化技术以及新能源技术将带来第三次工业革命。

第一次工业革命的标志是煤炭取代木柴，并以蒸汽为动力的革命。蒸汽动力技术催生了制造业的机械化和工厂的规模化生产，蒸汽动力机车使铁路运输极大提高了物流和邮政的效率，而机械化印刷使新闻媒体在第一次工业革命中一跃成为主要的信息传播工具，促进了历史上第一次公众文化普及运动的产生。

第二次工业革命的标志是石油取代煤炭，并以电力和燃气为动力的革命。电气化促进了电报、电话、广播、电视等新的通讯革命的发生，为更加复杂的第二次工业革命的管理提供了有力工具。电力和电信技术引发了工厂的电气化和自动

① 何建坤. 新型能源体系革命是通向生态文明的必由之路[J]. 中国地质大学学报：社会科学版，2014，3（2）：1-4.

化，形成了大批量工业产品自动化生产线的集中大生产方式，同时燃气机的发明以及汽车、飞机等更为便捷的新交通工具的普及也使石油逐渐取代煤炭成为主要的一次能源，社会也随之进入石油时代。

第三次工业革命的特征将是互联网技术与新型可再生能源的融合。新能源技术发展将形成以可再生能源为支撑的新型分布式能源系统，而与分布式网络通讯技术的结合将形成智能型"能源互联网"，实现绿色能源的在线分享。这意味着从前两次工业革命中形成的以化石能源为支柱的能源体系向以可再生能源为基础的可持续能源体系的转型。[①]

（2）"第三次工业革命"的核心特征。英国《经济学人》（*The Economist*）杂志编辑、《第三次工业革命》专题作者保罗·麦基里认为，第三次工业革命的特征，一是更聪明的计算机软件，数字化的模型大大提高了生产速度并降低了成本。二是新材料的出现，新材料比旧材料更轻、更坚固、更耐用。三是更灵巧的机器人，下一代制造业机械设备将会完全不同。它们会抓取、装运、暂存、拾取零部件以及进行清理打扫等，这些技能让它们可以应用于更广泛的领域。四是基于网络的制造业服务商，在互联网上，这些服务商促成了完成的产业链。五是新的制造方法，最有名的是 3D 打印技术（也称立体印刷）。

上海社科院部门经济研究所副研究员陈建勋认为：① 第三次工业革命改变了制造业原有的投入方式，生产将更有弹性，且劳动力投入将更少。② 未来的制造业将远离大规模制造模式，向更加个性化的生产模式靠拢；建立在虚拟制造技术基础上的附加制造技术，已开始用于产品的个性化生产。③ 制造业技术要素和市场要素配置方式发生了革命性的变化，巨型跨国公司的诞生周期将越来越短；制造业企业可以通过在线获取生产所需要的各类协作服务，使生产要素的配置成本降到最低；各类专业化的产品销售通过互联网等新型物流信息传播手段，使拥有最新款式的消费品能在很短的时间内行销全球；新的资源配置方式将让中小企业和个体私营企业家如鱼得水，推出新品变得易如反掌且制造和销售成本更低。④ 制造业和服务业的融合程度越来越高，出现了一批新型的高技术服务业；随着数字信息技术的革命性进步，服务业和制造业之间的关系变得越来越密切，产业边界越来越模糊，同时数字化发展带来了原有服务业部门的重构。

也有的学者认为第三次工业革命将是一次经济要素的革命：以"智能制造"为核心的第三次工业革命，有可能使全球技术要素与市场要素的配置方式发生革

---

① 何建坤. 新型能源体系革命是通向生态文明的必由之路[J]. 中国地质大学学报：社会科学版，2014，3（2）：1-4.

命性变化，其标志是合作、社会网络和行业专家、技术劳动力为特征的新时代。一是直接从事生产的劳动力快速下降，劳动力成本占总成本的比例会越来越小；二是个性化、定制化的生产，要求生产者要贴近消费者与消费市场。

学者的论点众说纷纭，但是有一点是共通的，即"第三次工业革命"核心特征是工业化与信息化的深度融合、新能源技术与信息技术的深度融合。

（3）第三次工业革命引领"后碳时代"。第三次工业革命将带领人类进入"后碳"时代的绿色发展阶段。第三次工业革命将实现能源消耗由化石能源向可再生能源的转变，能源生产方式由集中式生产方式向分散式生产方式转变，能源储存将从电能单一方式向多样化转变，能源的分配方式由集中供应向分布式供应转型，交通方式由高耗能高排放向零排放低耗能转变。以上 5 个转变实质上构成了第三次工业革命以及新经济时代的五大支柱。

第一大支柱是从化石燃料结构向可再生能源转型。欧盟已经承诺，到 2020年，20%的电力将来自可再生能源。第二大支柱是用世界各地的建筑收集分散的可再生能源。欧盟拥有 1.9 亿幢建筑，其目标是将这些建筑转化为一个个微型绿色发电厂：在房顶上收集太阳能，在屋前装上风能发电设备，利用地热供暖，将厨房垃圾转化为生物能源。这一支柱可以促进经济发展，创造大量就业机会。第三大支柱是在建筑或其他基础设施中，使用氢和其他存储技术来存储间歇式能源。因为，阳光不会一直明媚，风力不会一直充裕，及时储存这些可再生能源非常必要。第四大支柱是利用互联网技术，将每一大洲的电力网转化为能源共享网络，其工作原理类似于互联网（成千上万个建筑物能就地生产出少量的能源，其多余的部分既可被电网回收，也可在各大洲通过互联网而共享）。第五大支柱是以插电式或燃料电池动力为交通工具的交通物流网络。到那时，可在任何一个生产电力的建筑中为车充电，也可通过电网平台买卖电力。[①]

8.3.2　能源互联网

8.3.2.1　能源互联网的内涵

随着化石能源的不断发现与开采，人们逐步重视常规能源日益枯竭和环境保护等问题，世界各国也正积极探索各种不同类型的新能源。目前，可供使用的新能源（如风能、太阳能等）存在分布过于分散、随机性程度高、能量转化效率低和使用成本偏高等一系列问题，使得新能源的大规模发展和推广受到制约。为构建新能源大规模推广应用的理论体系框架，在 2003 年部分科研项目和媒体宣传资

---

① 覃利春. 第三次工业革命理论研究述评[J]. 经济与社会发展，2013，8（4）：7-11，42.

料中出现能源互联网的相关内涵，其后出现了诸多学术研究热点，如智能电网、坚强智能电网、智能配电网、微网、智能微电网等。2008 年美国国家科学基金（NSF）项目未来可再生电力能源传输与管理系统明确提出了能源互联网这一学术概念，指出能源互联网是一种构建在可再生能源发电和分布式储能装置基础上的新型电网结构，是智能电网的发展方向。

　　能源互联网与之前出现过的智能电网、坚强智能电网、智能配电网、微网、智能微电网等相关概念并不矛盾。可以这样认为，能源互联网是 Internet 式的智能电网。具体来说，能源互联网是在现有能源供给系统与配电网的基础上，通过先进的电力电子技术和信息技术，深入融合了新能源技术与互联网技术，将大量分布式能量采集装置和分布式能量储存装置互联起来，实现能量和信息双向流动的能源对等交换和共享网络。以可再生能源发电为基础构建的能源互联网络，通过智能能量管理系统实现实时、高速、双向的电力数据读取和可再生能源的接入。

8.3.2.2　能源互联网的特点

　　能源互联网是新型电力电子技术、信息技术、分布式发电、可再生能源发电技术和储能技术的有机结合，具有以下特点：

　　（1）能源来源的种类广泛。能源互联网发电体系包括常规能源、大规模新能源和大容量储能，以可再生能源发电的广泛应用为基础，包容多种不同类型的发电形式。然而，可再生能源发电具有模糊性和随机性，其大规模接入对电网的稳定性产生冲击，从而促使传统的能源网络转型为能源互联网。

　　（2）能源来源的地域分散。可再生能源具有较强的地域性特点，来源分散，不易输送。为了最高效地收集和使用可再生能源，需要建立就地收集、存储和使用能源的网络，这些能源网络单个规模小，分布范围广，每个微型能源网络构成能源互联网的一个节点。

　　（3）不同能源之间互联。能源互联网是以大规模分布式电源应用为基础，然而大部分微型能源网络并不能保证自给自足，因此，需要将每个微型能源网络互联起来进行能量交换。能源互联网是在传统电网的基础上将分布式发电、储能、智能变电和智能用电组成的微型能源网络互联起来。

　　（4）能源网络共享开放。能源互联网不仅具备传统电网的供电功能，还提供能源共享的公共平台，系统支持小容量可再生能源发电、智能家电、电动汽车等随时接入和切出，真正做到即插即用。传统用户不仅是电能使用者，还是电能的创造者，可以没有任何阻碍地将电能传送到能源互联网上并取得相应的回报。从能量交换的角度看，所有微型能量网络节点都是平等的。

　　（5）基础设施建设融入传统电网。传统电网中已有的骨干网络投资大，因此，在能源互联网的结构中应该充分考虑对传统电网的基础网络设施进行改造,并将微型能源网络融入传统电网中形成新型的大范围分布式能源共享互联网络。

(6)具有很强的自愈功能。电力系统自愈机制主要是指当电网出现故障时,无需或仅需少量的人为干预,即可实现自动隔离电网中存在危险或潜在危险的器件,使供电中断最小化或恢复其业务的一种机制。能源互联网系统在出现故障时,应能够主动隔离故障,实现系统自愈功能,必要时允许孤岛运行。

(7)具备系统运行的高效性。能源互联网通过智能代理终端实现发电端与用户设备之间行为的交互,引入最先进的 IT 和监控技术,既可以对电网运行状态进行精确估计,也可以对负荷、发电端、储能装置等进行实时监控和管理,合理分配电网资源,提高单个资产的利用效率,降低运行成本。

(8)响应环境友好的政策。能源互联网以分布式可再生能源发电的大量应用为基础,以建立智能型绿色电网为目标,具有绿色、环保的特点,有利于我国改善能源结构,也是构建资源节约型与环境友好型社会的基石。[①]

8.3.2.3 能源互联网与智能电网

新一轮能源变革的到来,将同时伴随着新能源技术、智能技术、信息技术、网络技术不断突破,而承载并推动第三次工业革命的载体,正是以现有电网系统为基础具有时代先进性和发展性的智能电网。我国在智能电网的理论研究、技术创新、设备研制、标准制定、工程建设、实验能力建设、政策支撑等方面开展了卓有成效的工作。2012 年 12 月,中国首座利用物联网技术建设的智能变电站——220 kV(西泾)智能变电站在无锡正式投运,成为国家电网公司建设智能变电站的样板,获得全国电力行业优秀工程设计一等奖;2013 年 12 月 25 日,目前世界上最大的集风力发电、光伏发电、储能装置及智能输电于一体的新能源综合示范工程——张北国家风光储输示范工程,将迎来安全稳定运行两周年,该工程为风能、太阳能等间歇式能源大规模发电并网提供了强劲支撑,为优质低碳电能输送示范作用效果显著;2012 年 3 月 27 日,科学技术部印发《智能电网重大科技产业化工程"十二五"专项规划》进一步推进了智能电网相关产业的发展,在此基础上国家电网公司紧跟时代步伐,大力发展智能电网的基础设施建设及相关技术的研发;截至 2013 年 9 月底,国家电网并网风电装机达 6 426 万 kW,同比增长 21.5%,国家电网接入风电规模、风电增长速度继续位居全球第一。可见,我国在智能电网建设方面取得了一系列重大进展,全面建设智能电网的基础和条件已经基本具备。

未来的智能电网,是网架坚强、广泛互联、高度智能、开放互动,以新能源

---

① 沈洲,周建华,袁晓冬,等. 能源互联网的发展现状[J]. 江苏电机工程,2014,1(1):81-84.

的开发和利用为基础的"能源互联网"，将从诸多领域改变我们的能源开发与利用状况：

- 改善能源结构。基于新能源发电技术和大规模储能技术，智能电网可有效解决可再生能源电力波动大、预测难、不连续的缺陷，大幅提高电网接纳可再生能源电力的能力，将带来分布式可再生能源发电的极大发展。例如，屋顶光伏用户自己发电自己使用，不足部分则从电网购买，若有多余电能还可以出售给电网，方便实惠，并且可极大地减轻电网负担。目前欧洲的可再生能源 80% 都是分布式的，在智能电网的支持下，国内分布式可再生能源发电也将成为趋势，未来可再生能源电力的比例将大幅提高，甚至成为主要的电力来源。

- 优化能源配置。智能电网能够有效提升电网的资源优化配置能力，该能力恰好与我国能源资源分布的两大特点——能源基地与负荷中心的相距很远（能源供给主要来源于中西部地区，而能源需求则主要分布在东部经济发达地区）和可再生能源开发与利用规模的不断扩大——针锋相对：以特高压电网为骨干网架、各级电网协调发展的坚强电网，可以实现电力的大规模、远距离、高效率输送，为构建经济、高效、清洁的国家能源运输综合体系提供重要支撑；同时，能促进大煤电、大水电、大核电、大型可再生能源基地的集约化开发与利用，在全国范围优化能源配置。

- 推动低碳智慧生活。基于清洁能源大规模开发利用，智能电网将降低对传统化石能源的依赖，推动生产生活向低碳化转变；智能电网的信息网络技术和智能控制技术，更能适应能源消费的新变化，推动能源消费从单向接收、模式单一的用电方式，向互动、灵活的智能化用电方式转变，①使能源终端消费更加低碳、高效、节能；智能电网能够实现智能家居控制、智能用电、用电信息采集、安防报警等功能，支撑智能家庭、智能楼宇、智能小区以及智慧城市建设；智能电网还能够应对大量的电动汽车充换电带来的区域负荷、电力安全性等影响，为交通电气化提供电力保障，实现低碳的出行方式。②

8.3.2.4　建筑能源互联网的提出

（1）城市化加剧了城市建筑的能源消耗。著名经济学家、诺贝尔经济学奖获得者斯蒂格利茨曾将中国的城镇化与美国的高科技发展视为 21 世纪影响世界的

① 刘振亚. 智能电网与第三次工业革命[J]. 能源评论，2014（1）：2-3.
② 叶瑞克，等. 发展智能电网，把握第三次工业革命先机[N]. 亮报，2013-12-18（349）：4.

两件大事。2012 年我国城镇化率达 52.57%，我国城镇人口总数已经接近整个欧洲的人口数，进入了以城市社会为主的新阶段。城镇化的快速发展带来了城市人口和能源消耗的飞速增长，城市人均能源消费为农村人均能源消费的 4 倍。以 2010 年为例，城镇能源消费占全国能源消费总量的 85%，占全国 13.3%地域总面积的城市市辖区，消费了全社会电力的 55%。未来，随着我国城镇化的不断推进，城市的能耗与碳排放将会呈更加明显的递增趋势。一方面，城镇化本质上是以人为本的城镇化，追求社会福祉的提高与公众生活品质的提升，只有坚持集约、低碳、宜居与和谐的城镇化发展道路，城镇化进程才能健康、良性与可持续发展。另一方面，严峻的资源、环境、生态形势决定了我国的城镇化必须探索出一条新的发展模式，走集约高效、低碳的新型城镇化发展道路。[①]

（2）未来能源供应分布式趋势。世界正在从集中式的供能设备走向分散式的能源系统，降低能源输送以及制造上的耗费将更有效节能。如何能够创造更有效的能源？至少应该包含两个方面：① 利用不同的能源组合创造这个建筑最大的能效；② 通过我们监测的部分如何优化我们的系统，甚至包含削峰填谷，能够让我们的能源最有效地利用，减少最大的浪费。过去传统的能源方式主要是来自于集中式的冷热供冷系统，电力是从电网来的，空调可能是来自热泵或者冰水煮机，供暖可能来自你的锅炉，现在在我们观察到全世界的一个趋势，就是如何能够从集中式的供能设备变成分散式的能源系统。现在电厂越来越难盖了，全世界有一个趋势叫做分散式能源，就是当地能源当地使用。

（3）建筑成为能源互联网的物质载体。建筑物是能量的消耗体，也可以是能量产生的载体。建筑物周边拥有很多能量：太阳照到的地方，能提供光、热、电；地下有地热；有风能，越高的建筑越有烟筒效应；势能，高低差，水往低处流；沿着湖河有水能。目前，只是受现有技术限制没有采集完全，未来，当这些能量能够一起为建筑服务时，每一幢建筑、每一户家庭，都将成为建筑能源互联网的一个部分和能源接入点，建筑只需要用一点点电就可以自动生存，剩余的能量可以转让出去，这才是建筑能源应用的最高境界，也是建筑功能发挥的未来方向。在德国，为了鼓励利用太阳能，会在家庭安装太阳能，除了卖电给你，当你的太阳能有多余电的时候还可以买回来。通过智能电网收集每隔 5 分钟或 10 分钟收集一次数据，收集来的这些数据可以用来预测客户的用电习惯等，从而推断出未来 2～3 个月时间里，整个电网大概需要多少电。有了这个预测后，就可以向发电或者供电企业购买一定数量的电。因为电就像期货一样，如果提前买就会比较便

---

① 叶瑞克，等. 发展智能电网可推动城市建筑节能减排[N]. 亮报，2014-02-12（356）：4.

宜，买现货就比较贵。通过这个预测后，可以降低采购成本。

　　以建筑物为载体，太阳能间歇式发电的电力部分以转化为氢能储存，可再生能源电力通过洲际间电力智能网络分配共享，同时也将形成以插电式与智能电网连接或以氢燃料电池驱动的汽车运输网络。这种新能源体系将分散的能源转换和利用整合成一个交互共享的和无缝连接的有机整体，以逐渐取代原有集中开采、转换的化石能源体系。①随着新能源、小型分布式能源的发展，可将建筑楼宇转化为微型发电厂；利用互联网技术将每一幢楼宇、每一个小区、每一个城市，甚至每一个省市的电力网整合为国家能源共享互联网。建筑将成为新能源开发利用的重要单元，将成为能源互联网的物质载体。

① 何建坤. 新型能源体系革命是通向生态文明的必由之路[J]. 中国地质大学学报：社会科学版，2014，3（2）：1-4.

索 引

"后碳"发展时代
能源互联网
智能电网

后　记

　　《低碳建筑论》是浙江省哲学社会科学重点研究基地——省生态文明研究中心组织撰写的低碳系列丛书中的一本，它对于推动全社会关注绿色低碳发展，应对气候变化将起到积极的作用。当《低碳建筑论》付梓出版之时，我们要感谢宁波大学校长、浙江大学可持续发展研究中心副主任沈满洪教授的一贯支持和信任。同时，也要感谢参与该书撰写工作的浙江工业大学绿色低碳发展研究中心、STS研究中心的所有同仁，以及科学技术哲学和政府资源环境管理等硕士点的部分研究生，感谢他们对书稿撰写付出的精力和心血。感谢政治与公共管理学院的叶瑞克老师、朱方思宇同学和李亦唯同学，感谢他们对统稿审稿的投入与负责。需特别感谢的是杭州智嘉慧建筑设计有限公司总经理陈永志先生，他不仅提供了大量生动前沿的现实案例，还部分地参与了书稿的撰写工作。《低碳建筑论》的撰写与出版得到了浙江省哲学社会科学重点研究基地——浙江理工大学省生态文明研究中心的资助，在此表示感谢。最后，对中国环境出版社以及陈金华编审对本书出版所做的贡献表示诚挚的谢意。

　　本书是全体成员共同的研究成果，本书各章作者如下：第 1 章苗阳，第 2 章欧万彬，第 3 章施祺方，第 4 章蒋惠琴、章许旷野，第 5 章陈锋、楼洁明、胡衷，第 6 章史斌，第 7 章陈明，第 8 章叶瑞克、陈永志、朱方思宇、李亦唯，索引李亦唯、叶瑞克。本人提出全书结构框架，统筹研究和书稿撰写的计划和进度；叶瑞克负责各章书稿撰写的协调组织工作、统稿审稿工作以及与出版社的联系落实工作。

　　最后，希望《低碳建筑论》一书能得到各位读者和同行的指正。

鲍健强

2015 年 4 月于浙江工业大学屏峰校区